中等职业教育国家规划教材
全国中等职业教育教材审定委员会审定
全国建设行业中等职业教育推荐教材

建筑工程定额与预算

（建筑经济管理专业）

主　　编　　邵怀宇
责任主审　　刘伟庆
审　　稿　　甘为众　戚建明

U0387913

中国建筑工业出版社

图书在版编目（CIP）数据

建筑工程定额与预算/邵怀宇主编. —北京：中国建筑工业出版社，2003

中等职业教育国家规划教材.全国中等职业教育教材审定委员会审定.全国建设行业中等职业教育推荐教材.建筑经济管理专业

ISBN 978-7-112-05404-6

Ⅰ.建… Ⅱ.邵… Ⅲ.①建筑经济定额—专业学校—教材②建筑预算定额—专业学校—教材
Ⅳ.TU723.3

中国版本图书馆 CIP 数据核字(2003)第 012311 号

本书是根据建设部 2001 年评审通过的"中等专业学校建筑经济管理专业整体改革方案"和"建筑工程定额与预算"课程教学大纲的要求，以及国家计委、财政部、建设银行的有关规定，参照建设部最近关于工程造价管理改革的有关文件精神，结合国内部分省市改革现状编写的。全书共分为 7 章，主要内容有：工程预算基本知识，建筑工程定额，建筑工程造价，建筑工程量计算，施工预算，工程竣工结算和竣工决算，土建施工图预算示例。

本书可作为普通中专、职业中专、职业高中、技工学校、电视中专、自学考试和技术培训等教育和自学用书。

中 等 职 业 教 育 国 家 规 划 教 材
全国中等职业教育教材审定委员会审定
全国建设行业中等职业教育推荐教材

建筑工程定额与预算

（建筑经济管理专业）

主　　编　邵怀宇
责任主审　刘伟庆
审　　稿　甘为众　戚建明

*

中国建筑工业出版社出版、发行（北京西郊百万庄）
各地新华书店、建筑书店经销
北京市密东印刷有限公司印刷

*

开本：787×1092 毫米　1/16　印张：19¾　字数：478 千字
2003 年 5 月第一版　2016 年 5 月第十七次印刷
定价：**34.00** 元
ISBN 978-7-112-05404-6
(20966)

版权所有　翻印必究
如有印装质量问题，可寄本社退换
（邮政编码　100037）

中等职业教育国家规划教材出版说明

为了贯彻《中共中央国务院关于深化教育改革全面推进素质教育的决定》精神，落实《面向21世纪教育振兴行动计划》中提出的职业教育课程改革和教材建设规划，根据教育部关于《中等职业教育国家规划教材申报、立项及管理意见》（教职成〔2001〕1号）的精神，我们组织力量对实现中等职业教育培养目标和保证基本教学规格起保障作用的德育课程、文化基础课程、专业技术基础课程和80个重点建设专业主干课程的教材进行了规划和编写，从2001年秋季开学起，国家规划教材将陆续提供给各类中等职业学校选用。

国家规划教材是根据教育部最新颁布的德育课程、文化基础课程、专业技术基础课程和80个重点建设专业主干课程的教学大纲（课程教学基本要求）编写，并经全国中等职业教育教材审定委员会审定。新教材全面贯彻素质教育思想，从社会发展对高素质劳动者和中初级专门人才需要的实际出发，注重对学生的创新精神和实践能力的培养。新教材在理论体系、组织结构和阐述方法等方面均作了一些新的尝试。新教材实行一纲多本，努力为教材选用提供比较和选择，满足不同学制、不同专业和不同办学条件的教学需要。

希望各地、各部门积极推广和选用国家规划教材，并在使用过程中，注意总结经验，及时提出修改意见和建议，使之不断完善和提高。

教育部职业教育与成人教育司

2002年10月

前　　言

　　本书是根据建设部 2001 年评审通过的"中等专业学校建筑经济管理专业整体改革方案"和"建筑工程定额与预算"课程教学大纲的要求，以及国家计委、财政部、建设银行的有关规定，参照建设部最近关于工程造价管理改革的有关文件精神，结合国内部分省市改革现状编写的。

　　本书可作为普通中专、职业中专、职业高中、技工学校、电视中专、自学考试和技术培训等教学和自学用书。

　　为贯彻中等职业教育"以能力为本位"的指导思想，本书重点介绍了建筑工程预算定额的编制及应用，建筑安装工程费用构成和一般土建工程施工图预算的编制。

　　本书还考虑了以下因素：

　　一、由于本课程地区性较强，因而在内容上尽可能考虑各地的具体情况和计算方法上的不同；

　　二、除重点介绍传统计价办法外，还介绍了工程量清单计价办法，以适应经济改革的需要；

　　三、本书建安工程费用构成，是按建设部建设银行　建标〔1993〕894 号文为主加以介绍的。考虑到近年工程造价管理改革的现状，本书也相应增加了这部分内容，以适应社会主义市场经济发展需要；

　　四、为与国际惯例接轨，本书增加了索赔的计算；

　　五、为便于教学和自学，本书每章均附有复习思考题，并附有完整的土建工程施工图纸和施工图预算；

　　六、本书力求言简意赅、通俗易懂、简明适用，以适应中等职业教育改革的需要。

　　参加本书编写的有：河南省焦作建筑经济学校邵怀宇（第一、二、三、五、六章）、四川省攀枝花建筑工程学校钟德理、赵著华（第四章）、广州土地房产管理学校高碧峰（第七章）。

　　本书在编写过程中，参考了现行的建筑有关规范、标准图集、部分省市有关定额、费用标准、有关教学丛书及工具书，并得到了建设部中专校专业指导委员会的大力支持。在此一并表示衷心感谢。

　　由于编者水平有限，本书在内容和编写方法上难免有不当乃至错误之处，热诚欢迎广大同仁批评指正。

目　　录

第一章　工程预算基本知识

第一节　基　本　建　设

一、基本建设的概念及内容

（一）概念

基本建设是指人们把一定的建筑材料、机械设备和资金，通过购置、建造和安装等活动转化为固定资产，形成新的生产能力或使用效益的经济活动。同时也包括了与此相联系的其他工作，如征用土地，勘察设计，筹建机构，培训生产职工等。它是社会扩大再生产的重要手段，是发展国民经济的物质基础。

基本建设包括了国民经济各部门的生产性固定资产和非生产性固定资产的新建、改建、扩建和恢复。因此，它是国民经济的重要组成部分，同时也是加强国防，发展科学文化，提高人民物质和文化生活水平的重要手段。

（二）基本建设的内容

1. 建筑及民用安装工程：包括所有土建工程、卫生工程、电气照明工程、工业管道工程、特殊构筑物等的建设。

2. 设备安装工程：包括机械设备安装、电气设备安装，还包括与设备相连的工作台、梯子的安装，以及附属于被安装设备的管线敷设、绝缘、保温、油漆和单个设备的试车工作。

3. 设备、工具、器具的购置。

4. 勘察与设计工作。

5. 其他基本建设工作：包括不属于以上各类的基本建设工作，如筹建机构，征用土地，培训生产职工，以及其他生产准备工作。

二、基本建设程序

基本建设程序是指基本建设项目从决策、设计、施工到竣工验收全过程中，各项工作必须遵循的先后顺序。

基本建设是一种多行业、各部门密切配合的综合性比较强的经济活动。完成一项建设项目，要进行多方面的工作，其中有些是需要前后衔接的，有些是横向、纵向密切配合的，还有些是交叉进行的，对这些工作必须遵循一定的科学规律，有步骤有计划地进行。

实践证明，基本建设只有按程序办事，才能加快建设速度，提高工程质量，降低工程造价，提高投资效益。否则，欲速则不达。

基本建设的全部过程，通常可分为三个阶段十项程序内容。

（一）前期工作阶段

基本建设前期工作是指从提出建设项目建议书到列入年度基本建设计划期间的工作，即开工建设以前进行的工作。前期工作阶段主要包括以下内容：

1. 项目建议书

项目建议书是基本建设程序中的最初阶段，是各部门根据规划要求，结合各项自然资源、生产力布局状况和市场预测等，经过调查研究分析，向国家有关部门提出具体项目建议的必要性。项目建议书是国家选择建设项目和有计划地进行可行性研究的依据。

2. 可行性研究

根据国民经济发展的总体设想及项目建议书的建议事项，对建设项目进行可行性研究。

可行性研究实际上就是运用多种研究成果，对建设项目投资决策前进行的技术经济论证。其主要任务是研究建设项目在技术上是否先进适用，在经济上是否合理，以便减少项目决策的盲目性，使建设项目决策建立在科学可靠的基础上。在我国，建设项目开展可行性研究始于 1981 年。国务院国发（1981）30 号文《关于加强基本建设计划管理，控制基本建设规模的若干规定》中指出："所有新建、扩建大中型项目，不论是用什么资金安排的，都必须先由主管部门对项目的产品方案和资源地质情况，以及原料、材料、煤、电、油、水、运筹协作配套条件，经过反复周密的论证和比较后，提出项目的可行性报告，并应有国家计委批准的设计任务书和国家建委批准的设计文件。"

根据国家计委计基（1982）793 号文件规定，建设项目可行性研究的具体内容随行业不同有所差别，各部门根据行业特点，对可行性研究的内容可以进行适当增减。可行性研究阶段的投资估算相当于建设项目总概算。投资估算的误差一般在 ±5% ～30%。

3. 编制设计任务书

设计任务书是确定建设方案的基本文件。基本建设工程在可行性研究的基础上编制设计任务书。设计任务书的内容，各类建设项目不尽相同。大中型工业项目一般应包括以下几个方面：

（1）建设的目的和根据。

（2）建设规模、产品方案及生产工艺要求。

（3）矿产资源、水文、地质、燃料、动力、供水、运输等协作配套条件。

（4）资源综合利用和"三废"治理的要求。

（5）建设地点和占地面积。

（6）建设工期和投资估算。

（7）防空、抗震等要求。

（8）人员编制和劳动力资源。

（9）经济效益和技术水平。

非工业大中型建设项目设计任务书的内容，各地区可根据上述基本要求，结合各类建设项目的特点，加以补充和删改。

4. 选择建设地点

建设地点应根据区域规划和设计任务书的要求选择。建设地点的选择主要考虑以下几个因素：

（1）原料、燃料、水源、电源、劳动力等技术经济条件是否落实。

（2）地形、工程地质、水文地质、气候等自然条件是否可靠。

（3）交通、动力、矿产等外部建厂条件是否经济合理。

对于职工生活条件,"三废"治理等,亦需认真考虑,在综合研究和多方案比较的基础上,确定建设地点。

5.编制设计文件

设计文件是安排建设项目和组织施工的主要依据。建设项目的设计任务书和建设地点,按规定程序审批后,建设单位可以委托具有设计许可证的设计单位编制设计文件,也可以组织设计招标。

设计文件一般分为初步设计和施工图设计两个阶段。对于大型的、技术上复杂而又缺乏设计经验的建设项目,可分为三个设计阶段,即初步设计、技术设计和施工图设计。

经过批准的初步设计,可用作主要材料(设备)的订货和施工准备工作,但不能作为施工的依据。施工图设计是在经过批准的初步设计和技术设计的基础上,设计和绘制更加具体详细的图纸,以满足施工的需要。

初步设计应编制设计概算(总概算),技术设计应编制修正概算,它们是控制建设项目总投资和控制施工图预算的依据。施工图设计应编制施工图预算,它是确定工程造价、实行经济核算和考核工程成本的依据,也是建设银行划拨工程价款或贷款的依据。

6.列入年度基本建设计划

建设项目的初步设计和总概算,经过综合平衡审核批准后,列入基本建设年度计划。经过批准的年度建设计划,是基本建设拨款或贷款、定购材料和设备的主要依据。

(二)施工阶段

施工阶段就是按照设计文件的规定,确定实施方案,将建设项目的设计变为可供人们进行生产和生活活动的建筑物、构筑物等固定资产。施工阶段主要包括以下几项内容:

1.设备订货和施工准备

当建设项目列入年度计划后,就可以进行主要材料、设备的订货。材料、设备申请订货,以设计文件审定的数量、品种、规格、型号为准,向有关供应单位订货。

施工准备的内容很多,包括征地拆迁、建设场地"三通一平"等。

2.组织施工

建设项目在列入年度基本建设计划后,根据年度计划确定的任务,按照施工图的要求组织施工。在建设项目开工之前,建设单位应按有关规定办理开工手续,取得当地建设主管部门颁发的建设施工许可证,通过施工招标选择施工单位,方可进行施工。

3.生产准备

在建设项目竣工投产前,由建设单位有计划、有步骤地做好各项生产准备工作。其准备工作的主要内容有:招收和培训生产工人;组织生产人员参加设备安装、调试和工程验收;落实生产所需原材料、燃料、水、电等的来源;组织工具、器具等的订货等等。

(三)竣工验收、交付生产阶段

建设项目按批准的设计文件所规定的内容建完,工业项目经过试运转和试生产,能生产出合格产品;非工业项目竣工后,符合设计要求,都要及时组织办理竣工验收。

竣工项目验收前,建设单位要组织设计、施工等单位进行初验,向主管部门提出验收报告,整理技术资料,在正式验收时作为技术档案,移交生产单位保存。

竣工验收后,建设单位要及时办理工程竣工决算,分析概算的执行情况,考核基本建设投资的经济效益。

三、基本建设项目划分

在基本建设工程中，建筑安装工程造价的计算比较复杂。为了能方便、准确地计算出工程造价，必须对基本建设项目进行分解。一个建设项目，依据它的组成，按照从大到小的顺序，可以依次划分为单项工程、单位工程、分部工程和分项工程等项目。

（一）建设项目

建设项目一般是指具有设计任务书，按照一个总体设计组织施工的一个或几个单项工程所组成的建设工程。在工业建设中，一般以一座工厂为一个建设项目，如化工厂、汽车厂、煤矿、油田等；在民用建设中，一般是以一个企事业单位为一个建设项目，如一所学校、一所医院等。

一个建设项目中，可以有几个、十几个、甚至更多的单项工程，也可能只有一个单项工程。

（二）单项工程

单项工程是建设项目的组成部分。

单项工程一般是指在一个建设项目中，具有独立的设计文件，建成后可以独立发挥生产能力或工程效益的项目。如一座工厂中的各个车间、办公楼、礼堂及住宅等，一所学校中的教学楼、实验楼、公寓楼等。

单项工程是具有独立存在意义的一个完整的建筑及设备安装工程，仍是一个复杂的综合体。为方便计算造价，需进一步分解为若干单位工程。

（三）单位工程

单位工程是单项工程的组成部分。

单位工程一般是指具有独立设计文件，可以独立组织施工和单独成为核算对象，但建成后一般不能单独进行生产或发挥效益的工程项目。如某车间是一个单项工程，该车间的土建工程是一个单位工程，该车间的水、暖、电等设备安装工程也分别是一个单位工程等等。

建筑工程通常包括一般土建工程及与之配套的电气照明工程、卫生工程、工业管道工程等单位工程。

设备安装工程通常包括机械设备安装工程和电气设备安装工程两大类单位工程。

单位工程可以进一步划分为若干分部工程。

（四）分部工程

分部工程是单位工程的组成部分。

分部工程一般是按工程部位、结构形式、使用材料及工种的不同而划分的工程项目。如一般土建工程可以划分为：土石方工程、桩基础工程、砖石工程、脚手架工程、混凝土及钢筋混凝土工程、门窗及木结构工程、楼地面工程、屋面工程、装饰工程、构筑物工程、金属结构工程、厂区道路工程等分部工程。

但分部工程中，影响工料消耗的因素仍然很多。如同是砖石工程，由于内、外墙及墙体厚度不同，则同一计量单位的砖石工程所消耗的工料就有差别。因此，为了准确计价，还需对分部工程作进一步分解。

（五）分项工程

分项工程是分部工程的组成部分。

分项工程一般是按选用的施工方法，所使用的材料及结构构件规格的不同等因素划分的，用较为简单的施工过程就能完成的，以适当的计量单位就可以计算工料消耗的最基本构成项目。如砖石工程，根据施工方法、材料种类及规格等因素的不同，可进一步划分为：砖基础、砖内墙、砖外墙、空心砖墙、填充墙、砌块墙、砖柱、零星砌体、墙面勾缝等分项工程。

分项工程是单项工程组成部分中最基本的构成因素。每个分项工程都可以用一定的计量单位计算，并能求出完成相应计量单位分项工程所需消耗的人、材、机的数量及其预算价值。

综上所述，一个建设项目是由一个或几个单项工程组成的，一个单项工程是由几个单位工程组成的，一个单位工程又可划分为若干个分部工程，一个分部工程又可划分为许多分项工程。

建筑及设备安装工程造价的计算，就是从最基本的构成因素开始的。首先，把建筑及设备安装工程的组成分解为简单的便于计算的基本构成项目；其次，根据国家现行统一规定的工程量计算规则和地方主管部门制定的完成一定计量单位相应基本构成项目的单价，对每一个基本构成项目逐一地计算出工程量及其相应价值；这些基本构成项目价值的总和就是建筑及设备安装工程直接费；再根据直接费（或定额工资总额）和有关部门规定的各项费用标准计取间接费、计划利润和税金；上述各项费用的总和就是建筑及设备安装工程造价。由此可见，对基本建设项目进行科学地分析与分解，有利于国家对基本建设项目工程造价的统一管理，便于建设工程概（预）算文件的编制，这就是对基本建设项目进行划分的目的和意义。

建设项目、单项工程、单位工程、分部工程、分项工程之间的关系如图1-1所示。

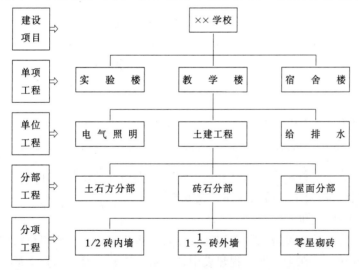

图 1-1　基本建设项目划分示意图

第二节　工 程 造 价 构 成

一、建设项目总投资的构成

我国现行建设项目总投资的构成如表1-1所示。

建设项目总投资的构成及各项费用的计算 表 1-1

项目名称	费 用 项 目	参 考 计 算 方 法
1. 建筑安装工程费用	直接工程费	Σ（实物工程量×概预算定额基价＋其他直接费＋现场经费）
	间接费	（直接工程费×取费定额）或（人工费×取费定额）
	计划利润	［（直接工程费＋间接费）×计划利润率］或（人工费×计划利润率）
	税金	（直接工程费＋间接费＋计划利润）×规定的税率
2. 设备、工器具费用	设备购置费（含备品备件）	设备原价×（1＋设备运杂费率）
	工器具及生产家具购置费	设备购置费×费率
3. 工程建设其他费用	土地使用费	按有关规定计算
	建设单位管理费	［1＋2］×费率或按规定的金额计算
	研究试验费	按批准的计划编制
	生产准备费	按有关定额计算
	办公和生活家具购置费	按有关规定计算
	联合试运转费	［1＋2］×费率或按规定的金额计算
	勘察设计费	按有关规定计算
	引进技术和设备进口项目的其他费用	按有关规定计算
	供电贴费	按有关规定计算
	施工机构迁移费	按有关规定计算
	临时设施费	按有关规定计算
	工程监理费	按有关规定计算
	工程保险费	按有关规定计算
	财务费用	按有关规定计算
	经营项目铺底流动资金	按有关规定计算
4. 预备费	预备费	［1＋2＋3］×费率
	其中：价差预备费	按规定计算
5. 固定资产投资方向调节税	固定资产投资方向调节税	Σ建设项目总费用（不包括贷款利息）×规定的税率

由上表可知，建设项目总投资共有五部分构成。下面分别作简要介绍。

（一）建筑安装工程费用（后面详述，此处略）。

（二）设备、工器具费用

设备、工器具费用是由设备购置费和工器具、生产家具购置费用组成的，它是固定资产投资中的积极部分。在生产性工程建设中，设备、工器具费用与资本的有机构成相联系。设备、工器具费用占工程造价比重的增大，意味着生产技术的进步和资本有机构成的提高。

设备购置费是指为工程建设项目购置或自制的达到固定资产标准的设备、工具、器具的费用。确定固定资产的标准是：使用年限在一年以上，单位价值在 1000 元、1500 元或 2000 元以上。具体标准由各主管部门规定。新建项目和扩建项目的新建车间购置或自制的全部设备、工具、器具，不论是否达到固定资产标准，均计入设备、工器具购置费中。

$$设备购置费＝设备原价或进口设备到岸价＋设备运杂费$$

上式中，设备原价指国产标准设备、国产非标准设备、进口设备的原价。设备运杂费指设备供销部门手续费、设备原价中未包括的包装和包装材料费、运输费、装卸费、采购费及仓库保管费等。如果设备是由设备成套公司供应的，成套公司的服务费也应计入设备运杂费之中。

工器具及生产家具购置费是指新建项目或扩建项目初步设计规定所必须购置的不够固定资产标准的设备、仪器、工卡模具、器具、生产家具和备品备件等的费用，其一般计算公式为：

$$工器具及生产家具购置费＝设备购置费×定额费率$$

（三）工程建设其他费用

工程建设其他费用是指从工程筹建起到工程竣工验收交付使用止的整个建设期间，除建筑安装工程费用、设备、工器具费用、预备费、固定资产投资方向调节税以外的，为保证工程建设顺利完成和交付使用后能够正常发挥效用而发生的各项费用之总和。

这些费用包括：

1. 土地使用费

土地使用费是指建设项目通过划拨或土地使用权出让方式取得土地使用权，所需土地征用及迁移的补偿费或土地使用权出让金。

（1）土地征用及迁移补偿费

此费指建设项目通过划拨方式取得无限期的土地使用权，依照《中华人民共和国土地管理法》等规定所支付的费用。其总和一般不得超过被征土地年产值的 20 倍，土地年产值则按该土地被征前三年的平均产量和国家规定的价格计算，内容包括：土地补偿费、青苗补偿费、安置补助费、征地动迁费、水利水电工程水库淹没处理补偿费等。

（2）土地使用权出让金

此费是指建设项目通过土地使用权出让方式取得有限期的土地使用权，依照《中华人民共和国城镇国有土地使用权出让和转让暂行条例》规定支付的土地使用权出让金。

城市土地的出让和转让可采用协议、招标、公开拍卖等方式。不同的方式适用于不同的工程，一般而言，建成投产后盈利越高的工程，交付的土地使用权出让金也越高。

2. 建设单位管理费

此费是指建设项目从立项、筹建、建设、联合试运转、竣工验收交付使用及后评估等全过程管理所需的费用。内容包括：

（1）建设单位开办费。指新建项目为保证筹建和建设工作正常进行所需办公设备、生活家具、用具、交通工具等的购置费用。

（2）建设单位经费。包括工作人员的基本工资、工资性津贴、职工福利费、劳动保护费、工程招标费、工程咨询费、竣工验收费、后评估等费用。不包括应计入设备、材料预算价格的建设单位采购及保管设备材料所需的费用。

3. 勘察设计费

指为本建设项目提供项目建议书、可行性研究报告、设计文件等所需的费用，内容包括：

（1）编制项目建议书、可行性研究报告及投资估算、工程咨询、评价以及为编制上述文件所进行的勘察、设计、研究试验所需费用；

（2）委托勘察、设计单位进行初步设计、施工图设计、概预算编制等所需的费用；

（3）在规定范围内由建设单位自行完成的勘察、设计工作所需的费用。

4．研究试验费

指为本建设项目提供或验证设计参数、数据资料等进行必要的研究试验，以及设计规定在施工中必须进行的试验、验证所需的费用。包括自行或委托其他部门研究试验所需的人工费、材料费、试验设备及仪器使用费，支付的科技成果、先进技术的一次性技术转让费。

5．临时设施费

临时设施费是指建设期间建设单位所需临时设施的搭设、维修、摊销费用或租赁费用。

临时设施包括：临时宿舍、文化福利及公用事业房屋与构筑物、仓库、办公室、加工厂以及规定范围内的道路、水、电、管线等临时设施和小型临时设施。

6．工程监理费

指委托工程监理单位对工程实施监理工作所需的费用。具体收费标准按建设部有关规定计算。

7．工程保险费

指建设项目在建设期间根据需要实施工程保险所需的费用。包括以各种建筑工程及其在施工过程中的物料、机器设备为保险标的的建筑工程一切险，以及安装工程中的各种机器、机械设备为保险标的的安装工程一切险，以及机器损坏保险等。

8．供电贴费

指建设项目按照国家规定应交付的供电工程贴费、施工临时用电贴费，是解决电力建设资金不足的临时对策。供电贴费是用户申请用电时，由供电部门统一规划并负责建设的110kV以下各级电压外部供电工程的建设、扩充、改建等费用的总称。供电贴费只能用于为增加或改善用户用电而必须新建、扩建和改善的电网建设以及有关的业务支出，由建设银行监督使用，不得挪作他用。

9．施工机构迁移费

指施工机构根据建设任务的需要，经有关部门决定成建制地（指公司或公司所属工程处、工区）由原驻地迁移到另一个地区的一次性搬迁费用。费用内容包括：职工及随同家属的差旅费、调迁期间的工资和施工机械、设备、工具、用具、周转性材料的搬运费。

10．引进技术和进口设备其他费

引进技术和设备其他费包括：

（1）为引进技术和进口设备派出人员进行联络、设备材料监检、培训等的差旅费、置装费、生活费用等。

（2）国外工程技术人员来华的差旅费、生活费和接待费用等。

（3）国外设计及技术资料费、专利和专有技术费、延期或分期付款利息。

（4）引进设备检验及商验费。

11．财务费用

指为筹措建设项目资金而发生的各项费用，包括：建设期间银行贷款利息、企业债券发行费、国外借款手续费和承诺费、汇兑净损失、金融机构手续费以及其他财务费用等。

在考虑资金时间价值的情况下，建设期间贷款利息实行复利计算。对于贷款总额一次性贷出且利率固定的贷款，复利本息按复利公式计算；但当总贷款是分年发放时，其复利利息的计算就复杂一些，公式为：

$$q_j = \left(p_{j-1} + \frac{1}{2} A_j \right) \times i \qquad (1-1)$$

式中　q_j——建设期第 j 年应计利息；

p_{j-1}——建设期第 $j-1$ 年末贷款余额，它由 $j-1$ 年末贷款累计加上此时贷款利息累计；

A_j——建设期第 j 年支用贷款；

i——年利率。

【例 1-1】　某新建项目，建设期为三年，在建设期第一年贷款 600 万元，第二年贷款 1000 万元，第三年贷款 800 万元，年利率为 12%，用复利法计算建设期贷款利息。

【解】　在建设期，各年利息计算如下：

$$q_1 = \frac{1}{2} A_1 \times i = \frac{1}{2} \times 600 \times 12\% = 36 \ 万元$$

$$q_2 = \left(p_1 + \frac{1}{2} A_2 \right) \times i = \left(636 + \frac{1}{2} \times 1000 \right) \times 12\% = 196.32 \ 万元$$

$$q_3 = \left(p_2 + \frac{1}{2} A_3 \right) \times i = \left(636 + 1000 + 196.32 + \frac{1}{2} \times 800 \right) \times 12\% = 315.88 \ 万元$$

建设期贷款利息总计为 548.2 万元。

12. 联合试运转费

指新建企业或新增加生产线的扩建企业在竣工验收前，按照设计规定的工程质量标准，进行整个车间的负荷或无负荷联合试运转发生的费用支出大于试运转收入的亏损部分。费用内容包括：试运转所需的原料、燃料、油料和动力的费用，机械使用费，低值易耗品及其他物品的购置费用和施工单位参加联合试运转人员的工资等。试运转收入包括试运转产品销售和其他收入。不包括应由设备安装工程费项目开支的单台设备调试费及试车费用。

13. 生产准备费

指新建企业或新增生产能力的企业，为保证竣工交付使用进行必要的生产准备所发生的费用。内容包括：

(1) 生产人员培训费，自行培训、委托其他单位培训人员的工资、工资性补贴、职工福利费、差旅交通费、学习资料费、学习费、劳动保护费。

(2) 生产单位提前进厂参加施工、设备安装、调试以及熟悉工艺流程与设备性能等人员的工资、工资性补贴、职工福利费、差旅交通费、劳动保护费等。

14. 办公和生活家具购置费

指为保证新建、改建、扩建项目初期正常生产、使用和管理所必须购置的办公和生活家具、用具的费用。改、扩建项目所需的办公和生活用具购置费，应低于新建项目。其范围包括办公室、会议室、资料室、文娱室、理发室、浴室、食堂和设计规定必须建设的托儿所、幼儿园、招待所等家具用具购置费。应本着勤俭节约的精神，严格控制购置范围。

15. 经营项目铺底流动资金

指经营性建设项目为保证生产和经营正常进行，按规定应列入建设项目总资金的铺底流动资金。

（四）预备费

1．按我国现行规定，包括基本预备费和工程造价调整预备费。

（1）基本预备费是指在初步设计及概算内难以预料的工程费用。内容包括：

1）在批准的初步设计范围内，技术设计、施工图设计及施工过程中所增加的工程费用；设计变更、局部地基处理等增加的费用。

2）一般自然灾害造成的损失和预防自然灾害所采取的措施费用。

3）竣工验收时为鉴定工程质量对隐蔽工程进行必要的开挖和修复的费用。

（2）工程造价调整预备费是指建设项目在建设期间内由于价格等变化引起工程造价变化的预测预留费用。内容包括：人工费、设备、材料、施工机械价差，建筑安装工程费及工程建设其他费用调整，利率、汇率调整等。

2．世界银行规定的建设项目投资构成中所规定的预备费则比我国上述规定更宽,包括:

（1）建设成本上升费。

（2）未明确项目的准备金，用于估算时不可能明确的潜在项目，准备金在每一个组成部分中均单独以一定的百分比确定，并作为概算的一项单独列出。

（3）不可预见准备金。这项准备金反映了物质、社会和经济的变化。这些变化预计会使成本估算增加，尽管这一估算比较完整，并符合所考虑的项目种类的技术标准。它是一种储备，可能不动用。

（五）固定资产投资方向调节税

为了贯彻国家产业政策,控制投资规模,引导投资方向,调整投资结构,加强重点建设,促进国民经济持续协调稳定发展,对在我国境内进行固定资产投资的单位和个人(不含中外合资经营企业、中外合作经营企业和外商独资企业)征收固定资产投资方向调节税。

该税根据国家产业政策和项目经济规模实行差别税率，税率为 0、5%、10%、15%、30% 五个档次，各固定资产投资项目按其单位工程分别确定适用的税率。计税依据为固定资产投资项目实际完成的投资额，其中更新改造项目为建筑工程实际完成的投资额。投资方向调节税按固定资产投资项目的单位工程年度计划投资额预缴，年度终了后，按年度实际完成投资额结算，多退少补。项目竣工后按全部实际完成投资额进行清算，多退少补。

需要说明的是，上述建设项目总投资所包含的费用，有些是必然发生的，有些是可能发生也可能不发生。例如"施工机构迁移费"，若未发生施工机构迁移，就不会发生此项费用；又如"引进技术和进口设备其他费"，若未引进技术和进口设备，自然就不会发生此项费用。

建设项目总投资在可行性研究阶段靠编制投资估算来确定；在初步设计或技术设计阶段靠编制总概算及修正总概算来确定。

建设项目投资估算和总概算均由设计单位负责编制。

二、建筑安装工程造价的费用构成

在工程建设中，建筑安装工作是创造价值的生产活动。建筑安装工程费用作为建筑安装工程价值的货币表现，亦被称为建筑安装工程造价，它由建筑工程费用和安装工程费用两部分组成。

（一）建筑工程费用包括：

1．各类房屋建筑工程和列入房屋建筑工程预算的供水、供暖、供电、卫生、通风、煤气等设备费用及其装设、油饰工程的费用，列入建筑工程预算的各种管道、电力、电信和电缆导线敷设工程的费用。

2．设备基础、支柱、工作台、烟囱、水塔、水池等建筑工程以及各种炉窑的砌筑工程和金属结构工程的费用。

3．为施工而进行的场地平整，工程和水文地质勘察，原有建筑物和障碍物的拆除以及施工临时用水、电、气、路和完工后的场地清理、环境绿化、美化等工作的费用。

4．矿井开凿、井巷延伸、露天矿剥离，石油、天然气钻井，修筑铁路、公路、桥梁、水库、堤坝、灌渠及防洪等工程的费用。

（二）安装工程费用包括：

1．生产、动力、起重、运输、传动和医疗、实验等各种需要安装的机械设备的装配费用，与设备相连的工作台、梯子、栏杆等装设工程，附设于被安装设备的管线敷设工程，被安装设备的绝缘、防腐、保温、油漆等工作的材料费和安装费。

2．为测定安装工程质量，对单个设备进行单机试运转，对系统设备进行系统联动无负荷试运转工作的调试费。

我国现行建筑安装工程造价的具体构成见表1-2。

我国现行建筑安装工程造价的构成   表 1-2

费 用 项 目			参 考 计 算 方 法
直接工程费（一）	直接费	人工费 材料费 施工机械使用费	$\Sigma\left(\dfrac{人工工日}{概预算定额}\times\dfrac{日工资}{单价}\times\dfrac{实物}{工程量}\right)$ $\Sigma\left(\dfrac{材料}{概预算定额}\times\dfrac{材料}{预算价格}\times\dfrac{实物}{工程量}\right)$ $\Sigma\left(\dfrac{机械}{概预算定额}\times\dfrac{机械台班}{预算单价}\times\dfrac{实物}{工程量}\right)$
	其他直接费		土建工程：（人工费＋材料费＋机械使用费）×取费率
	现场经费	临时设施费 现场管理费	安装工程：人工费×取费率
间接费（二）	企业管理费 财务费用 其他费用		土建工程：直接工程费×取费率 安装工程：人工费×取费率
盈利	计划利润（三）		土建工程：（直接工程费＋间接费）×计划利润率 安装工程：人工费×取费率
	税金（含营业税、城市建设税、教育费附加）（四）		$\left(\dfrac{工程}{直接费}＋间接费＋\dfrac{计划}{利润}\right)\times税率$

上表中各项费用的概念、详细内容及计算方法，将在第三章详述。

第三节   施工图预算编制原理

一、建筑安装产品的特点

建筑安装产品及其生产过程，与一般工业产品不同。一般工业产品大都是标准化的，而且可在一定的时间内进行大量的重复生产。而建筑安装产品及生产主要有以下特点：

（一）建筑安装产品在空间上的固定性及其生产的流动性。建筑安装产品被分别固定于不同的地点，这就是其固定性。产品的固定性，必然带来生产的流动性——施工队伍在不同的工地、不同的建设地区间流动；工人在同一工地范围的各个施工项目上流动。由于产品的固定性及生产的流动性，地价的贵贱、地区工资标准的差异、工程地质的变化、工地距离的远近等因素的不同，必然引起工程造价的升降。

（二）建筑安装产品的多样性及其生产的单件性。建筑安装产品是多种多样的。不同的建筑安装产品，适用于不同的要求；不同的建筑安装工程有不同的设计；即使同一设计方案用于不同地点施工，也会由于工程环境、地质的变动而引起局部的设计或施工变更。因此，产品的多样性及生产的单件性，必然引起造价的千差万别。

（三）建筑安装产品生产周期长，牵涉部门多，受自然条件变化的影响大。与一般的工业产品生产不同，一个大的建设项目，往往需要几年乃至十几年的时间才能完成；而项目的建造，不仅牵涉建设单位，还牵涉到规划、设计、施工企业等众多单位；同时，建筑安装工程多为露天作业，受自然条件变化的影响大。因此，这些因素也会影响到造价的差异。

综上所述，由于建筑安装产品具有固定性、多样性和庞体性，以及其生产的流动性、单件性和周期长的特点，促使其不能由国家规定统一价格，而必须用逐一单独编制建筑安装工程预算的方法来确定建筑安装产品的造价。

二、施工图预算的概念及作用

（一）施工图预算的概念

建筑安装工程施工图预算是依据施工图纸、预算定额、取费标准等基础资料编制出来的确定建筑安装工程建设费用的文件，它是设计文件的组成部分。

建筑安装工程预算包括建筑工程预算和设备安装工程预算。

建筑工程预算分为一般土建工程预算、给排水工程预算、电气照明工程预算、暖通工程预算、构筑物工程预算及工业管道、电力、电信工程预算；设备安装工程预算分为机械设备安装工程预算和电器设备安装工程预算。

（二）施工图预算的作用

1．是拨付工程价款的依据

施工图预算是建设银行拨付工程价款的依据。建设银行根据审定批准后的施工图预算办理基本建设拨款和结付工程价款，监督甲、乙双方按工程进度办理结算。

2．是结算工程费用的依据

施工图预算是建设单位和施工企业结算工程费用的依据。施工企业根据已会审的施工图，编制施工图预算送交建设单位审核。审定后的施工图预算就是建设单位和施工企业结算工程费用的依据。

3．是编制施工计划的依据

施工图预算是施工单位编制施工计划的依据。施工图预算是建筑安装企业正确编制施工计划(材料计划、劳动力计划、机械台班计划、施工计划等)，进行施工准备、组织材料进场的依据。

4．是加强经济核算的依据

施工图预算是建筑安装企业加强经济核算、提高企业管理水平的依据。施工图预算是依据施工图纸和预算定额编制的，而预算定额确定的人工、材料、机械台班消耗量是经过分析测定按平均水平制定的。企业在完成其单位工程施工任务时，如果在人力、物力、资金方面低于施工图预算时，则这一生产过程的劳动生产率达到了高于预算定额的水平，从而提高了企业的经济管理水平。

5．是控制投资、加强施工管理的基础

施工图预算是有关部门控制投资、加强施工管理和经济核算的基础。

6．是进行两算对比的依据

施工图预算是建筑安装企业进行两算对比的依据。两算对比是指施工图预算与施工预算的对比。通过两算对比分析，可以找出工程节约或超支的原因，防止人工、材料、机械费的超支，避免发生工程成本亏损。

三、施工图预算的编制依据

（一）施工图纸、设计说明和有关标准图

施工图纸是指经过会审后的施工图纸，它是确定分项工程名称和计算分项工程量的主要依据。施工图纸表明了工程的具体内容、技术结构特征、建筑结构尺寸等。在编制预算时，编制部门或编制人员必须具备经建设单位、设计单位和施工单位共同会审的全套施工图纸和设计变更通知单，经上述三方签章的图纸会审记录，以及与施工图有关的标准图集。

（二）施工组织设计（施工方案）

施工组织设计是确定单位工程施工方法、进度计划、主要技术措施以及施工现场平面布置的技术文件。它确定了土方开挖的施工方法；土方运输的工具和运距；施工工作面的多少；钢筋混凝土构件、金属结构构件、门窗等是现场制作还是在预制厂制作，运距是多少等。这些资料与计算分项工程量、选用定额单价密切相关，是编制施工图预算不可缺少的重要依据。

（三）预算定额及材料预算价格

现行的预算定额是编制施工图预算的基础资料。在编制施工图预算时，它是确定分项工程直接费、确定人、材、机消耗量的主要依据。预算定额中所规定的工程量计算规则、计量单位、分项工程工作内容及有关说明，是编制施工图预算时划分和确定分项工程、计算工程量的主要依据。材料预算价格是进行定额基价换算与编制补充定额不可缺少的依据。

（四）建筑工程费用定额和价差调整的规定

费用定额是编制施工图预算时其他直接费、现场经费、间接费、计划利润、税金等费用的依据。价差调整的有关规定是编制施工图预算时计算材料实际价格与材料预算价格之间差额的依据。

（五）预算工作手册

预算工作手册是将常用的数据、计算公式和常用系数等资料汇编成册以便于查找和使用的便捷工具。如钢筋和型钢的单位理论重量、屋架杆件长度系数、各种形体的面积和体积计算公式、各种材料的容重等。这些资料对加快工程量的计算速度大有帮助。

（六）工程合同或协议

施工单位与建设单位签订的工程承包合同或协议是双方必须遵守和履行的书面文字承诺。合同中有关施工图预算的协议条款，也是编制施工图预算的依据。

四、施工图预算的编制程序

（一）施工图预算的编制方法

施工图预算的编制方法有单价法和实物法两种。

1．单价法

用单价法编制施工图预算，就是利用各地区、各部门编制的预算定额基价（或单位估价表），根据施工图计算出的各分项工程量，分别乘以相应单价并相加起来，再加上其他直接费、现场经费，即为该工程的直接费；再按费用定额规定的费用项目、计算方法和相应取费标准求出该工程的间接费、计划利润和税金；最后将工程直接费、间接费、计划利润和税金汇总即为一般建筑工程全部预算造价。

2．实物法

用实物法编制施工图预算，就是根据施工图计算的各分项工程量分别乘以相应预算定额中的人工、材料、施工机械台班的消耗指标，再按同类相加求出该工程所需的人工、各种材料、施工机械台班的数量；然后再分别乘以当时、当地人工工资标准、各种材料的预算价格、施工机械台班单价，相加起来，再加上其他直接费、现场经费，就可以得出该工程直接费；间接费、计划利润和税金等费用的计取方法同单价法。

上述编制施工图预算的两种方法，在全国均有采用。两种方法也各有千秋，但相对而言，用单价法编制施工图预算要相对简捷一些。本书重点介绍用单价法编制施工图预算。

（二）施工图预算的编制程序（单价法）

1．收集并熟悉编制依据

（1）收集编制依据

主要包括施工图纸及设计说明、相关标准图集、图纸会审记录、设计变更通知单、施工组织设计、预算定额、费用定额、材料预算价格、工程承包合同、预算工作手册等编制依据资料的收集。

（2）熟悉预算定额

建筑工程预算定额，是确定工程造价的主要依据。必须正确理解并熟练掌握定额的内容、项目划分，定额子目的工作内容、施工方法、质量要求、计量单位、工程量计算规则，掌握定额换算的有关规定、条件和方法。只有这样才能熟练地查找和正确地使用预算定额。

（3）熟悉施工图纸和设计说明

编制施工图预算前，应详细阅读施工图纸，熟悉设计内容，以免在选套定额和工程量计算上发生差错，从而影响工程造价计算的准确性。

熟悉施工图纸和设计说明的重点是检查图纸是否齐全，设计采用的标准图集是否具备，图纸尺寸是否有误，建筑施工图、结构施工图及有关细部大样图之间是否相互对应。要充分了解设计意图，对施工图纸和说明的要求完全理解和看懂。在熟悉施工图纸的过程中，遇有设计内容与定额内容不符时，应根据预算定额的有关规定进行换算或补充。

熟悉施工图纸的一般顺序和要求如下：

1）总平面图。了解新建工程的位置、坐标、地形地貌、等高线等情况。

2）基础平面图。掌握基础工程材料、施工方法，基底标高、有关尺寸、管道及盖板的布置等，结合剖面图核对轴线、基础构造层次、每一断面的长度及宽高尺寸。

3）建筑施工图。要逐层逐间核对开间、进深、层高、构造差异、配件细部尺寸，了解变形缝及一些特殊项目（如防水、吸声等）的具体做法、设计要求和供料方法，掌握门窗及装修、装饰项目的做法，材料规格等。

4）结构施工图。要结合建筑平面图、剖面图对构件种类、结构尺寸、构件数量、施工要求等进行核实，有关构件的标高和尺寸必须交圈对口，以免发生差错。

通过对施工图纸的识读和审核，应将建筑图、结构图、大样图及采用的标准图、材料做法等资料结合起来，相互对照，进行熟悉。要求通过学习施工图纸，把设计意图形成立体概念，为正确编制施工图预算创造条件。

（4）了解和掌握施工组织设计的有关内容

单位工程施工组织设计确定的施工方法和选择的施工机械不同，对某些工程项目的预算价格有很大的影响。如土方工程施工是采用人工开挖土方还是机械开挖土方，土方开挖的坡度、工作面留设的宽度及机械土方中挖土、运土机械的选择、运土距离的多少等。又如钢筋混凝土工程中构件的制作是预制还是现浇，预制构件是现场预制还是加工厂预制，运输距离是多少等。另外还需结合工程地质勘察报告了解土壤的类别、地下水位的高低以及降低地下水位的方法和降水深度等。

2．确定和排列工程预算项目

在熟悉预算编制依据的基础上，首先要正确划分预算子目、排列工程预算项目。在编制施工图预算时，为了防止漏项和重复列项，对于初学者来说可按"先分部，后分子项"的方法和顺序排列工程预算项目。即首先将工程按预算定额所设分部进行排序，判断和确定拟编预算工程有哪几个分部工程；再根据预算定额中分部工程定额子目的划分方法和施工图的设计内容确定应列分项工程项目。并将所列分项工程项目稍加整理，同时选定与各分项工程相对应的定额编号。

划分和排列分项工程预算项目时，必须使所列的分部分项工程预算项目既符合拟建工程的实际情况，又使确定的分部分项工程名称、内容、范围和排序等，能满足预算定额的相应规定和要求。应特别注意避免漏项、错项和重项。对工程中存在而定额中缺项的项目，可暂定名称记入相应的分部项，等编制出补充定额后，再按确定的分项名称和补充定额编号，列入分项工程预算项目。经确定的分项工程预算项目应包括拟建工程的全部工作内容。

另外，有些项目在施工图纸中未曾表示，如施工用的脚手架等，在编制预算时也不要遗漏。

总之，正确划分和排列分项工程预算项目是正确计算分项工程量的前提。

3．计算工程量

工程量计算是施工图预算编制工作中最繁重、细致的一项工作，约占全部工作时间的80％左右。工程量的计算应根据施工图纸提供的数据，按照定额规定的工程量计算规则进行逐项计算。正确计算工程量，是编制施工图预算的中心环节。工程量指标也是编制施工作业计划，合理安排施工进度，加强施工管理必不可少的基本数据。

为了做到工程量计算准确，便于审查和核对，工程量计算应在"工程量计算表"内进行，按照表内的内容填写序号、定额编号、分部分项工程名称、计量单位、工程数量和计算式及说明。工程量计算表的基本格式如下：

工程量计算表   表 1-3

工程名称：

第 页 共 页

年　　月　　日

序号	定额编号	分部分项名称	单位	数量	计算式及说明

计算人：　　　　　　　　　　　　　　　　　　　　　　　　　　　证号：

（1）工程量计算应遵循的原则

1）口径必须一致。即所列分项工程与相应的预算定额子目的口径相一致。如"屋面卷材防水"定额内均含"刷冷底子油一道"的工料，在列项时如设计与定额相同时，就不能另列冷底子油项目，否则便为重复计算；又如门窗及木装修分部定额中自由门及冷库门定额子目未包括五金配件，可按设计要求，另列项目计算五金配件的工料。

2）计量单位必须一致。根据施工图设计内容所列分项的计量单位必须与所套定额分项的计量单位相一致，才能顺利套价，否则将发生套价困难。

3）计算规则相一致。计算工程量必须与定额规定的工程量计算规则相一致，只有这样，才能符合工程预算的要求。例如，一砖半砖墙的厚度，无论施工图纸中所标注的尺寸是 360mm 还是 370mm，均应按定额工程计算规则的规定，按标准尺寸 365mm 计算。

（2）工程量计算的质量要求

1）分项名称的确定有可靠依据。

2）计算方法正确，数字准确。尺寸来源应注明部位或轴线，必要时可加文字说明。

3）注意精确度。工程量数值的取定，原则上定额单价低者可取整数；定额单价中等者可取两位小数；定额单价高者可取三位小数；余数四舍五入。

4）工程量计算要求准确无误。

（3）工程量计算的一般顺序

计算工程量时，为避免重复计算和漏算，应遵循一定的顺序逐项计算，尽量一数多用。工程量计算的一般顺序通常有以下几种：

1）按施工顺序，从底到顶顺序列项计算。

2）结构分层计算，内装修分层、分房间计算，外装修分立面计算。

3）按预算定额子目的编号顺序计算。

（4）计算工程量的一般方法

工程量计算的一般方法通常有以下几种：

1）从施工图左上角开始，按顺时针方向计算。如图 1-2（a）所示。此法适用于计算外墙、外墙基础、外墙地槽、楼地面、顶棚、室内装修等分项工程。

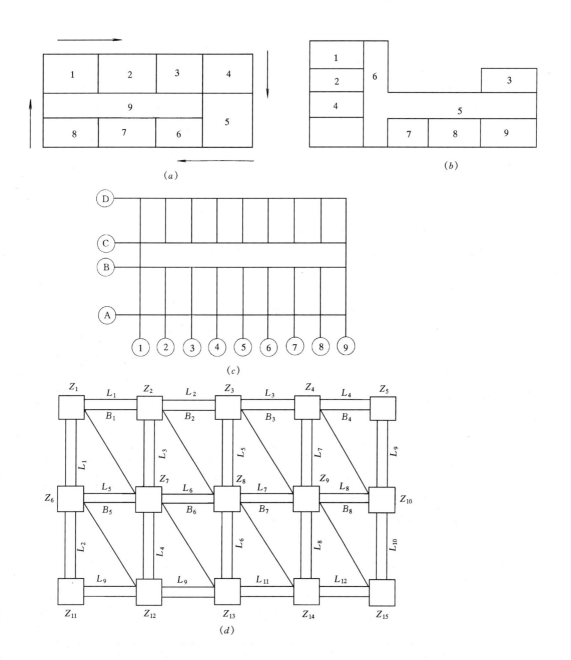

图 1-2　工程量的计算方法

2）按先横后竖、先左后右、先上后下的顺序计算，如图 1-2（b）。此法适用于与内墙相关的挖土、垫层、基础、装修等分项工程。

3）按轴线编号顺序计算，如图 1-2（c）所示。此法适用于与内外墙有关的挖土、底夯、垫层、基础、墙体、装修等分项工程。

4）按构配件编号顺序计算，如图 1-2（d）。此法适用于门窗、钢筋混凝土构件等分项工程工程量的计算。

（5）计算工程量的步骤

1）列出分项工程名称

根据施工图的设计内容及有关资料，按照一定的计算顺序，列出单位工程施工图预算应计算的分项工程名称，并注明应套定额编号。

2）列出工程量计算式

根据施工图纸提供的尺寸和数量，按照工程量计算规则，列出所计算分项工程的工程量计算式，并注明数据来源部位及必要的文字说明。

3）按计算式算出结果并调整计量单位

计算式列出后，对取定的数据进行一次复核，确认无误后按计算式计算出结果，并将计算结果进行汇总。然后按定额计量单位及精确度要求取定数值。

4．定额基价换算

如果施工图中某分项工程所使用的材料品种、规格或配合比等，与定额相应子目的规定不同，而定额又允许换算时，则在套用定额单价时需经过换算才能确定新基价（具体内容将在第二章详述）。

5．一次性补充定额

对于定额中缺项的分项工程，由施工单位为主会同建设单位根据图纸要求、按照国家现行的技术规范、质量标准等，提出工料分析，制定一次性补充定额，并报地市定额站审批后执行。对于可近似套用有关定额或近似套用有关定额后再作适当调整的定额缺项，不需编制一次性补充定额。是否需要编制一次性补充定额应由地市定额站裁定。故在预算编制中遇有定额缺项时，应和地市定额站保持密切联系，以便准确处理。补充定额的编制将在第二章详述。

6．工料分析

工料分析是在编制施工图预算时，根据各分项工程量和相应定额中的工程子目所列出的人工、材料消耗指标，经过计算、汇总得出该单位工程工料数量的工作过程。工料分析是施工企业加强企业管理、编制作业计划、进行经济核算、计算工料差价的重要依据。工料分析的具体内容将在本章最后一个问题详述。

7．套用定额、编制工程预算表

（1）一般分项工程和换算分项工程定额直接费的计算在工程预算表中进行。

工 程 预 算 表   表 1-4

工程名称：   第　页　共　页

                                                年　月　日

序号	定额编号	分部分项名称	单位	数量	预 算 价 值 （元）			
					单价	合价	其中人工费	
							单价	合价

负责人：　　　　审核人：　　　　编制人：　　　　证号：

这项工作主要是根据汇总后的各分项工程量及相应的定额子目，在工程预算表中依次填入序号、应套定额编号、分部分项工程名称、计量单位、分项工程量、相应的定额基价

（包括换算后的新基价和补充定额基价）、人工费单价，然后——计算出各分项工程的合计价值，再将每页预算表的合价进行小计，最后将每页的小计进行合计，即可汇总出该单位工程的定额直接费。

（2）量差调整的计算

这项工作是根据工料分析提供的材料定额耗用量和施工图实际耗用量计算出量差，然后再套用单价计算出调增或调减值，最后进行合计得出总的量差调整值。

$$量差调整量＝施工图耗用量－定额耗用量$$

上式中量差调整量为正值应调增，负值应调减。

量差调整主要用于钢筋、铁件、冷拔丝、预应力钢筋的调整计算。表式如下：

钢筋、铁件量差调整计算表　　　　　　　　　　　　表 1-5

工程名称：　　　　　　　　　　　　　　　　　　　　　　第　页共　页

　　　　　　　　　　　　　　　　　　　　　　　　　　　年　月　日

定额编号	项目名称	定额耗用量 （t）	施工图耗用量 （t）	调整量 （t）	预 算 价 值	
					单 价	合 价
	钢　筋					
	预应力钢筋					
	冷拔丝					
	铁　件					
调增（减）　　　合计						

编制人：　　　　　　　　证号：

（3）计价价值的计算

计价价值是指定额内无相应定额编号，而定额又规定了其价值的计算方法，不需另编补充定额的分项工程的合价。如门锁、自由门五金、大型机械安拆和场外运输费、预应力钢筋人工时效费等等。在计算计价价值时，有些费用应进入定额直接费，有些费用不能进入定额直接费。计价价值哪些可以进入定额直接费参加其他费用的取费，应严格按有关规定执行。计价价值的计算可在下面表式中进行。

计价价值计算表　　　　　　　　　　　　　　　　表 1-6

工程名称：　　　　　　　　　　　　　　　　　　　　　　第　页共　页

　　　　　　　　　　　　　　　　　　　　　　　　　　　年　月　日

序　号	项目名称	单　位	数　量	单　价	合　价	说　明
计价价值合计：						

编制人：　　　　　　　　　　　　　　　　　　　　　　　证号：

8．主要材料价差调整计算

在建筑工程预算中，部分主要材料有关文件规定其外购价（或拦头价）与定额取定价不一致时，允许依实调整价差。如钢材、木材、水泥、铝合金等主要材料，其调整价差可在价差调整计算表中进行。表式如下：

允许依实调整材料价差调整计算表　　　　　　　　　　　表 1-7

工程名称：

序　号	材料名称	规　格	单　位	数　量	定额取定价	外购价或拦头价	预算差价（元）	
							单价差	差　价
	预算差价本页小计：							

编制人：　　　　　　　　　　　　　　　　　　　　　证号：

主要材料价差调整计算，根据工料分析中施工图材料耗用量、材料外购价（或拦头价）、定额材料预算价格，计取材料差价调整值，汇总后即得出单位工程主要材料差价。材料差价直接计入税前工程造价，即只计取税金，不得参与其他取费项目的计算。

对于地方材料价差调整，可按照各地有关文件规定，根据各地市颁布的当时当地的地区基价系数乘以定额直接费进行一次性调整或依实调整。

9．计算应取费用

在定额直接费计算完毕后，即可根据现行费用定额计算其他直接费、间接费、利润及税金等费用项目。费用计算要严格按照当地费用定额规定的适用范围、取费标准和计算基础进行计算，最后将工程直接费、间接费、利润和税金汇总起来，即为单位工程预算造价。

下面列出河南省建筑工程取费程序表，供学习时参考。

工程预算费用计算表　　　　　　　　　　　　　　　　　表 1-8

工程名称：＿＿＿＿＿＿＿＿＿　　承包方式：＿＿＿＿＿＿＿＿＿　　第　页
工程地点：＿＿＿＿＿＿＿＿＿　　承包工程：＿＿＿＿＿＿＿＿＿　　共　页

序号	费　用　项　目		取费基数	费率%	预算费用（元）	说　明
（1）	定额直接费		预算定额	100		见表（　）
（2）	其中：定额人工费		日工资标准×定额工日			
（3）	人工费附加		（1）×			
（4）	其他直接费		（1）×			
（5）	现场经费		（1）×			
（6）	调整：	①人工费	按规定			
（7）		②机械费	按规定			
（8）		③主要材料	按规定			见表（　）
（9）		④地方材料	（1）×			文件号：
（10）		⑤构件增值税	（1）×			核批：
（11）		⑥工程包干费	（1）×			
（12）	调整小计		Σ〔（6）～（11）〕			
（13）	直接费小计		Σ〔（1）～（5）〕＋（12）			
（14）	企业管理费		（1）×			

序号	费 用 项 目	取费基数	费率 %	预算费用 （元）	说 明
(15)	离退劳保基金	(1) ×			
(16)	养老待业保险	(1) ×			核批：
(17)	调整：土地税	(1) ×			
(18)	间接费小计	Σ [(14) ~ (17)]			
(19)	直接费间接费小计	(13) + (18)			
(20)	利 润	[(19) - (12) - (17)] ×			
(21)	税前造价小计	(19) + (20)			
(22)	税 金	(21) ×			
(23)	工程造价合计	(21) + (22)			

编制人： 证号： 年 月 日

10．复核、填写编制说明及封面、装订签章

（1）复核

复核是指一个单位工程预算编制出来后，由有关人员对所编预算进行一次检查核对，以便及时发现错误，提高施工图预算的准确性。

（2）填写编制说明

编制说明用来说明工程预算的编制依据，考虑和未考虑的问题，标明工程预算的编制情况，以文字记述或说明预算中用数字所不能表达或表达不清的情况和问题，作为以后继续解决或落实的依据，并为预算审核提供便利。

（3）填写工程预算书封面

单位工程预算书封面，一般应包括建设单位、施工单位、工程名称、建筑面积、预算造价、单方造价、编制单位和编制日期等内容。

（4）装订签章

施工图预算书装订顺序通常为：封面、编制说明及费用计算表、工程预算表、材料价差调整表、定额基价换算表、工程量计算表、工料分析汇总表。按上述顺序编排并装订成册。编制人员、审核人员、有关负责人签字（或盖章）后，同时加盖企业公章，单位工程施工图预算才算最后完成。

建筑工程预算书封面见表1-10，预算书编制说明格式见表1-9。

预算书编制说明 表1-9

一、编制依据：
二、预算书基本内容说明：
三、需要解决和说明的其他问题：

建筑工程预算书 表 1-10

建设单位：_____

施工单位：_____

施工企业性质：_____ 施工企业级别：_____ 级

工程名称：_____ 工程类别：_____ 类

建筑面积：_____ m² 工程结构：_____

檐口高度：_____ m 工程地点：_____

承包方式：_____

预算总价：_____ 元 单方造价：_____ 元/m²

预算总价（大写）：_____

施工单位开户银行：_____ 账号：_____

建设单位：   施工单位：

（签章）   （签章）

负责人：   预算审核人：

                                    证号：

预算审核人：   预算编制人：

证号：   证号：

年   月   日

五、施工图预算的工料分析

建筑工程施工图预算的工料分析，是施工企业进行施工管理必不可少的一项技术资料，它是根据施工图纸、预算定额等资料计算出单位工程所需耗费的人工及各种材料的用量，以便施工企业编制人工和材料计划、安排组织劳动力和各种材料供应。

（一）单位工程人工用量的计算

1．将工程预算书中的各分部分项工程名称、定额编号、单位、工程数量按顺序填入人工用量计算表中，见表 1-11。

2．计算工程用工数

（1）根据预算定额查出各分项工程的综合人工消耗指标。

（2）计算各分项工程的合计用工：

合计用工 = 分项工程量 × 定额人工消耗指标

（3）计算工程总用工数：

总用工数 = Σ（分项工程量 × 定额人工消耗指标）

注意在使用定额人工消耗指标时，对于换算套用定额的项目，若定额人工有变化时，应使用换算后的定额人工消耗指标。

人工用量计算表   表 1-11

工程名称：   第 页 共 页
                                               年 月 日

序　号	定　额　编　号	分部分项名称	单　位	数　量	定额人工（工日）	合计人工（工日）
单位工程人工用量合计（工日）：						

计算人：   证号：

（二）单位工程定额材料用量分析、汇总

1. 材料分析

材料分析是指根据各分项工程量和定额中所列主要材料品种的定额消耗指标，计算出各分项工程项目所需的主要材料数量，然后进行汇总，算出单位工程所需的各种规格品种主要材料总数量的工作。

材料按照其预算属性，可分为允许进行量差或价差依实调整的材料和价差用地区基价系数综合调整的材料两大类。对于前一类材料必须进行材料分析，才能进行相应的费用调整。后一种材料无需进行材料分析即可进行相应费用调整。下面主要介绍允许进行量差或价差依实调整的材料的分析方法，该类材料的品种以定额及其配套文件的有关规定为准。

定额材料用量分析应按照预算表列项计算的顺序，逐项对照相应定额材料栏内有无允许进行量差或价差依实调整的材料消耗指标，对于有该类材料消耗的分项项目，先将分项名称、预算表计算序号、定额编号、工程量及单位填入单位工程定额材料用量分析表（见表 1-12），然后再用工程量乘以定额材料消耗指标，计算该分项项目的材料耗用量。

定额材料耗用量＝分项工程量×定额材料指标

在进行材料分析时，若定额换算导致定额材料指标发生变化时，应按定额换算计算表中调整后的材料定额含量计算。对于混凝土、砂浆等半成品材料，可利用定额附录中的配合比表一次完成材料分析，也可以先分析出混凝土、砂浆等半成品的材料数量，然后再进行二次分析。

材料分析字迹要清晰，单位要统一，取用的定额材料消耗指标要准确。

2. 材料汇总

在分项材料分析完成之后，把各分项工程材料定额耗用量按规格品种进行汇总，将材料分析表中每页各品种材料用量小计逐页过录集中起来，然后加以汇总计算，最后按顺序填制单位工程定额材料汇总表（见表 1-13）。

工程名称：

预算表分项序号	定额编号	分部分项名称	工料分析	名称					
				规格					
				单位					
				合计					
			单位	工程量	定额用量	定额用量	定额用量	定额用量	定额用量

编制人：　　　　　　　　　　　　　　　　　　　　　　证号：

工程名称：

类 别	序 号	材 料 名 称	规 格	单 位	数 量	备 注

编制人：　　　　　　　　　　　　　　　　　　　　　　证号：

定额材料用量分析、汇总应注意以下几个问题：

（1）钢筋仅需按普通钢筋、预应力钢筋和冷拔丝三大类进行分析。对于每一个分项工程其定额项目表内的"钢筋Ⅰ级钢 ϕ10 以内"、"钢筋Ⅰ级钢 ϕ10 以上"、"钢筋Ⅱ、Ⅲ级钢 ϕ10 以上"三个钢筋定额指标可以合并为一个定额指标进行普通钢筋用量分析。

（2）定额项目表中，凡以铁件预算价格作为预算价的钢材，其定额耗用量应并入铁件汇总量内。

（3）木材按预算定额项目表中的类别进行定额耗用量汇总，然后根据实际需要采用的木材类别、等级确定其利用率（出材率）和供料系数，最后计算出其供料指标。

$$供料指标 = 定额耗用量 \times 供料系数$$

或

$$供料指标 = 定额耗用量 \div 利用率$$

木材的利用率或供料系数以各地区定额站颁布的为准。

对于价差用地区基价系数调整的材料，在编制预算时，无需进行材料分析即可进行相应的费用调整。但对于施工企业来讲，由于施工企业内部编制材料计划的依据主要是工程预算中的材料分析，所以施工企业一般对价差用地区基价系数综合调整的材料也应进行材料分析，以备施工组织管理的需要。

（三）单位工程施工图材料用量分析、汇总

对于定额规定施工图用量与定额用量不同时允许进行量差调整的材料，如钢筋、预应力钢筋、铁件、冷拔丝、铝合金、钢材等材料，为了计算材料量差调整量，在编制预算时还要分析计算该类材料的施工图耗用量。

1．施工图用量分析计算

首先根据施工图纸，按照一定的计算方法，计算出各种构件中允许量差调整的材料的施工图净用量，然后按一定要求进行分类汇总，最后再加上定额规定的损耗量算出该类材料的施工图耗用量。

$$施工图耗用量 = 施工图净用量 \times （1 + 损耗率）$$

施工图净用量的计算方法，将在第四章中详细介绍。材料损耗率按定额或有关文件规定取值。

2．施工图净用量的汇总

（1）先按钢筋、预应力钢筋、冷拔丝、铁件、钢板、型钢及其他材料划分类别，分别按不同规格材料进行汇总。

（2）再按量差及价差调整的要求分别进行汇总。钢筋、铁件、预应力钢筋、冷拔丝的量差调整分类要求是不分材料规格品种仅按四大类进行综合施工图耗用量汇总；价差调整的分类比较多，其要求是，按材料取定价的不同分别汇总。

单位工程施工图材料用量分析、汇总计算的工作量大且量差调整和价差调整的汇总的分类方法也不一样，为便于计算和审核，减少计算过程中的失误，其分析和汇总可在单位工程施工图材料用量分析计算表（表1-14）和单位工程施工图材料用量汇总表（表1-15）上进行。

单位工程施工图材料用量分析计算表　　　　　　　　表 1-14

工程名称：　　　　　　　　　　　　　　　　　　　　　　　第　页　共　页

年　月　日

构件名称数量	材料名称	规格	单位	施工图净用量	净用量分析计算式及说明

编制人：　　　　　　　　　　　　　　　　　　　　　　证号：

工程名称：

类别	序号	材料名称	规格	单位	施工图净用量	损耗率	施工图耗用量

编制人：　　　　　　　　　　　　　　　　　　　　　　证号：

（四）工料分析举例（依 1995 年河南省土建定额）

【例 1-2】　某工程水泥砂浆楼地面，工程量为 2590m²。地面做法：20mm 厚 1:2 水泥砂浆抹面，素水泥浆结合层一道，80mm 厚 C10 混凝土垫层。计算该楼地面工程的人工、水泥、砂、石子定额用量。

【解】　水泥砂浆楼地面定额包括素水泥浆结合层一道,故素水泥浆不需另外列项计算。

1. 水泥砂浆整体面层分析

套用定额 8—80 子目

工程量：2590m² = 25.9（100m²）

1:2 水泥砂浆定额指标：2.16m³/100m²

素水泥浆定额指标：0.10m³/100m²

人工定额指标：12.28 工日/100m²

1:2 水泥砂浆用量：25.9×2.16 = 55.944m³

素水泥浆用量：25.9×0.1 = 2.59m³

人工用量：25.9×12.28 = 318 工日

查定额附录：1:2 水泥砂浆配合比为

425#水泥❶:中砂:水 = 0.55:0.93:0.3

素水泥浆配合比　425#水泥:水 = 1.502:0.3

∴　425#水泥定额用量为

$$55.944×0.55 + 2.59×1.502 = 34.659t$$

中砂定额用量：55.944×0.93 = 52.028m³

2. C10 混凝土垫层

套用定额 8—14 子目

---

❶　根据新的国家标准，已将原有水泥标号改为强度等级，425#水泥大致相当于 32.5 级。325#水泥现已不生产。稿内 425#、325#均为旧标准。

工程量：$2590 \times 0.08 = 207.2 m^3 = 20.72$ （$10 m^3$）

人工定额指标：12.55 工日$/10 m^3$

C10 混凝土定额指标：$10.10 m^3/10 m^3$

人工定额用量：$20.72 \times 12.55 = 260$ 工日

C10 混凝土定额用量：$20.72 \times 10.1 = 209.272 m^3$

查附录：C10 混凝土配合比为 $325^{\#}$水泥：中砂：石子（最大粒径 40）= $0.287 : 0.40 : 0.82$

$\therefore$ $325^{\#}$水泥定额用量：$209.272 \times 0.287 = 60.061 t$

中砂定额用量：$209.272 \times 0.4 = 83.709 m^3$

石子定额用量：$209.272 \times 0.82 = 171.603 m^3$

3．材料汇总

人工定额用量：$318 + 260 = 578$ 工日

$425^{\#}$水泥用量：$34.659 t$

$325^{\#}$水泥用量：$60.061 t$

中砂定额用量：$52.028 + 83.709 = 135.737 m^3$

石子定额用量：$171.603 m^3$

【例 1-3】 预制 C20 空心板（非预应力），工程量 $202 m^3$，图示钢筋净用量 $12.6 t$，冷拔丝净用量 $4 t$，计算空心板项目的水泥、钢筋、冷拔丝的定额用量及钢筋、冷拔丝的施工图用量。

【解】 1．定额用量计算

1）水泥：查定额 5—103 空心板

C20 混凝土定额指标 $10.15 m^3/10 m^3$

查附录：C20 混凝土配合比每 m^3 用 $425^{\#}$水泥 $0.399 t$

则 $425^{\#}$水泥定额用量：

$$202 \div 10 \times 10.15 \times 0.399 = 81.807 t$$

2）钢筋：查定额 5—103 空心板

钢筋定额指标：$0.128 + 0.518 = 0.646 t/10 m^3$

钢筋定额用量：$202 \div 10 \times 0.646 = 13.049 t$

3）冷拔丝：查定额 5—103 空心板

冷拔丝定额指标：$0.132 t/10 m^3$

冷拔丝定额用量：$202 \div 10 \times 0.132 = 2.666 t$

2．施工图用量计算

1）钢筋施工图用量：$12.6 \times$ ［$1 + 1\%$（空心板损耗率）］$\times$［$1 + 2\%$（钢筋损耗率）］$= 12.981 t$

2）冷拔丝施工图用量：

$$4.0 \times （1 + 1\%）\times （1 + 2\%）= 4.121 t$$

复 习 思 考 题

1．什么是基本建设？它包含哪些内容？

2．基本建设程序的"三个阶段十项内容"是什么？

3．基本建设项目是怎样划分的？试举例说明。

4．建设项目总投资由哪些费用构成？

5．建筑安装工程造价由哪几部分费用构成？

6．建筑安装产品及其生产的特点有哪些？这些特点对工程造价有何影响？

7．什么是施工图预算？它有何作用？

8．施工图预算的编制依据及程序怎样？

9．什么是工料分析？工料分析应注意哪些问题？

10．分析 M7.5 混合砂浆一砖外墙 $18m^3$ 的人工、砖、水泥、砂、生石灰用量。

第二章 建筑工程定额

第一节 概 述

一、定额的概念及作用

(一) 定额的概念

在建筑施工过程中，为了完成某一单位的合格建筑产品，就需要消耗一定的人工、材料、机械设备和资金。为了统一考核上述的消耗，以便进行生产经营管理和技术经济核算，就需要有一个统一的平均消耗指标。

我们通常所说的定额，就是这样一个统一的平均消耗指标，就是在正常的生产条件下，完成单位合格产品所必需的人工、材料、机械设备及其资金消耗的数量标准。显然，定额反映了一定的生产条件下，建筑产品与消耗之间的关系。

建筑工程定额是一定的时期内和一定的生产条件下，用科学的方法制定出的生产质量合格的单位建筑产品所需要消耗的劳动力、材料、机械台班及资金的数量标准。它不仅规定了科学的数量标准，而且还规定了工作内容、质量和安全的要求。

(二) 定额的产生和发展

定额是企业管理的一门分支学科，它的形成始于19世纪末，它是与资本主义企业管理科学化的形成紧密联系在一起的。

在小商品生产情况下，由于生产规模小，产品比较单一，生产中需要多少人力、物力，如何组织生产，往往只凭简单的生产经验就可以了。到了19世纪末20世纪初，资本主义生产规模日益扩大，生产技术迅速发展，劳动分工越来越细，协作越来越重要，而过去的经验或管理远远不能满足资本主义生产的需要，致使劳动生产率很低。由于资本主义生产的目的就是为了攫取最大限度的利润，因此，资本家就要千方百计降低产品中活劳动与物化劳动的消耗，就必须加强对生产消耗的研究和管理，提高劳动生产效率。因此，定额作为现代科学管理的一门重要学科也就出现了。

企业管理成为科学始于泰罗。弗·温·泰罗（1856—1915）是19世纪末的美国工程师。当时，美国资本主义正处于上升时期，工业发展很快，但由于采用传统的管理方法，工人劳动生产率低，而劳动强度很高，每周劳动时间平均在60小时以上。在这种背景下，泰罗开始了企业管理的研究，其目的是要解决如何提高工人的劳动效率。从1880年开始，他进行了各种试验，努力把当时科学技术的最新成就应用于企业管理。他着重从工人的操作方法上研究工时的科学利用，把工作时间分成若干组成部分，并利用秒表来记录工人每一动作所消耗的时间，制定出工时定额，作为衡量工人效率的尺度。他还十分重视工人的操作方法，对工人劳动中的操作和动作，逐一记录，分析研究，把各种最有效、最经济的动作集中起来，制定出最节约工作时间的所谓标准操作方法，并据以制定工时定额。为减少工时消耗，使工人完成这些较高的工时定额，泰罗还对工具和设备进行了研究，使工人使用的工具、设备、材料标准化，并彼此协调。

泰罗通过研究，于1911年发表了著名的《科学管理原理》一书，由此开创了科学管理的先河。后人尊其为"科学管理之父"，并以此提出了一整套系统的标准的科学管理方法，形成了有名的"泰罗制"。"泰罗制"的核心是：制定科学的工时定额，实行标准的操作方法，强化和协调职能管理，实行有差别的计件工资制。泰罗给资本主义企业管理带来了根本性变革，使资本主义生产力有了空前提高。

在我国，建国以来，为适应经济建设发展的需要，党和政府对建立和加强各种定额的管理工作十分重视。就我国建筑工程劳动定额而言，它是随着国民经济的恢复和发展而建立起来的，并结合我国工程建设的实际情况，在各个时期制定和实行了统一劳动定额。它的发展过程，是从无到有，从不健全到逐步健全的过程。在管理体制上，经历了从分散到集中，从集中到分散，又由分散到集中，统一领导与分级管理相结合的过程。

早在1955年劳动部和建筑工程部联合编制了《全国统一建筑安装工程劳动定额》，这是我国建筑业第一次编制的全国统一劳动定额。1962年、1966年建筑工程部先后两次修订并颁发了《全国建筑安装工程统一劳动定额》。这一时期是定额管理工作比较健全的时期。由于集中统一领导，执行定额认真，同时广泛开展技术测定，定额的深度和广度都有发展。当时对组织施工、改善劳动组织、降低工程成本、提高劳动生产率起到了有力的促进作用。

在十年动乱中，行之有效的定额管理制度遭到了严重破坏。定额管理制度被取消，造成劳动无定额、核算无标准、效率无考核，施工企业出现严重亏损，给我国建筑业造成了不可弥补的损失。

党的十一届三中全会以来，随着全党工作重点的转移，工程定额在建筑业的作用逐步得到恢复和发展。国家建工总局为恢复和加强定额工作，1979年编制并颁发了《建筑安装工程统一劳动定额》。之后，各省、市、自治区相继设立了定额管理机构，企业配备了定额人员，并在此基础上编制了本地区的《建筑工程施工定额》。使定额管理工作进一步适应各地区生产发展的需要，调动了广大建筑工人的生产积极性，对提高劳动生产率起到了明显的促进作用。为适应建筑业的发展和施工中不断涌现的新结构、新技术、新材料的需要，城乡建设环境保护部于1985年编制并颁发了《全国建筑安装工程统一劳动定额》。

随着工程预算制度的建立与发展，工程预算定额也相应产生并不断发展。1955年建筑工程部编制了《全国统一建筑工程预算定额》，1957年国家建委在此基础上进行了修订并颁发全国统一的《建筑工程预算定额》；之后，国家建委通知将建筑工程预算定额的编制和管理工作，下放到省、市、自治区。各省、市、自治区于以后几年间先后组织编制了本地区的建筑安装工程预算定额。1981年国家建委组织编制了《建筑工程预算定额》（修改稿），各省、市、自治区在此基础上于1984年、1985年先后编制了适合本地区的建筑安装工程预算定额，建设部于1992年颁发了《全国统一建筑装饰工程预算定额》。预算定额是预算制度的产物，它为各地区建筑产品价格的确定提供了重要依据。

从以上工程定额的发展情况来看，说明建国以来的定额工作，是在党和政府的领导下，由有关部委规定了一系列有关定额的方针政策，并在广大职工积极努力配合下，才迅速发展起来的。同时也看到建国五十多年来，定额工作的开展不是一帆风顺的，既有经验也有教训。事实说明，只要按客观经济规律办事，正确发挥定额作用，劳动生产率才能提高，才有经济效益可言。反之，劳动生产率就明显下降，经济效益就差。因此，实行科学的定额管理，充分认识定额在现代科学管理中的重要地位和作用，是有中国特色社会主义生产发展的客观要求。

（三）定额的作用

建筑工程定额具有以下几方面作用：

1. 定额是编制工程计划，组织和管理施工的重要依据。为了更好地组织和管理施工生产，必须编制施工进度计划和施工作业计划。在编制计划和组织管理施工生产中，直接或间接地要以各种定额来作为计算人力、物力和资金需用量的依据。

2. 定额是确定工程造价的依据。在有了施工图设计的工程规模、工程数量和施工方法之后，即可依据相应定额所规定的人工、材料、机械台班的消耗量，以及单位预算价值和各种费用标准来确定建筑工程造价。

3. 定额是建筑企业实行经济责任制的重要环节。当前,全国建筑企业正在全面推行经济体制改革。随着《建筑法》、《招标投标法》的实施，以及加入WTO后建筑市场的开放,正在加速推行投资包干制和以招标投标承包为核心的经济责任制。其中签订投资包干协议、计算招标标底和投标报价、签订总包和分包合同等,通常都以建筑工程定额为主要依据。

4. 定额是建筑企业降低工程成本的重要依据。建筑企业以定额为标准，来分析比较企业各种成本的消耗。并通过分析比较，找出薄弱环节，提出改进措施，不断降低人工、材料、机械台班等费用的消耗，从而降低工程成本，取得更好的经济效益。

5. 定额是总结先进生产方法的手段。定额是在平均先进合理的条件下，通过对施工生产过程的观察、分析综合制定的。它可以比较科学地反映生产技术和劳动组织的先进合理程度。因此，我们可以以定额的标定方法为手段，对同一建筑产品在同一施工操作条件下的不同生产方式进行观察、分析和总结。从而得到一套比较完整的先进生产方法，在施工生产中推广应用，使劳动生产率得到普遍提高。

二、定额的分类

建筑工程定额是一个综合概念，是建筑工程中生产消耗性定额的总称。它包括的定额种类很多。为了对建筑工程定额从概念上有一个全面的了解，按其内容、形式、用途和使用要求，可大致分为以下几类：

（一）按生产要素分类，可分为劳动消耗定额、材料消耗定额和机械台班消耗定额。

（二）按用途分类，可分为施工定额、预算定额、概算定额和概算指标等。

（三）按费用性质分类，可分为直接费用定额、间接费用定额等。

（四）按主编单位和执行范围分类，可分为全国统一定额、主管部定额、地方统一定额及企业定额等。

建筑工程通常包括一般土建工程、构筑物工程、电气照明工程、水暖通风工程及工业管道工程等，都在建筑工程定额的总范围之内。因此，建筑工程定额在整个工程定额中是一种非常重要的定额，在定额管理中占有突出的位置。

设备安装工程一般包括机械设备安装工程和电气设备安装工程。

建筑工程和设备安装工程在施工工艺及施工方法上虽然有较大的差别，但它们又同是某项工程的两个组成部分。从这个意义上讲，通常把建筑工程和安装工程作为一个统一的施工过程来看待，即建筑安装工程。所以，在工程定额中把建筑工程定额和安装工程定额合在一起，称为建筑安装工程定额。

建筑安装工程定额分类详见图 2-1。

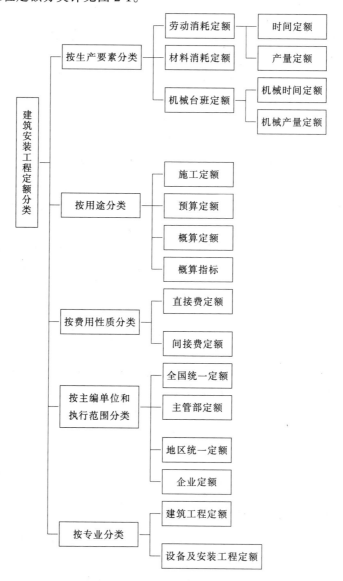

图 2-1 建筑安装工程定额分类

三、定额的特性

定额的特性是由定额的性质决定的。在社会主义市场经济条件下，建筑工程定额具有科学性、权威性、群众性、相对稳定性和时效性。

（一）定额的科学性

定额的科学性，表现为定额的编制是在认真研究客观规律的基础上，自觉遵循客观规律的要求，用科学方法确定各项消耗量标准。所确定的定额水平，正确地反映了生产单位合格建筑产品所需要的社会必要劳动量。

（二）定额的权威性

定额是由被授权部门根据当时的实际生产力水平而制定的，并颁布供有关单位使用。在执行范围内任何单位都必须遵照执行，不得任意调整和修改。如需进行调整、修改和补充，必须经授权编制部门批准。因此，定额具有权威性。

（三）定额的群众性

定额是根据当时的实际生产力水平，在大量测定、综合、分析、研究实际生产中的有关数据和资料的基础上制定出来的。因此，它具有广泛的群众性；同时，定额一旦制定颁发，运用于实际生产中，则成为广大群众共同的奋斗目标。因此，定额的制定和执行都离不开群众，也只有得到群众的充分协助，方能为群众接受。

（四）定额的稳定性和时效性

建筑工程定额中的任何一种定额，在一段时期内都表现出稳定的状态。根据具体情况的不同，稳定的时间有长有短，一般在 5～10 年之间。

但是，任何一种建筑工程定额，都只能反映一定时期的生产力水平，当生产力向前发展了，定额就会变得陈旧了。所以，建筑工程定额在具有相对稳定性特点的同时，也具有显著的时效性。当定额不能再起到它应有作用的时候，建筑工程定额就要重新编制或重新修订了。

四、用统计分析法和经验估计法编制定额

编制定额的方法有很多种。对于劳动定额，通常采用计时观察法、类推比较法、统计分析法和经验估计法等方法来测定；对于材料消耗定额，通常采用现场观察法、实验室实验法、统计分析法和理论计算等方法来确定。限于篇幅和课时，本书仅就用统计分析法和经验估计法编制定额作以介绍。

（一）用统计分析法编制定额

统计分析法就是在详细地搜集过去生产同类型（或类似）产品所实耗工时和材料的有关资料基础上，分析当前施工条件的实际情况以及发展趋势，采用统计学的理论进行综合整理和分析研究，以确定定额水平的方法。

该法的优点是简单易行，工作量较小。但要使统计分析法制定的定额有较好的质量，就应在基层健全原始记录与统计报表制度，搞好统计台帐，并能将实际生产中发生的一些不合理的虚假因素予以剔除。

统计分析的方法很多，没必要一一介绍，这里仅介绍平均分析法和比例分析法。

1. 平均分析法

该法是将同一组内（各种影响因素相同）的许多统计数据，求出最优值、平均值和平均先进值，并以平均先进值为基础，分析研究影响定额的各种因素，以期得到较好的结果。举例说明如下。

收集到 A、B、C、D、E 五个预制构件厂生产同一种标准预制构件所耗混凝土情况的资料（见表 2-1）。

五个厂生产同一构件所耗混凝土情况 表 2-1

项　　　目	单位	A	B	C	D	E	合计
每构件实耗混凝土	m³	1.0095	1.0083	1.0051	1.0133	1.0069	1.0089
预制构件产量	个	105	120	98	150	145	618
耗用混凝土总量	m³	106	121	98.5	152	146	623.5

表 2-1 资料表明,这五家构件厂在施工方法、施工设备、施工季节、混凝土运距等方面都很近似,故可列为一组进行分析。分析的目的是要确定较合理的混凝土施工损耗量标准(已知该构件的混凝土净用量 $1m^3$)。

(1)该组数据的最优值是 1.0051。

(2)平均值可有算术平均值和加权平均值两种。前者适用于权数相同或不知权数的资料;后者适用于权数不相同的资料。本例应以产量为权数,故算得加权平均值为 1.0089。

(3)平均先进值是采用二次平均法计算的。可以有两种算法,分列于下:

第一种算法:

$$平均先进值 = \frac{1.0089 + 1.0083 + 1.0051 + 1.0069}{1 + 3} = 1.0073$$

第二种算法:

$$平均先进值 = \frac{1.0089 + \dfrac{1.0083 + 1.0051 + 1.0069}{3}}{2} = 1.0078$$

以上两个结果中,不论选择哪个作为制作损耗量标准的依据,都只有 C、E 两厂达到了这个平均先进水平,只占五个厂中的少数。因此,此时最好不要匆忙下结论,应当了解一下 C、E 厂是如何减少施工损耗的,别的厂能否推广它们的先进经验;而 A、D 厂的生产中是否有不合理因素,如果能够将上述情况进一步搞清,就可以制定出比较合理的损耗量标准。

2.比例分析法

统计资料得到的往往是工作过程或综合工作过程的资料,它们一般包含许多工序。为了得到作为编制定额基础的工序资料,可设法将统计资料分解为各个单独工序的资料。按一定比例进行分解的方法叫做比例分析法。比例分析法只能用于时间定额,而且要选择能够成立的比例关系。

(1)按劳动组合的人数比例

有一浇筑混凝土小组,有混凝土工 8 人,普工 24 人,各工序配备的人数见表 2-2。总的统计时间是每立方米混凝土 1.50 工日(综合工日),现按比例分解于表 2-2。

浇筑混凝土小组配备人数　　　　　　　　　　表 2-2

项　目		单　位	上　料	拌　和	运混凝土	捣　实	合　计
混凝土工	配备人数	人	1	1	0	6	8
	工序定额	工日/m³	0.047	0.0047	0	0.281	0.375
普工	配备人数	人	10	1	10	3	24
	工序定额	工日/m³	0.469	0.047	0.469	0.141	1.125

表中各工序定额的分解,以运混凝土工序为例:

$$1.5 \times \frac{10}{32} = 0.469 \text{ 工日}/m^3$$

(2)按已有测定资料的工序比例

收集到土方工程筑堤统计定额为 4 工日/$10m^3$(但劳动组合情况未统计到),土质为二类土,运距为 60m。现有在相同条件下的工序测定资料如表 2-3 所示。若先计算各工序

34

测定资料的百分比，然后以百分比乘以统计定额，即得该施工过程中各工序的时间定额。

相同条件下的工序测定资料 表 2-3

项　　目		挖　土	装　土	起　卸	平　运	翻　晒	合　计
测定资料	工日/10m³	0.424	0.600	0.321	1.734	0.478	3.557
各工序百分比	%	11.9	16.9	9.0	48.6	13.6	100
统计资料	工日/10m³	0.475	0.675	0.360	1.945	0.545	4.000

表中各工序百分比的计算，以挖土工序为例：$0.424 \div 3.557 = 11.9\%$

则挖土工序的定额为：$4 \times 11.9\% = 0.475$ 工日/10m³

（二）用经验估计法编制定额

经验估计法是根据定额员、技术员和工人的实际工作经验，参考一些技术文件并考虑生产技术条件，用估计的方法编制定额。该法可用于产品品种多、工程量小、施工时间短以及一些不常出现的项目等一次性定额的制定。

运用经验估计法时，为使估计的结果比较可靠，可以通过集体讨论估计出三个数值，即先进的（a）、有把握的（m）、后进的（b）。然后依照下述公式计算均值（x）和标准差（σ）：

$$x = \frac{a + 4m + b}{6} \qquad (2\text{-}1)$$

$$\sigma = \frac{|a - b|}{6} \qquad (2\text{-}2)$$

这种估计方法实质上仍是一种用样本均值和标准差作为总体均值和标准差的估计量的方法，但是不采用通常的抽样方式。此种方法简单易行，有一定的科学依据和可靠性。

此法能够较成功地运用的关键在于 a、m、b 三个估计值的可靠程度。因此要加强调查研究，要对生产技术条件进行充分而细致的分析，以便提供尽可能多的客观依据；并要注意挑选业务水平高、经验丰富、思想正派的人参加讨论制定定额的工作。

第二节　施　工　定　额

一、施工定额的概念、作用、组成、编制方法

施工定额是施工企业为了组织生产和加强管理，在企业内部使用的一种定额。属于企业生产定额的性质。它是以同一性质的施工过程为测定对象，规定建筑安装工人或班组，在正常的施工条件下，完成单位合格产品所消耗的人工、材料和机械台班的数量标准。

施工定额是地区专业主管部门和企业的有关职能机构，根据专业施工的特点规定出来并按照一定程序颁发执行的。

施工定额由劳动定额、机械消耗定额和材料消耗定额三个相对独立的部分组成。为了适应组织施工生产和管理的需要，施工定额的项目划分很细，是建筑工程定额中分项最细、定额子目最多的一种定额，也是建筑工程定额中的基础性定额。

目前，各地区（企业）编制的建筑安装工程定额，是以全国建筑安装工程统一劳动定额为基础，结合现行的建筑材料消耗定额、工程质量标准、安全操作规程及本施工企业的机械设备、施工条件、施工技术水平，并参考有关工程历史资料进行调整补充编制的。

（一）施工定额的作用

施工定额的作用主要表现在合理组织施工生产和按劳分配两个方面，认真执行施工定额，正确发挥其在施工管理中的作用，对促进建筑企业的发展有着重要的意义。其作用具体表现在以下几个方面：

1．是衡量工人劳动生产率的主要标准。

2．是施工企业编制施工组织设计和施工作业计划的依据。

3．是编制施工预算的主要依据。

4．是施工队向班组签发施工任务单和限额领料的基本依据。

5．是编制预算定额和单位估价表的基础。

6．是加强企业成本核算和实现施工投标承包制的基础。

（二）施工定额的编制

1．编制原则

（1）平均先进水平原则

定额水平是指消耗在单位建筑产品上人工、材料和机械台班数量的多少。消耗量越少，说明定额水平越高，反之则说明定额水平越低。所谓平均先进水平，就是在正常条件下，多数工人和多数企业经过努力能够达到或超过的水平。它低于先进水平，略高于平均水平。定额水平既要反映已经成熟并得到推广的先进技术和先进经验，又要从实际出发，认真分析各种有利和不利因素，做到合理可行。

（2）内容和形式简明适用原则

施工定额的内容和形式要方便于定额的贯彻和执行，要有多方面的适应性。既要满足组织施工生产和计算工人劳动报酬等不同用途的需要，又要简单明了，容易为工人所掌握。要做到定额项目设置齐全，项目划分合理，定额步距适当。

所谓定额步距，是指同一类一组定额相互之间的间隔。如砌筑砖墙的一组定额，其步距可以按砖墙厚度分为 1/4 砖墙、1/2 砖墙、3/4 砖墙、1 砖墙、$1\frac{1}{2}$ 砖墙、2 砖墙等。这样步距就保持在 1/4～1/2 墙厚之间。

为了使定额项目划分和步距合理，对于主要工种、常用的工程项目，定额要划分细一些，步距小一些；对于不常用的、次要项目，定额可以划分粗一些、步距大一些。

施工定额的文字说明、注释等，要清楚、简练、易懂，计算方法力求简化。名词术语、计量单位的选择，应符合国际标准及通用的原则，使其能正确地反映人工与材料的消耗量标准。定额手册中章、节的编排，尽可能同施工过程一致，做到便于组织施工、便于计算工程量、便于施工企业的使用。

（3）专业人员与群众相结合并以专业人员为主的原则

施工定额编制工作量大，工作周期长，编制工作本身具有很强的技术性和政策性。因此，不但要有专门的机构和专业人员组织把握方针政策，做经常性的积累资料和管理工作，还要有工人群众相配合。

2．施工定额的编制依据

（1）现行的全国建筑安装工程统一劳动定额、建筑材料消耗定额。

（2）现行的国家建筑安装工程施工验收规范、工程质量检查评定标准、技术安全操作规程等资料。

（3）有关的建筑安装工程历史资料及定额测定资料。

（4）建筑安装工人技术等级资料。

（5）有关建筑安装工程标准图集。

3．编制方法

施工定额的编制方法，目前全国尚无统一规定，都是各地区（企业）根据需要自己组织编制的。但总的归纳起来，施工定额有两种编制方法，一是实物法，即施工定额是由劳动消耗定额、材料消耗定额和机械台班消耗定额三部分消耗量组成的。二是实物单价法，即由劳动消耗定额、材料消耗定额和机械台班消耗定额的消耗数量，分别乘以相应单价并汇总得出单位总价，称为施工定额单价表。

目前，施工定额中的劳动定额部分，是以全国建筑安装工程统一劳动定额为依据，实行统一领导、分级管理的办法。材料消耗定额和机械台班消耗定额则由各地区（企业）根据需要进行编制和管理。

（1）定额的册、章、节的编排

施工定额册、章、节的编排主要是依据劳动定额编排的，故其册、章、节的编排与现行全国统一劳动定额相似。现以北京市建筑工程局1982年编制的《建筑安装工程施工定额》土建工程部分为例，叙述如下：

土建工程施工定额分为十三册：材料运输及材料加工、人力土方工程、架子工程、砖石工程、抹灰工程、手工木作工程、模板工程、钢筋工程、混凝土及钢筋混凝土工程、防水工程、油漆玻璃工程、金属制品制作及安装工程、暂设工程等。各分册按不同分部和不同生产工艺划分为若干章。例如第六分册手工木作工程分为门窗工程，屋盖工程，楼地面、间隔墙、天棚、室内木装修及其他等三章。

每一章按构件的不同类别和材料以及施工操作方法的不同，又划分为若干节。例如手工木作工程分册的屋盖工程一章内，划分为屋架制作安装、屋面木基层及石棉瓦屋面共两节。

各节内又设若干定额项目（或叫定额子目）。

（2）定额项目的划分

1）按构件的类型及形、体划分。如混凝土及钢筋混凝土构件模板工程，由于构件类型不同，其表面形状及体积也就不同，模板的支模方式及材料消耗量也不相同。例如现浇钢筋混凝土基础工程，按带型基础、满堂基础、独立基础、杯形基础、桩承台等分别列项。而且，满堂基础按箱式、有梁式、无梁式，独立基础按 $2m^3$ 以内、$5m^3$ 以内、$5m^3$ 以外分别列项等等。

2）按建筑材料的品种和规格划分。建筑材料的品种和规格不同，对于劳动量及材料用量影响很大。如镶贴块料面层项目，按缸砖、陶瓷锦砖（马赛克）、瓷砖、预制水磨石等不同材料划分。

3）按不同的构造做法和质量要求划分。不同的构造做法和质量要求，对单位产品的工时消耗、材料消耗有很大的影响。例如砌砖墙按双面清水、单面清水、混水内墙、混水外墙、空斗墙、空花墙等分别列项；并在此基础上还按 1/2 砖、3/4 砖、1 砖、$1\frac{1}{2}$ 砖、2 砖等不同墙厚又分别列项。

4）按工作高度划分。施工的操作高度对工时影响较大。例如管道脚手架项目，按管道高在 5m、8m、12m、16m、20m、24m、28m 以内分别列项。

5）按操作的难易程度划分。例如人工挖土，按土壤的类别分一类、二类、三类、四类土分别列项。

（3）选定定额项目的计量单位

定额项目计量单位要能最确切地反映工日、材料以及建筑产品的数量，便于工人掌握，一般尽可能同建筑产品的计量单位一致。例如砌砖工程项目的计量单位，就同砌体的计量单位一致，即按立方米计。又如，墙面抹灰工程项目的计量单位，就要同抹灰墙面的计量单位一致，即按平方米计。

二、劳动定额的概念、表现形式、编制方法

劳动消耗定额，简称劳动定额或人工定额。

劳动定额是指在一定生产技术组织条件下，生产质量合格的单位产品所需要的劳动消耗量标准；或规定在一定劳动时间内，生产合格产品的数量标准。劳动定额应能反映出大多数企业和职工经过努力能够达到的平均先进水平。

（一）劳动定额的表现形式

劳动定额有两种基本表现形式，即时间定额和产量定额。

1. 时间定额

时间定额是指某种专业的工人班组或个人，在合理的劳动组织与合理使用材料的条件下，完成符合质量要求的单位产品所必需的工作时间（工日）。

时间定额一般采用工日为计量单位，即工日/m³，工日/m²，工日/t，工日/块等。每个工日工作时间，按法定制度规定为 8 小时（h）。

时间定额计算公式如下：

$$单位产品时间定额（工日）=1/每工产量$$

或
$$=\frac{小组成员工日数总和}{台班产量（班组完成产品数量）}$$

2. 产量定额

产量定额是指某种专业的个人或班组，在合理的劳动组织与合理使用材料的条件下，单位工日应完成符合质量要求的产品数量。

产量定额的计量单位是多种多样的，通常是以一个工日完成合格产品的数量来表示。如 m/工日、m²/工日、m³/工日、t/工日、块/工日等。

产量定额计算公式如下：

$$每工产量=1/单位产品时间定额$$
$$台班产量=\frac{小组成员工日数总和}{单位产品时间定额}$$

3. 时间定额与产量定额的关系

在实际应用中，经常会碰到要由时间定额推算出产量定额，或由产量定额折算出时间定额。这就需要了解两者的关系。

时间定额与产量定额在数值上互为倒数关系。即：

$$时间定额＝1/产量定额$$
$$时间定额×产量定额＝1$$

例如表 2-4，定额规定了砌 $1\frac{1}{2}$ 砖厚砖墙（单面清水），每砌 1m^2 需要 1.14 工日，而每一工日产量为 0.877m^3。

从时间定额与产量定额的关系公式可得：

$$1/1.14＝0.877\text{m}^3/工日$$
$$1/0.877＝1.14\ 工日/\text{m}^3$$

定额表 2-4 表示单位产品时间定额。

每 1m³ 砌体的劳动定额（工日／m³）　　　　表 2-4

项　　目		双　面　清　水			单　面　清　水					序号
		1 砖	$1\frac{1}{2}$ 砖	2 砖及 2 砖以外	$\frac{1}{2}$ 砖	$\frac{3}{4}$ 砖	1 砖	$1\frac{1}{2}$ 砖	2 砖及 2 砖以外	
综合	塔吊	1.27	1.20	1.12	1.52	1.48	1.23	1.14	1.07	一
	机吊	1.48	1.41	1.33	1.73	1.69	1.44	1.35	1.28	二
砌砖		0.726	0.653	0.568	1.00	0.956	0.684	0.593	0.52	三
运输	塔吊	0.44	0.44	0.44	0.434	0.437	0.44	0.44	0.44	四
	机吊	0.652	0.652	0.652	0.642	0.645	0.652	0.652	0.652	五
调制砂浆		0.101	0.106	0.107	0.085	0.089	0.101	0.106	0.107	六
编号		4	5	6	7	8	9	10	11	11

注：此表摘自劳动部、建设部 1994 年颁发的《建筑安装工程劳动定额》砌体工程。

砖墙工作内容：包括砌墙面艺术形式、墙垛、平碳（旋）及安装平碳（旋）模板、梁板头砌砖、梁板下塞砖、楼楞间砌砖、留楼梯踏步斜槽、留孔洞、砌各种凹进处、山墙泛水槽、安放木砖、铁件、安放 60kg 以内的预制混凝土门窗过梁、隔板、垫块以及调整立好后的门窗框等。

时间定额和产量定额，虽然以不同的形式表示同一个劳动定额，但却有不同的用途。时间定额是以工日为计量单位，便于计算某分项（部）工程所需要的总工日数，也易于核算工资和编制施工进度计划。产量定额是以产品数量为计量单位，便于施工小组分配任务，考核工人劳动生产率。

现举例说明时间定额和产量定额的不同用途。

【例 2-1】　某工程有 120m^3 一砖基础，每天有 22 名专业工人投入施工，时间定额为

0.937 工日/m^3 试计算完成该工程的定额施工天数。

【解】 完成砖基础需要的总工日数 $=0.937\times120=112.44$ 工日

需要的施工天数 $=112.44\div22\approx5$ 天

即完成该项工程定额施工天数约为 5 天。

【例 2-2】 某抹灰班有 13 名工人，抹某住宅楼白灰砂浆墙面，施工 25 天完成抹灰任务。产量定额为 9.52m^2/工日。试计算抹灰班应完成的抹灰面积。

【解】 抹灰班完成的工日数量 $=13\times25=325$ 工日

抹灰班应完成的抹灰面积 $=9.52\times325=3094\text{m}^2$

(二)劳动定额的编制方法

通常采用计时观察法、类推比较法、统计分析法和经验估计法测定劳动定额。如图 2-2 所示。

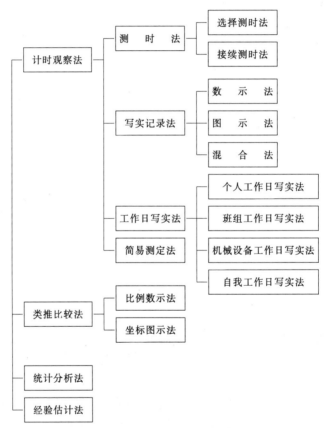

图 2-2 劳动定额测定方法

1. 计时观察法

它是一种在现场观察研究施工过程工作时间消耗的测定方法，采用此法可以取得编制劳动定额和机械台班定额的基础数据和技术资料。这种方法有较充分的技术依据，确定的定额水平比较先进合理，但工作量较大且比较复杂。

根据施工过程的特点和计时观察的不同目的，计时观察法又可分为测时法、写实记录法、工作日写实法和简易测定法。其中测时法和写实记录法较为普遍。

（1）测时法。主要用来观察和研究某些重要的循环工作的工时消耗。按使用秒表和记录表的方法不同，测时法又可分为选择测时和接续测时。

1）选择测时是从被观察时象某一循环工作的组成部分开始，观察者立即启动秒表，当该组成部分终止，即立即停止秒表。然后把秒表上指示的延续时间记录到选择测时记录表上。下一个组成部分开始，再将秒表回零重新记录。如此依次观察下去，并依次记录下延续时间。详见表2-5所示。

2）接续测时较选择测时准确完善，但观察技术也复杂。其特点是，在工作进行中和非循环组成部分出现之前一直不停止秒表，秒针走动过程中，观察者根据各组成部分之间的定时点，记录它的终止时间。因此，在观察时要使用双针秒表，以便使其辅助针停止在某一组成部分的结束时间上。

接续法测时使用接续法测时记录表，详见表2-6。

选择法测时记录（循环整理）表　　　　　表 2-5

观察对象： 大模板吊装 每次循环	建筑机构名称	工地名称	日期	开始时间	终止时间	延续时间	观察号次	页次
	××建筑工程公司	×大学宿舍楼工地	1988年8月18日	10点0分	10点40分	40分	6	
时间记录精确度：1s	施工过程名称	塔式起重机（TQ3-8T）把大模板吊到五层楼就位点					工人人数	

号次	各组成部分名称	时间消耗总和	占全部时间%	每一次循环的工时消耗 单位： 机器_____										时间整理				附注
				1	2	3	4	5	6	7	8	9	10	时间总和	循环次数	最大值	最小值	平均修正值	
1	挂　　钩			11	12	12	10	12	19	12	13	12	13	107	9	13	10	11.9	第6次
2	上升回转			58	62	60	64	66	62	62	65	65	64	624	10	66	58	62.8	循环挂
3	下落就位			44	47	44	45	48	45	45	47	46	48	459	10	48	44	45.9	了两次
4	脱　　钩			13	13	12	11	11	11	12	12	13	13	121	10	13	11	12.1	
5	空钩回转下降			42	40	42	41	40	42	43	43	45	43	421	10	45	40	42.1	
6																			
7																			
8																			
9																			
10																			
																	总计	171.3	

接续法测时记录表   表 2-6

观察对象：混凝土搅拌机鼓的工作　观察精度：1s (0.2s)	接续法测时	建筑机构名称	工地名称	日期	开始时间	终止时间	延续时间	观察号次	页次
		××建筑公司	××工厂××车间	1988年8月6日	10点0分	10点21分	20分5秒	5	
		过程名称：用 CCM-0.2 式混凝土搅拌机拌合混凝土							

号次	各组成部分名称	时间	1 (分/秒)	2 (分/秒)	3 (分/秒)	4 (分/秒)	5 (分/秒)	6 (分/秒)	7 (分/秒)	8 (分/秒)	9 (分/秒)	10 (分/秒)	工人人数	时间总和	循环次数	最大	最小	平均修正值	附注
1	装料入鼓	终止时间	0/15	2/16	4/20	6/30	8/33	10/39	12/44	14/56	17/4	19/5		148	10	19	12	14.8	
		延续时间	15	13	13	17	14	15	16	19	12	14							
2	搅拌	终止时间	1/45	3/48	5/55	7/57	10/4	12/9	14/20	16/28	18/33	20/38		915	10	96	87	91.5	
		延续时间	90	92	95	87	91	90	96	92	89	93							
3	卸料出鼓	终止时间	2/3	4/7	6/13	8/19	10/24	12/28	14/37	16/52	18/51	20/54		191	10	24	16	19.1	
		延续时间	18	19	18	22	20	19	17	24	18	16							
4		终止时间															总计	125.4	
		延续时间																	

接续法测时记录表中每一组成部分的基本计时资料，分为互相平行的两行来填写。第一行记录组成部分的终止时间，第二行记录观察后计算出的组成部分延续时间。

但由于观察过程中不可避免地会受到偶然因素的影响，使测得的时间值发生误差，应将测时数列中误差极大和显然存在问题的数值予以剔除，对已测数列进行修正。

对测时数列进行修正以后，即可计算平均修正值。平均修正值可用下式计算：

$$平均修正值 = \frac{延续时间总和}{循环次数}$$

式中　延续时间总和——经过剔除后的各次观察的延续时间总和；

循环次数——经过剔除后的观察次数。

（2）写实记录法。是一种观察和研究施工过程中各种性质的工作时间消耗的方法。采用这种方法，可以获得分析工作时间消耗的全部资料，并且精确度高，是实际工作中经常采用的方法。写实记录法的观察对象，可以是一个工人，也可以是一个工人小组。按记录时间的方法不同，分为数示法、图示法和混合法三种。表 2-7 为数示法写实记录表。

（3）工作日写实法。是观察和研究整个工作日内的各类工时消耗，包括基本工作时间、准备与结束工作时间、不可避免的中断时间以及损失时间等的一种测定方法。

这种方法既可以用来观察、分析定额时间消耗的合理利用情况，又可以研究分析工时损失的原因。

（4）简易测定法。是指将前面几种测定方法观察对象的组成部分予以简化（即简化表格的记录内容），但仍然保持了现场实地观察记录的基本原则。其特点是方法简单、易于掌握。

数示法写实记录 头部信息：

建筑机构	工地名称	日期	开始时间	终止时间	延续	观察号次	页次
××建筑公司	×中学教学楼	1998年9月10日	8点0分	12点0分	4小时0分	2	

过程名称：准备模板用的镶合板

组成号	各组成部分的名称	观察对象的时间消耗量	观察对象：四级木工						观察对象：三级木工					
			组成部分号次	起止时间		延续时间	产品数量	附注	组成部分号次	起止时间		延续时间	产品数量	附注
				时分	秒					时分	秒			
1	2	3	4	5	6	7	8	9	10	11	12	13	14	15
1	取工具	6′00″/												
2	取备拼条	21′10″/23′40″												
3	在工作地点中取木板	4′10″/4′10″												
4	把拼条放在工作台上	20″/20″												
5	把木板放在工作台上	2′10″/3′10″												
6	拼接木板并钉上	7′00″/5′30″	×	8.00	00				×	8.00	00			
7	打墨线	2′50″/—	1	6	00	6′00″			14	8	00	8′00″		
8	粗锯镶合板	14′10″/—	2	18	10	12′10″	8根拼条 2块木板锯去7端 5.3m锯去4端	与三级木工共取4块木板	2	14	10	6′10″		
9	锯拼条两端	1′30″/	4	18	30	20″			4	14	30	20		
10	翻转镶合板	10″/10″	3	22	40	4′10″			16	18	30	4′00″		
11	敲弯钉子	—/	5	24	50	2′10″			3	22	40	4′10″		
12	锯木板两端	1′20″/	6	30	00	5′40″			5	25	50	3′10″		
13	将制成之镶合板放一边	—/	9	32	00	1′30″			6	31	20	5′30″		
			15	39	50	7′50″			15	39	30	8′30″		
14	辅助工作	4′20″/14′30″	7	41	10	1′20″			2	57	20	17′30″	2块木板 15根拼条	为下次镶合板用
15	休息	7′50″/8′30″	6	42	20	1′20″			14	9′03	50	6′30″		
			7	44		1′30″			10	4	00	10″		
16	因施工本身造成的停工	—/4′00″	14	48		4′20″								
17			8	9.02	30	14′10″								
18			12	3	50	1′20″						64′00″		
19			10	4	00	10″								
20		6′64″				64′00″								

2. 类推比较法

它是以同类型工序、同类型产品定额水平或实际消耗的工时标准为依据，经过分析对比类推出另一种工序或产品定额水平的方法。这种方法工作量小、定额制定速度快。但用来对比的两种建筑产品，必须是相似的或同类型的，否则定额水平是不准确的。

统计分析法和经验估计法前已讲过，此处从略。

三、材料消耗定额的概念、组成、编制方法

材料消耗定额是指在合理和节约使用材料的条件下，生产质量合格的单位产品所必须消耗的一定品种规格的材料、燃料、半成品、构件和水电等动力资源的数量标准。

材料消耗定额可分为两部分。一部分是直接用于建筑安装工程的材料，称为材料净用量。另一部分是操作过程中不可避免的废料和现场内不可避免的运输、装卸损耗，称为材料损耗量。

材料损耗量用材料损耗率来表示，即材料的损耗量与材料净用量的比值。可用下式表示：

$$材料损耗率 = \frac{材料损耗量}{材料净用量} \times 100\%$$

建筑材料、成品、半成品损耗率，详见表 2-8 所示。

材料、成品、半成品损耗率参考表 表 2-8

材料名称	工程项目	损耗率（%）	材料名称	工程项目	损耗率（%）
标准砖	基础	0.4	石灰砂浆	抹墙及墙裙	1
标准砖	实砖墙	1	水泥砂浆	抹顶棚	2.5
标准砖	方砖柱	3	水泥砂浆	抹墙及墙裙	2
白瓷砖		1.5	水泥砂浆	地面、屋面	1
陶瓷锦砖	（马赛克）	1	混凝土（现浇）	地面	1
铺地砖	（缸砖）	0.8	混凝土（现浇）	其余部分	1.5
砂	混凝土工程	1.5	混凝土（预制）	桩基础、梁、挂	1
砾石		2	混凝土（预制）	其余部分	1.5
生石灰		1	钢筋	现预制混凝土	2
水泥		1	铁件	成品	1
砌筑砂浆	砖砌体	1	钢材		6
混合砂浆	抹墙及墙裙	2	木材	门窗	6
混合砂浆	抹顶棚	3	玻璃	安装	3
石灰砂浆	抹顶棚	1.5	沥青	操作	1

材料损耗率确定后，材料消耗定额可用下式表示：

材料消耗量 = 材料净用量 + 材料损耗量

或　　　　材料消耗量 = 材料净用量 × （1 + 材料损耗率）

现场施工中，各种建筑材料的消耗主要取决于材料定额。用科学的方法正确地规定材料净用量指标以及材料的损耗率，对降低工程成本，节约投资有着重要的意义。

（一）主要材料消耗定额的制定方法

通常采用现场观察法、试验室实验法、统计分析法和理论计算法等方法来确定建筑材料净用量、损耗量。

1. 现场观察法

在合理使用材料的条件下，对施工中实际完成的建筑产品数量与所消耗的各种材料数量进行现场观察测定的方法。

此法通常用于制定材料的损耗量。通过现场观察，获得必要的现场资料，才能测定出哪些材料是施工过程中不可避免的损耗，应该计入定额内；哪些材料是施工过程中可以避免的损耗，不应计入定额内。在现场观测中，同时测出合理的材料损耗量，即可据此制定出相应的材料消耗定额。

2. 试验室实验法

它是专业材料实验人员，通过实验仪器设备确定材料消耗定额的一种方法。它只适用于在实验室条件下测定混凝土、沥青、砂浆、油漆涂料等材料的消耗定额。

由于试验室工作条件与现场施工条件存在一定的差别，施工中的某些因素对材料消耗量的影响，不一定能充分考虑到。因此，对测出的数据还要用观察法进行校核修正。

3. 统计分析法

它是指在现场施工中，对分部分项工程拨出的材料数量、完成建筑产品的数量、竣工后剩余材料的数量等资料，进行统计、整理和分析而编制材料消耗定额的方法。这种方法主要是通过工地的工程任务单、限额领料单等有关记录取得所需要的资料，因而不能将施工过程中材料的合理损耗和不合理损耗区别开来，得出的材料消耗量准确性也不高。

4. 理论计算法

它是根据设计图纸、施工规范及材料规格，运用一定的理论计算公式制定材料消耗定额的方法。它主要适用于计算按件论块的现成制品材料。例如砖石砌体、装饰材料中的饰面块料等。其方法比较简单，先计算出材料的净用量、材料的损耗量，然后两者相加即为材料消耗定额。例如：

（1）每 $1m^3$ 砖砌体材料消耗量的计算。

$$砖净用量（块）= \frac{墙厚砖数×2}{墙厚×（砖长+灰缝）×（砖厚+灰缝）}$$

$$砖消耗量 = 砖净用量×（1+损耗率）$$

$$砂浆消耗量（m^3）=（1-砖净用量×每块砖体积）×（1+损耗率）$$

【例 2-3】 计算 $1\frac{1}{2}$ 标准砖外墙每立方米砌体砖和砂浆的消耗量。砖与砂浆损耗率见表 2-8。

【解】 $砖净用量 = \dfrac{1.5×2}{0.365×（0.24+0.01）×（0.053+0.01）} = 522$ 块

$砖消耗量 = 522×（1+0.01）= 527$ 块

$砂浆消耗量 =（1-522×0.24×0.115×0.053）×（1+0.01）$

$= 0.238m^3$

（2）$100m^2$ 块料面层材料消耗量计算。块料面层一般指瓷砖、锦砖、预制水磨石、大理石等，通常以 $100m^2$ 为计量单位，其计算公式如下：

$$面层用量 = \frac{100}{（块料长+灰缝）×（块料宽+灰缝）}×（1+损耗率）$$

【例 2-4】 奶油色釉面砖规格为 $150mm×150mm$，灰缝 $1mm$，其损耗率为 1.5%，试计算 $100m^2$ 地面釉面砖消耗量。

【解】 $釉面砖消耗量 = \dfrac{100}{（0.15+0.001）×（0.15+0.001）}×（1+0.015）$

$= 4452$ 块

（3）普通抹灰砂浆配合比用料量的计算。抹灰砂浆的配合比通常是按砂浆的体积比计算的，每 m^3 砂浆各种材料消耗量计算公式如下：

$$砂消耗量（m^3）= \frac{砂比例数}{配合比总比例数-砂比例数×砂空隙率}×（1+损耗率）$$

$$水泥消耗量（kg）= \frac{水泥比例数×水泥密度}{砂比例数}×砂用量×（1+损耗率）$$

$$石灰膏消耗量（m^3）= \frac{石灰膏比例数}{砂比例数}×砂用量×（1+损耗率）$$

【例 2-5】 试计算配合比为 1:1:3 水泥、石灰、砂浆每 m^3 材料消耗量。已知：砂真密度 $2650kg/m^3$，视在密度 $1550kg/m^3$，水泥密度 $1200kg/m^3$。砂损耗率 2%，水泥、石灰膏损耗率各为 1%。

【解】

$$砂空隙率 = \left(1 - \frac{砂视在密度}{砂真密度}\right) \times 100\%$$

$$= \left(1 - \frac{1550}{2650}\right) \times 100\% = 41\%$$

$$砂消耗量 = \frac{3}{(1+1+3) - 3 \times 0.41} \times (1 + 0.02) = 0.81 m^3$$

$$水泥消耗量 = \frac{1 \times 1200}{3} \times 0.81 \times (1 + 0.01) = 327 kg$$

$$石灰膏消耗量 = \frac{1}{3} \times 0.81 \times (1 + 0.01) = 0.27 m^3$$

（二）周转性材料消耗定额的制定方法

周转性材料是指在施工过程中不是一次消耗完，而是多次使用、周转的工具性材料。如生产预制钢筋混凝土构件用的模具，搭设脚手架用的脚手杆、脚手板，挖土用的挡土板等均属周转性材料。

制定周转性材料消耗定额，应当按照多次使用，分期摊销方式进行计算。通常要进行下列材料用量的计算：

1．材料一次使用量

周转性材料在不重复使用条件下的一次性用量，通常根据选定的结构设计图纸进行计算。

2．材料周转次数

一般采用现场观察法或统计分析法来测定材料周转次数。

3．材料周转使用量

一般应按材料周转次数和每次周转应发生的补损量等因素，计算生产一定计量单位结构构件的材料周转使用量。补损量是指每周转使用一次的材料损耗，也就是在第二次和以后各次周转中为了修补难以避免的损耗所需要的材料消耗，通常用补损率来表示。

补损率的大小主要取决于材料的拆除、运输和堆放的方法以及施工现场的条件。在一般情况下，补损率会随着周转次数增多而加大，为简化计算，一般采取平均补损率来计算。

4．材料回收量

在一定周转次数下，每周转使用一次平均可以回收材料的数量。这部分材料回收量应从摊销量中扣除，通常可规定一个合理的折价率进行折算。

5．材料摊销量

周转性材料在重复使用条件下，应分摊到每一定计量单位结构构件的材料消耗量。这是应纳入定额的实际周转性材料消耗量。

表示定额的周转性材料消耗量指标，一般用摊销量来表示。

现将现浇、预制混凝土及钢筋混凝土工程模板定额用量的计算方法介绍如下：

（1）现浇构件模板用量计算公式：

1）周转使用量计算公式

$$周转使用量 = \frac{一次使用量 + [一次使用量 \times (周转次数 - 1) \times 补损率]}{周转次数}$$

$$= 一次使用量 \times \left[\frac{1 + (周转次数 - 1) \times 补损率}{周转次数}\right]$$

$$= 一次使用量 \times K_1$$

$$一次使用量 = \frac{每\,10m^3\,混凝土构件}{模板接触面积} \times \frac{每\,1m^2\,接触面积}{模板用量} \times (1+损耗率)$$

$$K_1 = \frac{1+(周转次数-1) \times 补损率}{周转次数}$$

式中　K_1——周转使用系数。

2）回收量计算公式

$$回收量 = \frac{一次使用量-(一次使用量 \times 补损率)}{周转次数}$$

$$= 一次使用量 \times \frac{1-补损率}{周转次数}$$

3）摊销量计算公式

$$摊销量 = 周转使用量 - \frac{回收量 \times 回收折价率}{1+间接费率}$$

$$= \frac{一次使}{用量} \times K_1 - \frac{一次使}{用量} \times \frac{(1-补损率)}{周转次数} \times \frac{\times 回收折价率}{(1+间接费率)}$$

$$= \frac{一次使}{用量} \times \left[K_1 - \frac{(1-补损率) \times 回收折价率}{周转次数 \times (1+间接费率)} \right]$$

$$= 一次使用量 \times K_2$$

式中　K_2——摊销量系数，$K_2 = K_1 - \dfrac{(1-补损率) \times 回收折价率}{周转次数 \times (1+间接费率)}$

K_1、K_2 系数详见表 2-9。

K_1、K_2 系数表　　　　　　　　　　　　　　　　　　　　表 2-9

模板周转次数	每次补损率（％）	K_1	K_2	模板周转次数	每次补损率（％）	K_1	K_2
3	15	0.4333	0.3135	6	15	0.2917	0.2318
4	15	0.3625	0.2726	8	10	0.2125	0.1649
5	10	0.2800	0.2039	8	15	0.2563	0.2114
5	15	0.3200	0.2481	9	15	0.2444	0.2044
6	10	0.2500	0.1866	10	10	0.1900	0.1519

注：表中系数的回收折价率按 50％ 计算，间接费率按 18.2％ 计算。

【例 2-6】　钢筋混凝土圈梁按选定的模板设计图纸，每 $10m^3$ 混凝土模板接触面积 $96m^2$，每 $10m^2$ 接触面积需要木方板材 $0.705m^3$，损耗率 5％，周转次数 8，每次周转补损率 10％，试计算模板周转使用量、回收量及模板摊销量。

【解】　$一次使用量 = \dfrac{每\,10m^3\,混凝土}{模板接触面积} \times \dfrac{每\,1m^2\,接触面积}{模板用量} \times (1+损耗率)$

$\qquad\qquad\quad = 96 \times 0.705/10 \times (1+0.05)$

$\qquad\qquad\quad = 7.106m^3$

$\qquad 周转使用量 = 一次使用量 \times K_1（查表 2-9）$

$\qquad\qquad\qquad\quad = 7.106 \times 0.2125 = 1.510m^3$

$\qquad 回收量 = 一次使用量 \times \dfrac{1-补损率}{周转次数}$

$$= 7.106 \times \frac{1-0.1}{8} = 0.800 \text{m}^3$$

$$\text{摊销量} = \text{一次使用量} \times K_2 \text{（查表 2-9）}$$

$$= 7.106 \times 0.1649 = 1.172 \text{m}^3$$

【例 2-7】 现浇钢筋混凝土方形柱，柱周长 1.6m，按选定的模板设计图纸，每 10m³ 混凝土模板接触面积 119m²，每 10m² 模板接触面积需木方板材 0.525m³。损耗率 5%，周转次数 5，每次周转补损率 15%，试计算模板周转使用量、回收量、模板摊销量。

【解】

$$\text{一次使用量} = \frac{\text{每 10m}^3 \text{ 混凝土}}{\text{模板接触面积}} \times \frac{\text{每 1m}^2 \text{ 接触面积}}{\text{模板用量}} \times \text{（1 + 损耗率）}$$

$$= 119 \times 0.525/10 \times \text{（1 + 0.05）}$$

$$= 6.560 \text{m}^3$$

$$\text{周转使用量} = \text{一次使用量} \times K_1 \text{（查表 2-9）}$$

$$= 6.56 \times 0.32 = 2.099 \text{m}^3$$

$$\text{回收量} = \text{一次使用量} \times \frac{1 - \text{补损率}}{\text{周转次数}}$$

$$= 6.56 \times \frac{1 - 0.15}{5} = 1.115 \text{m}^3$$

$$\text{摊销量} = \text{一次使用量} \times K_2 \text{（查表 2-9）}$$

$$= 6.56 \times 0.2481 = 1.628 \text{m}^3$$

（2）预制构件模板计算公式。预制构件模板，由于损耗很少，可以不考虑每次周转的补损率，按多次使用平均分摊的办法进行计算。

$$\text{摊销量} = \text{一次使用量} \div \text{周转次数}$$

四、机械台班消耗定额的概念、表现形式及编制方法

机械台班消耗定额，按其表现形式，可分为机械时间定额和机械产量定额。

机械时间定额，是指在合理劳动组织和合理使用机械的正常施工条件下，由工人或工人小组操作使用机械，完成单位合格产品所必须消耗的机械工作时间。计量单位以"台班"表示。

机械产量定额，是指在合理劳动组织和合理使用机械的正常施工条件下，机械在单位时间内应完成的合格产品数量。计量单位以 m³、根、块等表示。

机械时间定额与机械产量定额也互为倒数关系。

机械台班定额在 1985 年城乡建设环境保护部颁发的《全国建筑安装工程统一劳动定额》中，是以一个单机作业的定额定员人数（台班工日）完成的台班产量和时间定额来表示的。其表现形式为：

$$\frac{\text{时间定额}}{\text{台班产量}} \bigg| \text{台班工日}$$

表 2-10 系摘自《全国建筑安装工程统一劳动定额》中的钢筋混凝土楼板梁、连系梁、悬臂梁、过梁安装。

工作内容：包括 15m 以内构件移位、绑扎起吊、对正中心线、安装在设计位置上、校正、垫好垫铁。

48

项　目	施工方法		楼板梁在（t以内）			连系梁、悬臂梁、过梁在（t以内）		序号
		2	4	6	1	2	3	
安装高度在（层以内）	三　履带式	$\frac{0.22}{59}$ ∣ 13	$\frac{0.271}{48}$ ∣ 13	$\frac{0.317}{41}$ ∣ 13	$\frac{0.217}{60}$ ∣ 13	$\frac{0.245}{53}$ ∣ 13	$\frac{0.277}{47}$ ∣ 13	一
	三　轮胎式	$\frac{0.26}{50}$ ∣ 13	$\frac{0.317}{41}$ ∣ 13	$\frac{0.371}{35}$ ∣ 13	$\frac{0.255}{51}$ ∣ 13	$\frac{0.289}{45}$ ∣ 13	$\frac{0.325}{40}$ ∣ 13	二
	三　塔式	$\frac{0.191}{68}$ ∣ 13	$\frac{0.236}{55}$ ∣ 13	$\frac{0.277}{47}$ ∣ 13	$\frac{0.188}{69}$ ∣ 13	$\frac{0.213}{61}$ ∣ 13	$\frac{0.241}{54}$ ∣ 13	三
	六　塔式	$\frac{0.21}{62}$ ∣ 13	$\frac{0.25}{52}$ ∣ 13	$\frac{0.302}{43}$ ∣ 13	$\frac{0.232}{56}$ ∣ 13	$\frac{0.26}{50}$ ∣ 13	$\frac{0.31}{42}$ ∣ 13	四
	七	$\frac{0.232}{56}$ ∣ 13	$\frac{0.283}{46}$ ∣ 13	$\frac{0.342}{38}$ ∣ 13				五
编　号		676	677	678	679	680	681	

【例 2-8】　某六层砖混结构办公楼，塔式起重机安装楼板梁，每根梁尺寸为 $5.4 \times 0.65 \times 0.25 m^3$。试求吊装楼板梁的机械时间定额和机械产量定额。

【解】　每根楼板梁自重 $= 5.4 \times 0.65 \times 0.25 \times 2.5 = 2.19t$

由表 2-10 查定额为 $\frac{0.25}{52}$ ∣ 13

则　　　　　　　　　　　台班产量定额 $= 52$ 根

时间定额 $= 1/52 = 0.019$ 台班/根

或　　　　　　　　时间定额 $= \frac{1}{52} \times 13 = 0.25$ 工日/根

产量定额 $= \dfrac{1}{\text{时间定额}} = \dfrac{1}{0.25} = 4$ 根/工日

施工定额中机械台班定额一般多用机械时间定额来表示。即台班/m^3，台班/m^2，台班/根等。

第三节　预　算　定　额

一、预算定额的概念、依据、编制原则及方法

（一）预算定额的概念

预算定额是由国家和地方基本建设管理机关编制颁发的一种法令性指标，它标定了完成一定计量单位分项工程或结构构件的人工、材料和机械台班合理消耗数量，是国家允许施工单位及建设单位在完成某项建筑工程任务中工料消耗的最高限额。例如，现行《河南省建筑工程预算定额（1995）》中规定，完成 $10 m^2$ 一砖外墙需用：

综合工日　　　　　　　　16.08 工日

M2.5 混合砂浆　　　　　2.37m^3

$240 \times 115 \times 53$ 机砖　5.28 千块

垂直运输机械　　　　　　0.619 台班

灰浆搅拌机 200L　　　　0.30 台班

预算定额除表示完成一定计量单位分项工程或结构构件的人工、材料和机械台班消耗

量标准外，还规定完成定额所包括的工作内容。例如预算定额规定完成砌砖工程的工作内容有：调运砂浆、运砌砖、安放木砖铁件，基础砌砖还包括清理基槽等内容。

预算定额是在施工定额的基础上，适当合并相关施工定额的工序内容，进行适当扩大而编制成的。例如模板、钢筋、混凝土工程内容，在施工定额中按上述三道工序分别编制三个定额，而在预算定额中将三道工序合并为一个分项工程，即钢筋混凝土分项工程。

预算定额与施工定额不同。施工定额适用于施工企业内部作为经营管理的工具，而预算定额是用来确定建筑工程工程造价并作为对外结算的依据。从编制程序看，施工定额是预算定额的编制基础，而预算定额则是概算定额或概算指标的编制基础。因此预算定额在计价定额中也是基础性定额。

预算定额不仅正确地反映了工程建设和各种消耗之间的定量关系，同时也体现了国家、建设单位与施工企业之间的经济关系。

(二) 预算定额的作用

1．是编制施工图预算，确定工程造价的主要依据。

2．是建筑工程招标投标中确定标底和报价的重要依据。

3．是建设单位和建设银行拨付工程价款、建设资金和编制竣工结算的依据。

4．是施工企业编制施工计划，确定劳动力、材料、机械台班需用量计划和统计完成工程量的依据。

5．是对设计的结构方案进行技术经济比较，选择合理设计方案的依据。

6．是建筑企业进行经济核算、考核工程成本的依据。

7．是编制建筑工程概算定额和概算指标的基础。

总之，预算定额对于加强工程造价管理，控制基本建设资金使用，加强企业经济核算和改善企业经营管理，都起着重要作用。

(三) 预算定额的编制原则

1．全面贯彻执行党和国家的方针政策。预算定额的编制，实质上是一种立法工作。预算定额的影响面大，在编制时必须全面贯彻执行党和国家的方针政策，搞好调查研究，正确反映设计与施工管理水平，总结以往编制和管理预算方面的实践经验，充分考虑加入WTO后与国际惯例接轨的具体要求，使预算定额更好地为社会主义市场经济建设服务。

2．贯彻"技术先进、经济合理"的原则。所谓技术先进，是指结构选择、施工工艺、施工方法、经营管理和材料的确定等，要符合当前设计和施工技术与管理水平，使已经成熟并已推广的先进技术和先进管理经验能够得到进一步的推广和应用。

所谓经济合理，是指定额的水平要符合社会必要劳动时间的中等水平，也就是符合当前大多数施工企业的生产和经营管理水平。

3．体现"简明适用、严谨准确"的原则。简明，即预算定额在项目划分、选定计量单位、规定工程量计算规则时，应在保证各项指标相对准确的前提下，综合扩大，力求项目少，内容全。

适用，即预算定额内容严密明确，各项指标在保证统一性的前提下，具有一定的灵活性，以适应不同工程和地区使用。

严谨，即要求结构严谨，层次分明，各种指标应尽量定死，少留活口，避免执行中的争议。

准确，即预算定额各项指标，综合因素互相衔接，准确无误。

简明适用，严谨准确是互相联系的，在编制预算定额时，应综合考虑，统筹安排，通过调查研究，分析比较和测算确定，才能符合要求。

（四）预算定额的编制依据

1．国家及有关部门的有关政策和规定。

2．现行的全国通用的设计规范、施工及验收规范、质量评定标准和安全操作规程。

这些都是法规性的文件，编制预算定额时，必须根据这些文件的要求，确定完成各种分项工程或结构构件所应包括的工作内容、施工方法和质量标准。

3．现行的施工定额。预算定额是以现行的施工定额为基础加以扩大和综合而编制的，其中的人工、材料和机械台班的消耗水平，都是根据施工定额取定的；各工程细目（子目）的划分及计量单位的选择，也以施工定额为参考，以减少预算定额的编制工作量，缩短编制时间。

4．有关科学实验、测定、统计和经验分析资料、新技术、新结构、新材料和先进经验资料。这些都是调整原预算定额水平和增加新定额项目的依据。

5．国家以往颁发的预算定额和各省、市、自治区现行预算定额的编制基础资料以及各地区编制的有代表性的、质量较好的补充定额。

6．现行的人工工资标准、材料预算价格和施工机械台班单价。它是确定预算定额单价的依据。

（五）预算定额的编制方法

1．确定分项工程的名称、工作内容及施工方法。确定工程项目时，应便于计算工程所需的工料及费用；便于简化预算编制工作程序；便于进行技术经济分析和施工中的计划、统计、经济核算工作的开展。在编制预算定额时，根据编制预算定额的有关资料，参照施工定额分项项目，进一步综合确定预算定额分项名称、工作内容和施工方法，使编制的预算定额简明适用。同时还要使施工定额和预算定额两者之间协调一致，并可以比较，以减轻预算定额的编制工作量。

2．确定预算定额的计量单位。预算定额的计量单位，应与工程项目内容相适应，能反映分项工程最终产品形态和实物量，使用方便。

计量单位一般根据结构构件或分项工程的特征及变化规律来确定。若物体有一定厚度，而长度和宽度不定时，采用面积为单位，如木制作、屋面、楼地面、装饰工程等。若物体的长、宽、高均不一定时，则采用体积或容积单位，如土方、砖石、钢筋混凝土工程等。若物体断面形状大小固定，则采用延长米为计量单位，如管道、木装饰等。有些分项工程虽然体积、面积相同，但重量和价格的差异很大，则采用吨为计量单位，如金属结构的制作、运输与安装等。有些还可以以个为计量单位，如水斗等。

计量单位按公制执行，长度：厘米（cm）、米（m）、公里（km）；面积：平方毫米（mm^2）、平方厘米（cm^2）、平方米（m^2）；体积：立方米（m^3）、升（L）；重量：千克（kg）、吨（t）。

定额单位确定以后，在定额项目表中，定额单位扩大时，其单位采用原取定单位的10、100倍数，以便于标定使用。

3．计算定额消耗指标。人工、材料和施工机械台班消耗指标，是预算定额的重要内容。预算定额的水平，首先取决于这些指标的合理确定。下面介绍定额消耗指标的计算方法。

（六）定额消耗指标的取定

1．人工消耗指标的取定

预算定额中人工消耗指标，包括完成分项工程的各种用工量。这些用工量根据测算后综合取定的工程量数据和国家颁发的《全国建筑安装工程统一劳动定额》计算求得。

（1）人工消耗指标的内容

人工消耗指标的内容包括四部分：

1）基本用工：指完成分项工程的主要用工量。例如各种墙体工程中的砌砖、调制砂浆以及运砖和砂浆的用工量。预算定额是综合性定额，包括的工程内容较多，工效也不一样。例如，包括在墙体工程中的门窗洞口、墙心烟囱孔、通风道、垃圾道、壁龛等工程内容，这些需要另外增加加工用工量，这种附着在定额内的加工用工量也属于基本用工，单独计算后加入基本用工中去。

2）超运距用工：指预算定额中材料和半成品的运输距离超过劳动定额规定的运输距离时所需要增加的工日数。

3）辅助用工：指材料加工等用工。例如筛砂子、淋石灰膏等增加的用工数量。

4）人工幅度差：在确定人工消耗指标时，还应考虑在劳动定额中未包括，而在一般正常施工情况下又不可避免的一些零星用工因素，这些因素有：

A．在正常施工情况下，土建各工种工程之间的工序搭接及土建工程与水、暖、电工程之间的交叉配合所需停歇时间；

B．场内施工机械在单位工程之间转移及临时水电线路在施工过程中移动所发生不可避免的工作停歇时间；

C．工程质量检查及隐蔽工程验收而影响工人的操作时间；

D．场内单位工程之间操作地点转移，影响工人的操作时间；

E．施工过程中工种之间交叉作业，难免造成的损坏，所必须增加的修理用工；

F．施工过程中不可避免的少数零星用工。

（2）各种用工量及平均工资等级计算。

1）基本用工。

A．基本工工日数量：按综合取定的工程量和劳动定额计算，即：

$$基本工工日数量＝\Sigma（工序工程量×时间定额）$$

例如：砌 $10m^3$ 砖内墙，若全部按混水考虑，并包括附墙烟囱、垃圾道、各种形式的砖碹等工作内容，根据 1985 年劳动定额，当采用塔吊时，其基本用工数为：

$$混水内墙 10×0.972＝9.72 工日$$
$$附墙烟囱 10×0.017＝0.17 工日$$
$$垃圾道 10×0.0018＝0.018 工日$$
$$砖碹 10×0.00018＝0.0018 工日$$
$$合计　9.910 工日$$

B．基本工工资等级系数（基本工平均工资等级系数）。基本工工资等级系数由劳动小组的平均工资等级确定。也就是根据统一劳动定额中该工程项目的劳动小组的组成成员数量、技工和普工的技术等级来决定其工资等级。即：

$$\text{劳动小组成员平均} \atop \text{工资等级系数} = \frac{\Sigma（某工资等级工人数 \times 相应等级工资系数）}{\text{劳动小组成员总数}}$$

例如：1985 年劳动定额规定，砖石工程小组技工 10 人，其中七级 1 人、六级 1 人、五级 3 人、四级 2 人、三级 2 人、二级 1 人，平均等级 4.4 级；普工 12 人，平均等级 3.3 级。则砖石工程技、普工平均工资等级系数为：

$$（1.8 \times 10 + 1.5 \times 12）\div 22 = 1.631$$

C. 基本工工资等级总系数

$$\text{基本工工资等级} \atop \text{总系数} = \text{基本工} \atop \text{工日数量} \times \text{基本工平均} \atop \text{工资等级系数}$$

例如：10m³ 一砖内墙基本工工资等级总系数为：

$$9.910 \times 1.631 = 16.163$$

2）超运距用工。

A. 超运距计算：

$$\text{超运距} = \text{预算定额规定的运距} - \text{劳动定额规定的运距}$$

例如：10m³ 一砖内墙各种材料的超运距为：

砂子：$80 - 50 = 30$m

石灰膏：$150 - 100 = 50$m

标准砖：$170 - 50 = 120$m

砂浆：$150 - 50 = 100$m

B. 超运距用工：

$$\text{超运距用工} = \Sigma（超运距材料数量 \times 时间定额）$$

例如：10m³ 一砖内墙各种超运距材料用工数为：

砂子：$2.42 \times 0.0453 = 0.110$ 工日

石灰膏：$0.43 \times 0.128 = 0.055$ 工日

砖：$10 \times 0.139 = 1.39$ 工日

砂浆：$10 \times 0.0624 = 0.624$ 工日

合计：2.178 工日

C. 超运距用工平均工资等级系数。劳动定额规定材料超运距用工工人平均工资等级系数与基本工相同，即为 1.631。

D. 超运距用工工资等级总系数。

$$\text{超运距用工工资} \atop \text{等级总系数} = \text{超运距} \atop \text{用工总量} \times \text{超运距平均} \atop \text{工资等级系数}$$

那么：$2.178 \times 1.631 = 3.55$。

3）辅助用工。辅助用工按加工的材料数量和时间定额进行计算。劳动定额规定材料加工为普工 3.3 级，其工资等级系数为 1.5。

例如：砌 10m³ 一砖内墙预算定额中辅助用工为：

筛砂子：$2.42 \times 0.196 = 0.474$ 工日

淋石灰膏：$0.43 \times 0.5 = 0.215$ 工日

合计：0.689 工日

辅助用工工资等级总系数 $= 0.689 \times 1.5 = 1.03$

4）人工幅度差。

$$\text{人工幅}_{\text{度差}} = \left(\text{基本}_{\text{用工}} + \text{超运距}_{\text{用工}} + \text{辅助}_{\text{用工}} \right) \times \text{人工幅}_{\text{度差系数}}$$

A．人工幅度差系数。国家规定人工幅度差系数为 10%，河南省根据自己情况作了适当调整，调整结果见表 2-11。

河南省人工幅度差的取定
表 2-11

项　　目	取定（%）	项　　目	取定（%）
总平均	8	木结构	6
土　方	4	屋　面	6
打　桩	10	楼地面	5
砖　石	5	耐酸防腐	10
架　子	10	装　饰	8
混凝土及钢筋混凝土	12	构筑物	10
吊装运输	10	金属结构	8

则：$(9.91 + 2.178 + 0.689) \times 5\% = 0.639$ 工日

B．人工幅度差平均工资等级系数和工资等级总系数。人工幅度差平均工资等级系数是基本用工、辅助用工、超运距用工工资等级系数的平均值。

则砌 10m³ 一砖内墙人工幅度差平均工资等级系数为：

$(16.163 + 3.55 + 1.03) \div (9.91 + 2.178 + 0.689) = 1.623$

则人工幅度差工资等级总系数为：

$0.639 \times 1.623 = 1.037$

5）预算定额用工。

A．预算定额用工为人工消耗指标四部分之和。

则砌 10m³ 一砖内墙的预算定额用工为：

$9.91 + 2.178 + 0.689 + 0.639 = 13.416$ 工日

B．预算定额用工的平均工资等级。

平均工资等级系数 = 各种用工等级总系数 ÷ 各种用工工日总和

则砌 10m³ 一砖内墙预算定额的人工消耗指标平均工资等级系数为：

$(16.163 + 3.55 + 1.03 + 1.037) \div 13.416 = 1.623$

查"工资等级系数表"（表 2-13）可知工资等级为 3.8 级。

2．材料消耗指标的确定

材料消耗指标是指在正常施工条件下，用合理使用材料的方法，完成单位合格产品所必须消耗的各种材料、成品、半成品的数量标准。它包括材料的净用量和材料损耗量。

预算定额内的材料，按其使用性质、用途和用量大小分为：主要材料、次要材料和周转材料。

（1）主要材料用量的确定

主要材料的用量，一般根据设计施工规范和材料规格，采用理论方法计算净用量，再根据材料损耗率计算材料损耗量，然后按定额项目综合的内容和实际资料适当调整确定。

【例2-9】 计算砌$10m^3$一砖内墙预算定额的标准砖和砂浆用量是多少？

【解】 首先计算材料净用量：

$$\frac{每\ m^3\ 砌体}{砖净用量} = \frac{墙厚的砖数 \times 2}{墙厚 \times （砖长 + 灰缝）\times （砖厚 + 灰缝）}$$

$$= \frac{1 \times 2}{0.24 \times （0.24 + 0.01）\times （0.053 + 0.01）}$$

$$= 529.1\ 块$$

每$1m^3$砌体砂浆净用量 $= 1 - 529.1 \times 0.0014628 = 0.226m^3$

则$10m^3$一砖墙砖的净用量为：

$$529.1 \times 10 = 5291\ 块$$

砂浆净用量为：$0.226 \times 10 = 2.26m^3$

从附录中查得砖和砂浆的损耗率各为1%。则$10m^3$一砖内墙砖的实际用量为：

$$5291 \times 1.01 = 5344\ 块 = 5.34\ 千块$$

砂浆实用量为：$2.26 \times 1.01 = 2.28m^3$

经上述方法计算后，与实际比较，会发现砖用量有余，砂浆用量不足，并考虑到内墙板头扣除，外墙板头不扣的因素，将内墙砌体$1m^3$减少6块砖，同时增加相应体积的砂浆用量，则$10m^3$一砖内墙砖及砂浆的预算定额耗用量为：

砖　　　　　　　　$5340 - 6 \times 10 = 5280\ 块$

砂浆　　　　　　　$2.28 + 60 \times 0.0014628 \approx 2.37m^3$

（2）预算定额中次要材料的确定

对于用量不多，价值不大的材料，可采用经验估算等方法确定其使用量，将此类材料合并为"其他材料费"项目，其计量单位用"元"表示。

（3）预算定额中周转性材料消耗量的确定

预算定额的周转性材料是按多次使用，分次摊销的方法进行计算的，周转性材料纳入定额的消耗指标多为摊销量。

3. 施工机械台班消耗指标的确定

预算定额中施工机械台班消耗指标，以统一劳动定额中各种机械施工项目所规定的台班产量为基础进行，并且尚应考虑在合理的施工组织设计条件下机械的停歇因素，另外增加一定的机械幅度差。对大型机械，中小型机械，其计算方法和机械幅度差是不相同的。

（1）机械幅度差所包括的内容：

1）施工中机械转移工作面及配套机械互相影响损失的时间。

2）在正常施工情况下，机械施工中不可避免的停歇。

3）工程收尾工作量不饱满所损失的时间。

4）检查工程质量影响机械操作时间。

5）在施工过程中，由于临时水电线路移动所发生的不可避免的机械操作间歇时间。

6）冬季施工期内启动机械的时间。

7）不同厂牌机械的工效差。

8）配合机械施工的工人，在人工幅度差范围内的工作停歇，影响机械操作的时间。

（2）机械台班消耗指标的确定

1）大型机械施工的土石方、打桩、构件吊装、运输等项目。

按全国建筑安装工程统一劳动定额台班产量加机械幅度差计算。一般为：土石方工程
1.25，吊装工程1.3，打桩工程1.33等。在预算定额内编制机械的种类、型号和台班数
量。

2）按班组配备的中小型机械，如垂直运输用的塔吊、卷扬机、砂浆搅拌机、混凝土
搅拌机等，一般以综合取定的小组产量计算台班产量，不考虑机械幅度差。

$$机械台班消耗指标 = 分项定额的计量单位值 \div 小组总产量$$

【例2-10】 砖基础，分别计算取定比重为：一砖厚50%、一砖半厚30%、两砖厚
20%，其劳动定额综合每工产量分别为$1.25m^3$、$1.29m^3$、$1.33m^3$，劳动定额规定小组总
人数为22人，求机械台班消耗指标。

【解】 每$10m^3$砖基础机械台班消耗指标

$$= \frac{10}{22 \times (0.5 \times 1.25 + 0.3 \times 1.29 + 0.2 \times 1.33)}$$

$$= 0.356 \ 台班/10m^3$$

二、人、材、机单价的确定及定额基价的编制

（一）人工工资标准的确定

预算定额基价中定额日工资标准，是指直接从事建筑安装工程施工工人的日基本工
资、辅助工资和工资性津贴之和，它是单位建筑产品人工费的计算基础，而人工费又是建
筑工程预算造价的重要组成部分，是建筑企业支付工人工资的来源。因此，正确确定人工
工资标准，进而正确计算人工费，对合理确定工程造价，有效地使用建设资金，促进企业
实行经济核算等，都具有重要意义。

1. 建筑安装工人工资等级系数

工资等级系数，就是表示各级工人基本工资标准之间的比例关系，通常以一级工基本
工资标准与另一级工人基本工资标准的比例关系来表示。

我国建筑安装企业工人的工资等级，是根据建筑安装工人的操作技术水平确定的。原
来建筑工人实行七级工资制，安装工人实行八级工资制。近年来，按国家劳动部门现行有
关规定，建筑、安装工人统一改为八级工资制，且八级工工资标准为一级工工资标准的
3.0倍。如表2-12为六类工资区各级建筑安装工人工资等级系数和月工资标准。

建筑安装工人工资等级系数表（六类工资区） 表2-12

工 种	工资等级系数	工 资 等 级														
		1	2	3		4		5		6		7		8		
建筑安装	系数	一	二	三	四	五	六	七	八	九	十	十一	十二	十三	十四	十五
		1.00	1.079	1.184	1.289	1.421	1.553	1.684	1.816	1.974	2.132	2.289	2.447	2.632	2.816	3.000
工资标准（元）	月工资	38	41	45	49	54	59	64	69	75	81	87	93	100	107	114

在编制预算定额时，人工的工资等级是按工人的平均工资等级表示的。这个平均工

等级并不恰好就是 1~8 级中的某一级，而是介于两个等级之间其级差为 0.1 级的某一等级。为了便于计算人工费和编制单位估价表，需要用插入法计算出级差为 0.1 级的建筑安装工人工资等级系数表。其计算公式如下：

$$B = A + (C - A) \times d$$

式中　B——介于两个等级之间级差为 0.1 级的某工资等级系数；

　　　A——与 B 相邻而较低的那一级工资等级系数；

　　　C——与 B 相邻而较高的那一级工资等级系数；

　　　d——介于两个工资等级之间的级差为 0.1 级的各种等级，如 0.1, 0.2, 0.3, 0.4, ……0.9。

级差为 0.1 级的工资等级系数如表 2-13 所示。

建安工人级差为 0.1 级的工资等级系数表　　　　表 2-13

等级	系数	等级	系数	等级	系数	等级	系数	等级	系数	等级	系数	等级	系数	等级	系数
1.0	1.000	2.0	1.184	3.0	1.421	4.0	1.684	5.0	1.974	6.0	2.289	7.0	2.632	8.0	3.000
1.1	1.018	2.1	1.208	3.1	1.447	4.1	1.713	5.1	2.006	6.1	2.323	7.1	2.669		
1.2	1.037	2.2	1.231	3.2	1.474	4.2	1.742	5.2	2.037	6.2	2.358	7.2	2.706		
1.3	1.055	2.3	1.255	3.3	1.500	4.3	1.771	5.3	2.069	6.3	2.392	7.3	2.742		
1.4	1.074	2.4	1.279	3.4	1.526	4.4	1.800	5.4	2.100	6.4	2.426	7.4	2.779		
1.5	1.090	2.5	1.303	3.5	1.553	4.5	1.829	5.5	2.132	6.5	2.461	7.5	2.816		
1.6	1.110	2.6	1.326	3.6	1.579	4.6	1.858	5.6	2.163	6.6	2.495	7.6	2.853		
1.7	1.129	2.7	1.350	3.7	1.605	4.7	1.887	5.7	2.195	6.7	2.529	7.7	2.890		
1.8	1.147	2.8	1.374	3.8	1.631	4.8	1.916	5.8	2.226	6.8	2.563	7.8	2.926		
1.9	1.166	2.9	1.397	3.9	1.658	4.9	1.945	5.9	2.258	6.9	2.598	7.9	2.963		

2. 基本工资的日工资标准计算

预算定额日工资标准，即预算定额中的人工工日单价，它是由日基本工资、附加工资和工资性质的津贴组成的。可用下式表示：

定额日工资标准 = 日基本工资 + 日附加工资 + 日工资性津贴

（1）日基本工资的计算

各级工的月日基本工资标准可用下式计算：

$$\text{各级工月基本工资标准} = \text{一级工月基本工资标准} \times \text{相应工资等级系数}$$

$$\text{各级工日基本工资标准} = \frac{\text{各级工月基本工资标准}}{\text{平均每月实际工作天数}}$$

式中　$\text{平均每月实际工作天数} = \dfrac{\text{国家规定全年应出勤天数}}{12（个月）}$

按当前规定，年日历天数 365 天，每年 10 天法定假日（元旦一天，"五·一"三天，国庆节三天，春节三天），52 个双休日，那么，平均每月实际工作天数为：（365 - 10 - 52 × 2）÷ 12 = 21 天

（2）日附加工资和工资性津贴的计算

建筑安装工人附加工资和工资性津贴，均按各地区的现行有关规定和建筑企业的现行标准按月计算。同样，按平均每月实际工作天数计算出日附加工资和工资性津贴。

（二）材料预算价格的确定

材料预算价格是指材料从来源地或发货地点运到工地仓库或施工现场材料存放地点后的出库价格。它由材料原价、供销部门手续费、包装费、运输费和采购保管费五项费用组成。

建筑材料在建筑安装工程造价中占有很大比重，一般土建工程为70%左右，金属结构工程为80%左右，电气安装工程为80%～90%，机械设备安装工程为37%左右，工艺管道工程为90%左右。预算定额中的材料费，是根据材料消耗定额和材料预算价格计算的。因此，正确编制材料预算价格，有利于降低工程造价，也有利于促进施工企业的经济核算。

1. 材料原价

材料原价一般是指国家主管部门、地方主管部门规定的材料出厂价格或商业部门的批发牌价。

进口物资，按国家批准的进口材料调拨价格计算。如无批准的调拨价格时，按国内国营同类产品的现行出厂价格计算。如国内同类产品又无批准的调拨价格时，按外贸部门订货合同所签定的价格为原价。

材料在采购时，如不符合设计规格要求，而必须经过加工改制时，其加工费和损耗应计算到材料原价内。

同一种材料，因产地、供应单位不同，有几种原价的，应计算加权平均综合原价。

【例 2-11】 某工程计划用红砖20万块，由三个砖厂供应：其中第一砖厂供8万块，单价为58.20元/千块；第二砖厂供7万块，单价为59.80元/千块；第三砖厂供5万块，单价为60.10元/千块，计算红砖的平均价格。

【解】 用加权平均法计算如下：

$(58.2 \times 80 + 59.8 \times 70 + 60.1 \times 50) \div 200 = 59.24$ 元/千块

即材料的原价为59.24元/千块。

2. 材料供销部门手续费

材料供销部门手续费是指某些材料由于不能直接向生产单位采购，需经当地物资供销部门供应而支付的手续费。其计算公式如下：

供销部门手续费 = 材料原价 × 手续费率

不经物资供应部门而直接从生产单位采购的材料，不计算供销部门手续费。

3. 材料包装费

材料包装费是指为了便于材料运输或保护材料而进行包装所需要的一切费用。

材料包装费的计算，通常有两种情况：

（1）材料出厂时已经包装者，其包装费一般已计入材料原价内，不再另行计算，但应扣包装品的回收值。如水泥、玻璃、铁钉、油漆、卫生陶瓷等，多由厂家负责包装。

包装材料回收值，如地区主管部门已有规定者，应按地区的规定计算。地区无规定的，可根据实际情况，参照下列比率自行确定：

1）用木制品包装者，以70%的回收量，按包装材料原价的20%计算。

2）用铁皮、铁线制品包装者，铁桶以95%，铁皮以50%，铁线以20%的回收量，按包装材料原价的50%计算。

3）用纸皮、纤维制品包装者，以20%回收，按包装材料原价的20%计算。

4）用草绳、草袋制品包装者，不计算回收价值。

包装材料回收价值计算公式如下：

$$\frac{包装材料}{回收价值} = \frac{包装品}{原价} \times \frac{回收量}{比重} \times \frac{回收价值}{比重}$$

（2）采购单位自备包装的材料，应计算包装费，加入材料预算价格中。如果包装器材不是一次性报废材料，则包装费应按多次使用、分次摊销的方法计算。

材料包装费计算公式如下：

$$材料包装费 = 发生包装品数量 \times 包装品单价$$

【例2-12】 108胶用塑料桶包装。每吨用20个桶，每个桶的单价18.50元，回收量比重为80%，回收价值比重为65%，试计算每吨108胶的包装费、包装品回收值、实际耗用的包装费、回收后塑料桶的单价。

【解】 ①108胶包装费 = 20×18.5 = 370 元/t

②包装品回收价值 = 370×0.8×0.65 = 192.4 元/t

③实际耗用包装费 = 370 - 192.4 = 177.6 元/t

④塑料桶回收后单价 = 192.4÷20 = 9.62 元/个

4．材料运杂费

运杂费是指材料从其来源地或采购交货地点运至施工工地仓库或指定的地点，全过程中所消耗的一切费用（包装费除外）。如运费、运输保险费、装卸费、过磅费、调车费、超长超重费、空运费、整理费等。它包括外地运输和市内运费两段计算，外地运费均按交通运输部门规定的费用标准计算；市内运费，按各市有关规定，结合建设任务分布情况加权平均计算。零星材料如油漆、化工、土杂产品、五金交电、黑白铁零件等，不便计算运杂费者，均按不同品种运费占原价的百分比计算。

材料的运输费用，占材料预算价格的比重很大，一般材料占10%～15%，砖石30%～50%，砂石可占70%～90%。

5．材料采购保管费

材料采购及保管费，是指材料的采购及保管工作过程中所支付的一切费用，包括各级采购、保管人员的工资、福利、办公、差旅交通费，工地仓库的保管费，材料储存、运输过程中的损耗，以及其他零星费用等。公式如下：

$$\frac{采购保}{管费} = \left(原价 + \frac{供销部门}{手续费} + \frac{包装}{费} + \frac{运}{杂费}\right) \times \frac{采购保管}{费率}$$

综上所述，材料预算价格的计算公式为：

材料预算价格 = [材料原价×（1+供销部门手续费率）+包装费+运杂费]
×（1+采购及保管费率）- 包装品回收价值

（三）施工机械台班使用费的确定

施工机械使用费以"台班"为计量单位，一台机械工作8小时为一个台班。施工机械在一个台班中为使机械正常运转所支出和分摊的各种费用之和，称为机械台班使用费或机械台班单价。

机械台班使用费是编制预算定额基价的基础之一，是施工企业对施工机械费用进行成本核算的依据。机械台班使用费的高低,直接影响建筑工程造价和企业经营效果。因此,合理确定机械台班使用费,对加速建筑施工机械化步伐,提高企业劳动生产率,降低工程造价具有重要的意义。

施工机械台班使用费由第一类费用和第二类费用组成。

1. 第一类费用

亦称不变费用。这类费用不因施工地点、条件的不同而发生大的变化。其费用内容包括:折旧费、大修理费、经常修理费、安拆费及场外运费。

(1)折旧费

折旧费是指机械设备在规定的期限内陆续收回其原值及支付贷款利息等费用。机械折旧费应根据机械的预算价格、机械使用总台班、机械残值率等条件确定。计算公式如下:

$$台班折旧费 = \frac{机械预算价格 \times (1 - 残值率)}{使用总台班}$$

1)机械预算价格 = 出厂价格 + 运杂费

式中 出厂价格——国内生产的机械按主管部门机械产品目录中的价格计算。

国外进口机械按外贸部门编制的价格目录计算,缺项的应对照国内相同产品出厂价格计算。

$$运杂费 = 出厂价格 \times 运杂费率$$

2)残值率

应根据废旧机械变价处理的情况确定,一般规定大型机械为 5%,运输机械为 6%,中小型机械为 4%。

3)使用总台班 = 年工作台班 × 使用年限

(2)大修理费

是指机械设备按规定的大修理间隔台班必须进行大修理,以恢复其正常功能所需的费用。机械进行全面的修理,更换其主要部件和配件的称为大修。其特点是修理的范围广,需要费用多,间隔时间长。

台班大修理费 = 一次大修理费 × 大修理次数 ÷ 使用总台班

= 一次大修理费 × (使用周期 - 1) ÷ 使用总台班

式中 使用周期 = 使用总台班 ÷ 大修理间隔台班

(3)经常修理费

指机械设备除大修理外必须进行的各级保养(包括一、二、三级保养)及临时故障排除所需的费用;为保障正常运转所需替换设备、随机使用工具、附具摊销和维护的费用;机械运转与日常保养所需的润滑油脂、擦拭材料(布及棉纱等)费用和机械停置期间的维护保养费用等。

1)台班维修费 = 台班大修理费 × K_n

K_n 为系数,是根据历次编定额时台班维修费与台班大修理费之间的比例关系资料确定的。

2)台班替换设备及工具附具费

$$= \sum \frac{替换设备、工具附具一次使用量 \times 预算单价 \times (1 - 残值率)}{替换设备、工具附具耐用总台班}$$

3）润滑材料及擦拭材料费

＝Σ（润滑材料台班使用量×相应单价）

$$\frac{某润滑材料}{台班使用费} = \frac{一次使用量×每个大修间隔平均加油次数×相应单价}{大修间隔台班}$$

（4）安拆费及场外运费

安拆费指机械在施工现场进行安装、拆卸所需的人工、材料、机械费、试运转费以及安装所需的辅助设施的费用（辅助设施费包括：安装机械的基础、底座、固定锚桩、行走轨道、枕木等的折旧费及搭设、拆除费）。

场外运费指机械整体或分件自停放场地运至施工现场或由一个工地运至另一个工地，运距在 25km 以内的机械进出场运输及转移费用（包括机械的装卸、运输、辅助材料及架线费等）。

1）台班安装拆卸及辅助设施费

$$=\frac{一次安拆费×年安拆次数}{年工作台班数} + \frac{辅助设施一次使用量×（1-残值率）×预算价格}{摊销台班数}$$

2）机械场外台班迁移费＝（每次运费＋每次装卸费）×年平均迁移次数÷年工作台班

2．第二类费用

亦称可变费用。这类费用常因施工地点和条件的不同而有较大的变化，其费用包括：燃料动力费、人工费、养路费和车船使用税。

（1）燃料动力费

指机械在运转施工作业中所耗用的电力、固体燃料（煤、木柴）、液体燃料（汽油、柴油）、水和风力等。

（2）人工费

指机上司机、司炉及其他操作人员的工资。它是按机械施工定额、不同类型机械使用性能配备的一定技术等级的机上人员的工资。

（3）养路费及车船使用税

指按照省、市（地）有关部门规定，定期交纳的机械牌照税和维护公路所需的台班摊销费用。

（四）定额基价的编制

预算定额基价又叫预算单价。是以建筑安装工程预算定额规定的人工、材料和机械台班消耗指标为依据，以货币形式表示每一分项工程的单位价值标准。它是以地区性价格资料为基准综合取定的，是编制工程预算造价的基本依据。

预算定额基价，包括人工费、材料费和机械使用费。它们之间的关系可用下列公式表示：

预算定额基价＝人工费＋材料费＋机械使用费

式中　人工费＝定额合计工日数×定额日工资标准；

材料费＝Σ（定额材料用量×材料预算价格）＋其他材料费；

机械使用费＝Σ（定额机械台班用量×机械台班使用费）。

由此可见，通过本章所述内容的学习，预算定额基价的编制就不再是难事了。

为了正确地反映上述三种费用的构成比例和工程单价的性质、作用，定额基价不但要列出人工费、材料费和机械使用费，还要分别列出三项费用的详细构成。如人工费要反映出工日数量、工种名称、技术等级和工资标准；材料费要反映出主要材料的名称、规格、计量单位、定额用量、材料预算单价，零星的次要材料不需一一列出，按"其他材料费"以"元"表示；机械使用费同样要反映出各类机械名称、型号、台班用量及台班单价等。

三、预算定额的组成及应用

（一）预算定额的组成

建筑工程预算定额一般由目录、总说明、建筑面积计算规则、各分部工程说明及工程量计算规则、分项工程项目表以及有关附注、附录所组成。

在总说明中，概述了预算定额的用途、编制依据、适用范围以及有关问题的说明和使用方法等。

在总说明之后，列出了建筑面积计算规则。

分部工程说明是定额手册的重要部分，介绍了分部工程定额编制中有关问题的说明，使用的一些规定，特殊情况的处理，分部分项工程量计算规则等。

分项工程项目表是预算定额的主体内容，有工作内容、定额单位、各分项工程所消耗的人工、材料、机械台班的用量及预算价值等。为加深印象，现摘录某省"砖基础及内墙"一节的项目表供参考（详见表 2-14）。

砖基础及内墙　　　　　　　　　　　　　　　　　　表 2-14

工作内容：调运砂浆，运砌砖。基础包括清基槽、安放木砖、铁件。　　　单位：10m³

定　额　编　号			3—1	3—2	3—3	3—4	3—5
项　　　目	单位	单价（元）	砖基础	内　　　墙			
				一砖以上	一砖	3/4 砖	1/2 砖
基　　　价	元		1117.93	1226.36	1236.04	1317.58	1356.83
其中　人工费	元		196.59	225.80	233.55	285.36	292.62
材料费	元		909.65	879.50	879.68	880.18	909.82
机械费	元		11.69	121.06	122.81	152.04	154.39
人工　综合工日	工日	16.14	12.18	13.99	14.47	17.68	18.13
材料　M5.0 混合砂浆	m³	94.33	2.58				2.03
M2.5 混合砂浆	m³	81.26		2.48	2.37	2.28	
机砖 240×115×53	千块	130.00	5.12	5.21	5.28	5.34	5.52
水	m³	0.65	1.04	1.05	1.06	1.09	1.12
机械　垂直运输机械	台班	211.44		0.519	0.529	0.669	0.687
灰浆搅拌机 200L	台班	36.53	0.32	0.31	0.30	0.29	0.25

注：圆弧墙按相应项目每 10m³ 砌体墙增加 1.43 工日。

此表摘自 1995 年《河南省建筑工程预算定额》

在有的分节定额项目表后还列有附注，它说明定额中考虑的因素，若设计规定与定额不符时如何进行调整，以及其他有关问题的说明。

定额的附录一般包括：施工机械台班预算价格；混凝土、砂浆配合比表；建筑材料名称、规格及预算价格；定额材料损耗率表等。这些资料供定额换算和工料分析用，是使用定额的重要补充资料。

（二）预算定额的应用

为了熟练、正确地运用预算定额编制施工图预算，首先要对预算定额的分部、节和项目的划分、总说明、建筑面积计算规则、分部说明和工程量计算规则等有正确的理解并熟记。对常用的分项工程定额项目表中的工作内容、计量单位，有一个全面的了解，从而达到正确使用定额的目的。

在编制施工图预算应用定额时，通常会遇到以下三种情况：定额的直接套用、定额的换算和缺项定额的补充。

1. 定额的直接套用

当分项工程的设计内容与定额内容完全相符时，则可以直接套用定额。这种情况是定额应用的大多数情况。

【例 2-13】 试确定 M2.5 混合砂浆砌一砖混水内墙的定额基价（注：本节例题均使用 2002 年《河南省建筑和装饰工程综合基价》）。

【解】 该项目应套 3—6 子目，由于设计要求与定额内容完全相符，故直接套用。

$$定额基价 = 1524.14 \ 元/10m^3$$

在定额的直接套用中，还包括定额规定不允许调整的分项工程。也就是分项工程设计内容与定额内容不完全相符，但定额规定不允许调整，则还应直接套用。例如：定额砖石分部说明规定："空斗墙定额，已综合了各种不同的因素，在执行定额时，不论几斗几卧，均采用空斗墙定额，不得换算。"装饰分部定额说明规定："抹灰厚度及砂浆种类，除注明者外，均不得换算。"

2. 定额的换算

当分项工程设计内容与定额的工作内容、材料规格、施工方法等条件不完全相符，且定额规定允许换算时，应对定额在规定的范围内用规定的方法加以换算。凡经过换算的子目定额编号应在右下方加注"换"字。

定额换算的主要内容通常有：乘系数换算；砂浆、混凝土强度等级的换算；木门窗木材断面的换算和其他换算。

（1）定额乘系数换算

这是一种最简单的换算方法。根据定额的分部说明或附注规定，对定额基价或部分内容乘以规定的系数进行换算，从而得到新的定额基价。在进行换算时应注意，定额规定的调整系数中，已包括定额本身的内容，所以在计算调整值时，应用系数减 1。例如，定额规定某项目人工乘以系数 1.20（或 0.9）是指在定额的基础上另外增加 20%（或减少 10%）的人工费。所以，换算公式为：

$$换算后基价 = 定额基价 \times 基价系数$$

或 $$换算后基价 = 定额基价 + \Sigma[调整部分金额 \times (部分调整系数 - 1)]$$

【例 2-14】 试确定人工挖地槽的定额基价。（条件：普通土、湿土、深 2.5m，放坡开挖）

【解】 应执行定额 1—31 子目，由湿土及土石方分部说明可知，应按定额项目乘以系数 1.18，所以，换算后基价 = 定额基价 × 基价系数

$$= 913.6 \times 1.18$$

$$= 1078.05 \ 元/100m^3$$

【例 2-15】 试确定双扇有亮双层玻璃普通窗制作安装（木材类别、断面、玻璃等条件均与定额相同）的定额基价。

【解】 应执行定额 7—4 子目。据双层玻璃窗的附注规定可知，需对定额乘以系数换算。

$$换算后基价 = 原基价 + \sum [部分调整金额 \times (系数 - 1)]$$
$$= 12522.7 + 21 \times 15.48 + 1500 \times 1.878 + 59.38 \times 1.878 + 66 + 38.15$$
$$\times 4.877 + 21 \times 42.27 \times 0.6 + 12.5 \times 69.904 + 568.52 + 148 \times 0.8$$
$$= 18121.68 \ 元/100m^2$$

（2）砂浆、混凝土强度等级换算

当工程设计中的砂浆、混凝土强度及配合比，与定额规定不相符时，可根据定额的规定进行相应的换算。在换算时应遵循两种材料交换，定额含量不变的原则。其公式如下：

$$换算后基价 = 原基价 + (换入单价 - 换出单价) \times 定额材料含量$$

【例 2-16】 试确定 M7.5 水泥砂浆砖基础的定额基价。

【解】 由 3-1 可知，设计砂浆与定额砂浆不符，且砖石分部说明规定又可以换算，查定额附录知 M7.5 水泥砂浆单价为 128.76 元/m³，所以：

$$换算后的基价 = 1461.08 + (128.76 - 122.55) \times 2.58$$
$$= 1477.10 \ 元/10m^3$$

【例 2-17】 试确定 C30（40）现浇混凝土单梁的定额基价。

【解】 查 5-28 知，定额是按 C20（40）编制的，因此，设计与定额不符，且定额说明允许换算。查附录知 C30（40）混凝土单价为 163.21 元/m³，所以：

$$换算后基价 = 8620.08 + (163.21 - 143.68) \times 10.15$$
$$= 8818.31 \ 元/10m^3$$

在利用附录确定混凝土单价时，应注意以下几点：

1）查准混凝土类型。是现浇还是预制，是水下还是泵送混凝土，不同类型混凝土其单价是不同的。

2）砾石、碎石分清。砾石、碎石单价不同。当设计无明确要求时，可执行碎石单价。

3）石子粒径要对应。当设计无明确要求时，可按与定额中石子粒径相同的确定。

4）当同一混凝土有两个单价时，一般应选用低标号水泥配制的混凝土单价。

【例 2-18】 试确定 1:10 现浇水泥珍珠岩屋面保温层的定额基价。

【解】 查 9-11 知，定额是按 1:8 编制的，与设计不符，且分部说明允许换算。查附录知 1:10 水泥珍珠岩单价为 123.85 元/m³，所以：

$$换算后基价 = 1637.13 + (123.85 - 124.48) \times 10.2$$
$$= 1630.70 \ 元/10m^3$$

（3）木门窗木材断面的换算

预算定额中各类木门窗的框扇、亮子、纱扇等木材耗用量，是以边立框断面、扇边立挺断面为准，按一定断面取定的。而在实际中设计断面往往与定额不符，这就使得其木材耗用量与定额含量产生一定的差异，因而必须进行换算。换算的一般原则是：木材按比例增减，其他不变。其换算步骤为：

1）计算设计毛料断面积

定额中所注木材断面或厚度以毛料为准，如设计图纸所注尺寸为净料时，应增加刨光损耗：屋架、檩条、屋面板刨光，单面增加 2mm，双面刨光增加 4mm；木门窗、木装修刨光，单面增加 3mm，双面刨光增加 5mm；圆木刨光，按直径增加 4mm。计算公式为：

$$设计毛料断面积 = \left(设计断面净长 + 刨光损耗\right) \times \left(设计断面净宽 + 刨光损耗\right)$$

当设计毛料断面积与定额不符时，按定额附注的规定进行换算。

2）计算木材调整量

$$木材调整量 = \left(\frac{设计毛料断面积}{定额断面积} - 1\right) \times \left(定额木材净用量 + 定额木材损耗量\right)$$

$$= \left(\frac{设计毛料断面积}{定额断面积} - 1\right) \times 定额木材干燥含量$$

计算结果：正值为调增，负值为调减。

3）计算木材调整值

在计算时，不仅要计算木材调整量对应的材料费，还要计算木材调整量对应的干燥费。

$$木材调整值 = 木材调整量 \times \left(定额木材单价 + 干燥费单价\right)$$

计算结果：正值为调增，负值为调减。

4）计算换算后基价

换算后基价 = 原基价 + 木材调整值

【例 2-19】 已知某单扇单层有亮普通窗，框净料 55mm × 105mm，挺净料 40mm × 55mm，试确定其定额基价。

【解】 查定额 7—2 子目，据附注知定额取定断面为：框 52.2cm², 挺 27cm²。

①计算设计毛断面积

框料 = (5.5 + 0.3) × (10.5 + 0.5) = 63.8cm² > 52.2cm²

挺料 = (4 + 0.5) × (5.5 + 0.5) = 27cm²

（注：框按三面刨光，挺按四面刨光计算）

由于框料断面不同，挺料断面相同，所以只需进行框料断面换算。

②断面换算

木材调增量 = (63.8 ÷ 52.2 - 1) × 3.605

　　　　　= 0.801m³

木材增值 = 0.801 × (1500 + 59.38)

　　　　 = 1249.06 元

③换算后基价

　　　　 = 15162.03 + 1249.06

　　　　 = 16411.09 元/100m²

（4）其他换算

定额应用中，除了前面三种换算外，还有一些换算。这些换算是对人工、材料、机械的部分量进行增减，或利用辅助定额进行换算。

【例 2-20】 试确定人工运土方（运距 300m）的定额基价。

【解】 因为人工运土方基本定额 1—57 仅包括了运 50m 以内的所有操作，为适应运距变化，定额又设置了 1000m 以内每增加 50m 的辅助定额 1—58 子目。所以，运距 300m 的人工运土定额基价，需用辅助定额对基本定额进行换算。

$$换算后基价 = 911.36 + 106.4 \times 5$$
$$= 1443.36 \, 元/100m^3$$

【例 2-21】 已知镶板门窗上部安采光玻璃，挺料断面同定额，试确定镶板门扇定额基价。

【解】 查 7—55，并按附注进行换算。

$$换算后基价 = 901.74 + 21 \times 0.51 + (1500 + 59.38) \times 0.002$$
$$+ 23 \times 1.79 + 0.79 - (1675 + 59.38) \times 0.031$$
$$= 903.76 \, 元/10m^2$$

3. 缺项定额的补充

《河南省建筑和装饰工程综合基价》（2002）规定："本定额如遇缺项，以施工单位为主会同建设单位根据图纸的要求，按照国家现行的技术规范、操作规程和质量标准提出工料分析，制定一次性补充定额，报地、市定额站审核批准后执行，并抄报省标准定额站备案。"因此，在编制工程预算时，遇到定额缺项，必须据此规定，进行一次性定额的补充工作。

编制补充定额的方法通常有以下几种：

（1）定额代用法

就是利用性质相似、材料大致相同、施工方法又很接近的定额项目，估算一定的系数进行使用。此种方法一定要在施工实践中加以观察和测定，以便对使用的系数进行调整，保证定额的准确性，也为以后新编定额、补充定额项目作准备。

（2）定额组合法

就是尽量利用现行预算定额进行组合。因为一个新定额项目所含的工艺与消耗，往往是现有定额项目的变形与演变。新老之间有着很多的联系。要从中发现这些联系，在补充制定新定额项目时，直接利用现有定额内容的一部分或全部，就能达到事半功倍的效果。

（3）计算补充法

就是按照预算定额的编制方法计算补充。材料用量按照图纸的构造做法及相应的计算公式计算，并加入规定的损耗率。人工及机械台班使用量，可按劳动定额、机械台班定额计算，并经有关技术、定额人员和工人讨论确定，然后乘上日工资标准、材料预算价格和机械台班单价，即得补充定额。

第四节 概算定额与概算指标

一、概算定额

（一）概算定额的概念

建筑工程概算定额，又叫扩大结构定额。它是初步设计阶段编制工程概算时，计算和确定工程概算造价、计算人工、材料及机械台班数量所使用的定额。它的项目划分粗细，与初步设计深度相适应。它是控制工程项目投资的重要依据，在工程建设的投资管理中具有重要作用。

概算定额是确定生产一定计量单位扩大结构构件或扩大分项工程所需的人工、材料和施工机械台班消耗量的标准。

概算定额是在预算定额的基础上，按常用主体结构工程列项，以主要工程内容为主，适当合并相关预算定额的分项内容，进行综合扩大而编制出来的，较之预算定额具有更为综合扩大的性质。例如，砖内墙，门窗过梁，墙体加筋，内墙抹灰，内墙喷大白浆等工程内容，在预算定额中需分别编制五个分项工程定额；在概算定额中，以砌砖为主要工作内容，将这五个施工顺序相衔接并关联性较大的分项工程，合并为一个扩大分项工程，即砖内墙概算定额。又如砖基础概算定额，适当合并了与砌砖基础主要工程内容相关的人工挖地槽，打底夯，砌砖基础，基础防潮层，回填土，余土外运等六个分项工程内容，综合扩大为一个扩大分项工程，即砖基础概算定额。

概算定额属于计价定额，从这一点来说，它和预算定额的性质是相同的。但是，它们的项目划分和综合扩大程度存在很大差异，也就是说，概算定额比预算定额更综合扩大。

（二）概算定额的作用

1．是初步设计阶段编制工程概算、技术设计阶段编制修正概算的主要依据。初步设计、技术设计是采用三阶段设计的第一和第二阶段。根据国家有关规定，按设计的不同阶段对拟建工程进行估价，编制工程概算和修正概算。这样就需要与设计深度相适应的计价定额，概算定额正是适应这种设计深度而编制的。

2．是编制主要材料供应计划的依据。保证材料供应是工程建设的先决条件之一。由市场采购的材料，要按照需用量提出采购计划，根据概算定额的材料消耗指标计算工程用料数量比较准确，并可以在施工图设计之前提出计划。

3．是进行设计方案比较的依据。设计方案比较，主要是指建筑结构方案的经济比较。目的是选出经济合理的建筑结构方案，在满足功能和技术性能要求的条件下，达到降低造价和人工、材料消耗。概算定额按扩大结构构件和扩大分项工程划分定额项目，可为建筑结构方案的比较提供方便条件。

4．概算定额是编制概算指标的依据。

5．概算定额是招标投标工程编制招标标底、投标报价的依据。

（三）概算定额的编制依据和项目划分原则

1．编制依据

由于概算定额与预算定额的适用范围不同，其编制依据也略有区别。

（1）现行的建筑工程设计标准及规范，施工验收规范。

（2）现行建筑工程预算定额。

（3）经有关部门批准的建筑工程标准设计和有代表性的设计图纸。

（4）过去颁发的现行概算定额。

（5）现行的地区人工工资标准、材料预算价格、机械台班单价等资料。

（6）有关的施工图预算或工程结算等经济技术资料。

2．项目划分原则

概算定额项目划分要贯彻简明适用的原则。在保证一定准确性的前提下，概算定额的项目应在预算定额项目的基础上，进行适当的综合扩大。其定额项目的划分粗细程度，应适应初步设计的深度。总之，应使概算定额项目简明易懂、项目齐全、计算简单、准确可靠。

北京市1992年颁发的《建筑工程概算定额》建筑工程分册，按上述原则划分为上、中、下册共十五章。详见表2-15所示。

建筑面积计算规则	下册
上册	第十四章　建筑配件
第一章　基础工程	第十五章　其他直接费
第二章　墙体工程	附录
第三章　钢筋混凝土工程	附录一　砂浆、混凝土配合比表
第四章　木结构工程	附录二　材料选价表
第五章　钢结构工程	附录三　建筑材料参考供应价格表
第六章　楼梯、阳台、雨罩、挑檐、遮阳板、天沟	附录四　机械台班选价表
第七章　屋面工程	附录五　三材指标
第八章　脚手架工程	附录六　成品保护增加费
第九章　构筑物工程	
中册	
第十章　门窗工程	
第十一章　楼地面工程	
第十二章　顶棚工程	
第十三章　装修工程	

（四）概算定额内容

概算定额表现为按专业特点和地区特点汇编的各种定额手册。它的内容由总说明、分章说明和定额项目表以及附录组成。

1. 总说明和分章说明

总说明介绍概算定额的作用、编制依据、编制原则，说明使用的范围和应遵守的规定、建筑面积计算规则、某些费用的取费标准等。

分章说明规定了结构分部的工程量计算规则，所包括的定额项目等内容。

2. 定额项目表

砖墙、砌块墙及砖柱概算定额表　　　　　　　　　　　　表 2-16

定额编号	项目				单位	概算单价（元）	主要工程量			主要材料			
							砌体（m³）	现浇混凝土（m³）	预制混凝土（m³）	水泥（kg）	钢筋（kg）	板方材（m³）	红机砖（块）
2—1	红机砖	外墙	厚度（mm）	240	m²	34.06	0.227	0.012	0.006	17	3		116
2—2				365	m²	51.58	0.345	0.018	0.009	26	4		176
2—3				490	m²	69.10	0.463	0.024	0.012	35	5		236
2—4		内墙		115	m²	13.50	0.106		0.002	5			57
2—5				240	m²	30.12	0.210	0.011	0.005	16	2		107
2—6				365	m²	46.10	0.319	0.017	0.008	24	3		163
2—7		女儿墙		240	m²	37.75	0.220	0.033		22	2	0.004	112
2—8				365	m²	57.38	0.335	0.051		33	3	0.005	171
2—9		保护墙		115	m²	17.72	0.118			23			65
2—10				240	m²	26.50	0.248			12			126
2—11	红机砖	保护墙	厚度在（mm）	365	m²	40.50	0.379			19			193
2—12					m²	66.26	0.256			20			131
2—13		电梯井			m²	21.08	0.173	0.021		10	3		89
2—14		框架间	外墙	厚度（mm）	240	m²	32.21	0.263	0.003		15	1		135
2—15					365	m²	13.98	0.085	0.005	0.008	7	1		44
2—16			内墙		115	m²	28.65	0.178		0.016	14	1		91
2—17					240 365	m²	43.41	0.271		0.024	22	2		139
2—18		小型砌体			m²	124.11	1.00			47	3		531
2—19		砖柱	矩形		m²	114.51	1.00			34			562
2—20			异型		m²	137.81	1.00			34			711
2—21	空心砖	弧形墙增加工日			工日	1.01							
2—22		外墙	厚度在（mm）	240	m²	35.86	0.227	0.012		14	2		10
2—23				365	m²	54.33	0.345	0.018		22	3		14

注：此表摘自 1992 年北京市颁发的《建筑工程概算定额》第二章。

如表 2-16 所示综合项目，砖墙和砌块墙包括：过梁、圈梁、加固筋、钢筋混凝土加固带、垃圾道、通风道，附墙烟囱等。

由上表可见，定额项目表是由项目表及综合项目两项内容组成的。

项目表是概算定额手册的主要内容，它反映了一定计量单位扩大结构构件或扩大分项工程的概算单价以及主要材料消耗量的标准。

综合项目是规定概算定额所综合扩大的分项工程内容，即此综合项目中的各分项工程所消耗的人工、材料和机械台班数量均已包括在概算定额内。

概算定额所综合扩大的分项工程内容，各地区也不尽相同。例如表 2-16 砖墙概算定额综合了过梁、圈梁、加固筋、钢筋混凝土加固带、砌砖垃圾道、通风道、附墙烟囱等七个分项工程。

3. 附录

附录一般列在概算定额手册的后面，通常包括各种砂浆、混凝土配合比表、材料选价表以及机械台班选价表等有关资料。

概算定额的附录同预算定额的附录，其作用大体相同，主要用于定额换算和工料分析。

二、概算指标

（一）概算指标的概念与作用

建筑工程概算指标是在三阶段设计的初步设计阶段，编制工程概算，计算和确定工程的初步设计概算造价，计算劳动力、材料、机械台班需用量时采用的一种定额。这种定额的编制与初步设计的深度相适应，一般是在概算定额的基础上编制的。

建筑工程概算指标是按整个建筑物以每平方米（m²）（或 100m²）为计量单位，构筑物以座为计量单位，规定所需要的人工、材料、机械台班消耗量的标准。因此，概算指标比概算定额更进一步综合扩大，较之概算定额更具有综合性质。

概算指标是以整个建筑物或构筑物为对象编制的，它包括了完成该建筑物或构筑物所需要的全部施工过程。

概算指标的主要作用如下：

1. 是控制工程项目投资的依据。

2. 是基建部门编制基本建设投资计划和估算主要材料消耗量的依据。

3. 是设计单位在方案设计阶段编制投资估算，选择设计方案的依据。

（二）概算指标的编制依据

1. 工程标准设计图纸和各类工程的典型设计。

2. 现行的建筑工程概算定额，材料预算价格及其他有关资料。

3. 国家颁发的现行建筑设计规范和施工规范及其他有关技术规范。

4. 不同工程类型的造价指标及人工、材料、机械台班消耗指标。

5. 各工程类型的结算资料。

（三）概算指标的内容及表现形式

概算指标表现为按专业的不同，由各部委（地区）汇编的各种概算指标手册。其内容由总说明、分册说明和经济指标及结构特征等部分所组成。

1. 总说明及分册说明

总说明主要从总体上说明概算指标的用途、编制依据、分册情况、适用范围、工程量计算规则及其他内容。

分册说明是就本册中的具体问题作出必要的说明。

2．经济指标

是概算指标的核心内容，它包括该单项（或单位）工程每$1m^2$（或$100m^2$）造价指标以及每$1m^2$（或$100m^2$）建筑面积的扩大分项工程量，主要材料消耗及工日消耗指标。

3．结构特征

是指在概算指标内标明建筑物（或构筑物）平、剖面示意图，表示建筑结构工程概况。

列出结构特征，就限制了概算指标的适用对象和使用条件，可作为不同结构进行指标换算的依据。

概算指标在具体内容的表示方法上，有综合指标与单项指标两种形式。综合指标是一种概括性较大的指标，如表2-17所示；单项指标则是一种以典型建筑物或构筑物为分析对象的概算指标，例如表2-18为学生宿舍一般土建工程概算指标，表2-19为单层工业厂房建筑、安装工程概算指标。

单层工业建筑实物量综合指标

表 2-17

序号	项　　目	单位	工　程　量		工　作　量	
			1000m²	每万元	占造价（%）	占直接费（%）
1	土方工程	m³	833	42	2.09	2.84
2	基础工程	m³	84	4	2.44	3.31
3	砌砖工程	m³	644	32	14.49	19.64
4	混凝土工程	m³	200	10	18.00	24.40
5	门工程	m²	146	7.3	2.56	3.46
6	窗工程	m²	640	32	11.22	15.18
7	楼地面工程	m²	957	48	2.29	3.11
8	屋面工程	m²	1077	54	4.68	6.35
9	装饰工程	m²	7673	384	6.90	9.36
10	金属工程	t	1.98	0.1	0.89	1.21
11	其他工程	元	16414	821	8.21	11.13
12	直接费	元	147535	7377	73.77	100
13	间接费	元	52465	2623	26.23	—
14	合计	元	200000	10000	100	—

三、概算定额与概算指标的应用

（一）概算定额的应用

为了熟练、正确地运用概算定额编制初步设计概算或技术设计修正概算，首先要对概算定额的章、节和项目的划分方法、定额总说明、分章说明和工程量计算规则等有正确的理解并熟记。对常用的扩大分项工程或结构构件定额项目表中各栏的内容、综合项目、计量单位等有一个全面的了解，从而达到正确应用的目的。

在应用概算定额编制设计概算时，通常应注意以下几点：

1．在计算工程量时，要严格按照概算定额的项目划分方法确定分项工程名称，并按工程量计算规则和规定的计量单位计算工程量。这样才能少走弯路并顺利套上单价。

2．在套单价时，务必注意概算定额所综合的项目，核对设计内容与定额内容是否一致。一般会出现两种情况：

（1）直接套用

直接套用定额单价的前提条件有两个，一是设计内容与定额内容完全相符；二是设计内容与定额内容不完全相符，但定额规定不允许换算。两个条件只要具备其中一个均应直接套用，不能换算。

（2）对定额进行换算

多层民用建筑实物量单项指标　　　　表 2-18

指标编号	4020	工程名称	学生宿舍
项目名称		结构特征	砖 混
工程地质及地耐力			$R = 14t/m^2$

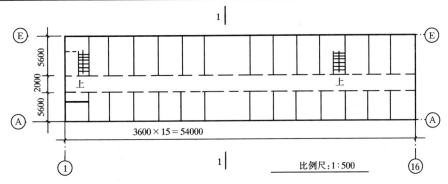

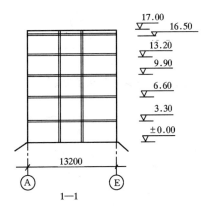

1—1

	建筑面积	3518m²	
	基础埋深	$-2.00m$	

每 1m² 材料指标	每 1m² 造价 指标	直接费（元）	59.37
		其中基础工程	4.9
材料名称	**单位**	**全部工程**	**其中基础**
水泥	kg	116	7
木材	m³	0.013	
钢筋	kg	10.50	0.57
型钢	kg	0.10	
钢板	kg	0.03	
钢窗料	kg	3.45	
标准砖	块	282	54
石灰	kg	58	21
砂	m³	0.4	0.04
石子	m³	0.17	0.01
石油沥青	kg	1	
卷材	m²	0.47	
人工	工日	3.47	0.49

分项工程名称	每 1m² 工程量	造价（%）	元/m²	分项工程名称	每 1m² 工程量	造价（%）	元/m²
基础工程		8.25	4.90	钢筋混凝土肋形板	0.057 m²		1.25
砖基础	0.185 m³		4.90	钢筋混凝土平板	0.062 m²		1.20
墙体工程		32.02	19.01	钢筋混凝土空心板	0.61 m²		6.44
一砖外墙	0.227 m²		2.71	细石混凝土楼面	0.54 m²		1.27
一砖半外墙	0.276 m²		5.44	水磨石楼面	0.215 m²		1.28
半砖内墙	0.009 m²		0.05	水磨石面钢混楼梯	0.045 m²		1.79
一砖内墙	0.747 m²		7.10	混凝土散水	0.029 m²		0.16
一砖半内墙	0.27 m²		3.30	门窗工程		15.09	8.96
水磨石厕所隔断	0.008 m²		0.41	普通木门	0.021 m²		0.46
梁柱工程		0.2	0.12	全玻弹簧门	0.011 m²		0.42
钢筋混凝土矩形梁	0.001 m³		0.12	单层木侧窗	0.002 m²		0.02
屋盖工程		11.08	6.58	单层钢侧窗	0.004 m²		0.16
钢筋混凝土矩形梁	0.0005 m³		0.07	一玻一纱钢侧窗	0.128 m²		7.90
钢筋混凝土肋形板	0.008 m²		0.18	装饰工程		5.09	3.02
预制钢混空心板	0.186 m²		1.96	水泥石灰砂浆抹面	0.23 m²		0.24
二毡三油屋面	0.194 m²		1.06	石灰砂浆抹面	2.364 m²		1.77
水泥蛭石保温层厚130	0.194 m²		2.43	水刷石墙面	0.301 m²		1.01
屋面架空隔热板	0.194 m²		0.88	其他工程		3.39	2.01
楼地面工程		24.88	14.77	砖砌地沟	0.006 m		0.24
细石混凝土地面	0.135 m²		0.71	钢混阳台及栏杆	0.029 m²		0.92
水磨石地面	0.059 m²		0.67	零星工程			0.85

注：摘自1983年兵器工业部编制的一般土建工程概算指标。

单层工业厂房实物量单项指标　　　　　　　　　　　　表 2-19

编　号		81	82	83	84	85
工程名称		织造车间	织造车间	修理车间	修理车间	修理车间
结构类型		钢筋混凝土	混合	混合	混合	框架
建筑面积（m²）		2350	3000	980	700	1800
工程特征	层　数	1	1	1	1	1
	厂房高度（m）	6.30	5.90	7.20	8.80	12
	跨度	9	12	15	15	21
	开间	3~5	3.3	6	6	6
	抗震热度	7	7	7	7	7
	地耐力（t/m²）	12	15	12	18	15
结构特征	基础	钢筋混凝土	钢筋混凝土杯基	钢筋混凝土杯基	砖	钢筋混凝土
	外墙	1 砖	1.5 砖	1 砖	1 砖	1.5 砖
	内墙	1 砖	1 砖	1 砖	1 砖	1 砖
	柱	砖	钢筋混凝土	钢筋混凝土	钢筋混凝土	钢筋混凝土
	屋盖	空心板	薄腹梁	屋面板	大型板	大型屋面板
	屋面	油毡	油毡	油毡	油毡	油毡
	门窗	木门、钢窗	木门、钢窗	钢门窗	木门、钢窗	木门、钢窗
	地面	水泥、水磨石	水泥	水泥	水泥	混凝土
	内墙装饰	砂浆	混合砂浆	白灰砂浆	混合砂浆	白灰砂浆

编　号		81	82	83	84	85
结构特征	外墙装饰	勾缝	勾缝	勾缝	清水	清水
	卫生间标准	公厕	公厕	公厕	公厕	无
	采暖	—	暖气	暖气	—	散热器
	照明	明管	明管	明管	明管	明管
造价分析	总造价（元/m²）	247	258	260	284	294
	其中（%） 土建上	94	86	90	90	88
	下水暖	2	2.30	1	1.50	0.6
	气照明	—	5.70	4	—	7.4
	动力	4	6.00	5	2	2
					6.5	2

1. 土建工程每 100m² 含工程量

	编　号	81	82	83	84	85
1	挖土（m³）	42	33	260	89	60
2	填土（m³）	84	18	180	49	20
3	余土（m³）	—	15	80	40	20
4	垫层（m³）	2.30	1.60	0.86	7.16	34
5	基础（m³）	16	12.85	14.3	13.64	22
6	外墙（m³）	10.4	10	24	27.2	38.8
7	内墙（m³）	21.3	16.7	6.8	2.7	3.8
8	现浇混凝土（m³）	3.21	2.96	3.8	6.5	5.7
9	预制混凝土（m³）	15.1	13.6	13.6	12.86	11
10	门（m²）	3.1	3.68	5.5	7.1	5.09
11	窗（m²）	22	21	19.6	27	23
12	屋面（m²）	132	135	112	104	112
13	楼地面（m²）	65	97	98	94	91
14	水磨石地面（m²）	32	—	—	—	—
15	内墙抹灰（m²）	198	134	350	145	155
16	内墙贴磁砖（m²）	3.1	—	—	—	—
17	外墙抹灰（m²）	—	22	145	4.2	—
18	混凝土垫层（m³）	6.5	5.69	12.3	12.59	6.4
19	顶棚（m²）	99	78	109	94	98
20	散水及门坡混凝土（m²）	3.96	4.5	4.81	4.3	5.4

2. 水暖工程每 100m² 含工程量

		81	82	83	84	85
1	镀锌管 φ25 以内（m²）	2.3	—	4	3.8	2.3
2	φ32～φ50（m²）	7.5	—	—	4.73	—
3	焊接管 φ25 以内（m²）	—	12	11	—	27
4	φ32～φ50（m²）	—	33	6.3	—	20.45
5	铸铁管 φ50（m）	—	1	3.2	1.75	1.51
6	φ100（m）	1.7	1.28	—	5.14	—
7	大便器（套）	0.13	0.12	0.11	0.21	—
8	洁具（套）	0.13	0.12	—	—	—
9	阀门（个）	—	1.24	—	—	6.5
10	散热器（m）	—	7.18	6.2	—	8.2

3. 电照工程每 100m² 含工程量

		81	82	83	84	85
1	钢管（m）	73	13	36	56	15
2	塑料管（m）	—	84	1.2	5.7	21
3	管内穿线 4（mm²）	73	292	150	216	69
4	6～16（mm²）	22	7	—	157	31

编　号	81	82	83	84	85
5　钢素配管（m）	36	—	—	—	—
6　灯具（套）	5.26	9.55	3.6	4.6	3
7　开关（个）	—	4.2	3.6	4.6	3
8　插座（个）	—	1	—	—	—
9　配电箱（个）	0.04	0.33	0.12	2.9	0.56
4. 土建工程每 100m² 工料消耗量					
（一）人工（工日）	448	396	368	516	580
（二）材料					
1　水泥（t）	17.3	14	16	19.26	18
2　钢筋 φ10 以内（t）	1.64	0.76	0.75	0.67	0.73
3　　　 φ10 以外（t）	0.73	0.73	1.63	2.5	1.17
4　型钢（t）	0.38	—	0.75	1.3	2.2
5　板方材（m³）	0.98	0.97	0.76	0.62	0.26
6　夹板（m²）	7	8	7	8.4	6.26
7　红砖（千块）	20.6	14.23	19.6	18.6	30
8　石灰（t）	3.32	3.86	7.78	3.3	2
9　砂（t）	63	60	49	52	98
10　石子（t）	42	31	60	59	66
11　色石子（t）	1.05	—	—	—	—
12　马赛克（m²）	—	—	—	—	—
13　磁砖（m²）	3.5	—	—	—	—
14　毛石（m²）	4.7	14.23	—	—	—
15　石棉瓦（m²）	—	130	—	—	—
16　蛭石（m³）	8	—	7.25	—	8.16
1.7　油毡（m²）	328	130	249	226	252
18　沥青（t）	0.91	0.81	0.64	0.75	0.59
19　玻璃（m²）	30	28	22	32	28
20　油漆（kg）	14	13	12	15	10
5. 水暖工程每 100m² 工料消耗量					
1　人工（工日）	5	18	10	4	36
2　镀锌钢管 φ25 以内（m）	2.3	—	4	3.8	2.3
3　　　 φ32～φ50（m）	7.5	—	—	4.73	—
4　焊接钢管 φ25 以内（m）	—	12	11	—	27
5　　　 φ32～φ50（m）	—	33	6.3	—	20.45
6　铸铁管 φ10	1.7	2.28	3.2	1.75	1.51
7　阀门（个）	—	1.24	—	—	6.5
8　大便器（套）	0.13	0.12	0.11	0.21	—
6. 电照工程每 100m² 工料消耗量					
1　人工（工日）	16	21	9	45	9
2　钢管（m）	73	13	36	56	15
3　塑料管（m）	—	84	1.2	5.7	21
4　电线 4mm² 以内（m）	198	292	150	216	69
5　　　 6～16mm²（m）	22	7	—	157	31
6　灯具（套）	5.26	9.55	3.6	4.6	3
7　开关（个）	5.26	4.2	3.6	4.6	3
8　插座（个）	—	1	—	—	—
9　配电箱（个）	0.04	0.33	0.12	2.9	0.56

注：本表单方造价以 1988 年全国定额单价平均水平编制，仅供参考。

对定额进行换算必须同时具备两个条件，即分项工程的设计内容与定额内容不完全相符，同时定额规定允许换算。

为了维护定额的权威性，对概算定额进行换算必须严格按定额规定的方法进行。

（二）概算指标的应用

建筑工程概算指标对于建筑物是以每 $1m^2$ 或每 $100m^2$ 为计量单位、对于构筑物是以座为计量单位规定人工、材料、机械台班的消耗标准。因此，用概算指标编制设计概算比用概算定额编制设计概算更加快捷。这里的关键是选准概算指标。

在工业与民用建筑中，每一种类型的工程均有多个概算指标。例如单层工业厂房从结构形式上看有钢筋混凝土结构、砖混结构、框架结构等，每一种结构类型又存在高度、跨度和建筑面积的不同等，因此，为了适应不同工程特征和结构特征的设计对象，就必须设置多项概算指标。再以烟囱为例，从结构类型上看有钢筋混凝土烟囱，又有砖烟囱，即使同一结构类型，也必然在高度、直径、壁厚等因素上有所不同，因此，烟囱也就有众多概算指标。

建筑工程概算造价 ＝ 每平方米（或百平方米）（或每座）造价

× 按概算指标计量单位算出的工程量

上式中的乘数，对于建筑物按建筑面积计算规则算出建筑面积即可，对于构筑物则计算座数即可。可见，上式中乘数的计算是相当容易的。因此，用概算指标编制设计概算的关键就是如何选准概算指标。

要正确地选用概算指标，首先必须正确理解和熟悉概算指标的内容及表现形式，对概算指标的总说明、分册说明、经济指标、结构特征等有一个充分的认识。在正确理解和熟悉概算指标的前提下，根据计算对象的具体条件，选用概算指标的通常步骤如下：

1. 根据计算对象的工程平、剖面示意图、工程类型、工程特征和结构特征等，尽可能选取与其完全相同的概算指标。与计算对象完全相同的概算指标一旦找到，剩下的工作就很容易了。这是最理想、最快捷的方法。

2. 一旦找不到与计算对象完全相同的概算指标，就应退一步求其次，即尽可能选取与其最相近的概算指标，并按定额的规定进行必要地换算。

尽可能选取最相近的概算指标，是为最大限度的减少换算的工作量。

对概算指标进行必要的换算或修正，首先要找出二者不相符的地方，然后进行修正。例如计算对象设计为砖基础，而概算指标却是钢筋混凝土基础，那么二者即在基础部位不同，则须按定额的规定进行基础部位的修正。

具体步骤为：首先从单项指标中找出钢筋混凝土基础的每 $1m^2$（或 $100m^2$）含量，再乘以概算定额或概算指标中的相应单价求出其价值。接着再按照设计图纸的有关数据计算出计算对象砖基础的每 $1m^2$（或 $100m^2$）的含量，并乘以概算定额或概算指标的相应单价求出其价值。最后将基础部位二者的价值及工料消耗进行相应的代换，即可求出修正后的概算指标。

复习思考题

1. 什么是建筑工程定额？它有哪些性质？

2. 建筑工程定额有何作用？

3．建筑工程定额是如何分类的？

4．什么是施工消耗定额？它由哪些定额组成？

5．什么是劳动消耗定额？它有几种表现象形式？

6．劳动消耗定额的标定方法有哪几种？它们各有什么优缺点？

7．什么是材料消耗定额？有哪几种制定方法？

8．什么是机械台班消耗定额？

9．试用理论计算法计算标准砖两砖墙每 $10m^3$ 所需要的砖和砂浆的净用量（灰缝 10mm）。

10．试用理论计算法计算 $100m^2$ 块料面层所需规格为 $400 \times 400 \times 60$（mm^3）的预制混凝土块净用量（灰缝为 2mm）。

11．什么是建筑工程预算定额？有何作用？

12．预算定额的编制原则和依据是什么？

13．预算定额的人工消耗指标都包括哪些内容？如何计算？

14．预算定额人工消耗指标的平均工资等级系数及平均工资等级是如何确定的？

15．预算定额中的主要材料耗用量是怎样确定的？次要材料耗用量在定额中是如何表示的？

16．什么是建筑安装工人工资等级系数？级差为 0.1 级的工资等级系数表是如何编制的？

17．什么是材料预算价格？它由哪些费用组成？如何计算？

18．什么是机械台班使用费？它由哪些费用组成？

19．已知某地区建筑 3 级工的月基本工资标准为 210 元，求该地区 6.8 级建筑工人的日基本工资是多少？

20．定额换算的方法有几种？试述混凝土、砂浆、木门窗断面等定额项目换算的方法步骤。

21．按本地区现行预算定额，写出下列各分项工程的定额编号、定额基价及主要材料用量：

①人工挖地槽 $100m^3$（普通土、干土、深 6m）。

②M5.0 混合砂浆砌 $1\frac{1}{2}$ 砖外墙 $10m^3$。

③M7.5 混合砂浆砌 1 砖内墙 $10m^3$。

④C20（40）混凝土构造柱 $10m^3$。

⑤C25（40）钢筋混凝土单梁 $10m^3$。

⑥有亮双扇普通木门安装及框亮制作 $100m^2$，门框断面采用 55×140（mm^2），其他断面同定额。

22．什么是概算定额？它有哪些作用？

23．概算定额与预算定额有何异同？

24．什么是概算指标？其内容及表现形式怎样？

第三章　建筑工程造价

在本书第一章第二节，我们已经简要介绍了建筑安装工程造价的费用构成。建筑工程造价各组成部分的概念、内容及计算方法，近几年基本上仍按"建设部、中国人民建设银行关于印发《关于调整建筑安装工程费用项目组成的若干规定》的通知　建标〔1993〕894号"文件的精神执行。随着市场经济体制的逐步完善，为了与国际惯例接轨，目前全国各地在建筑工程造价的确定方面又有了新的变化。因此，本章第一、二、三、四节我们先介绍"建标〔1993〕894号"文件的精神，第五节，我们将介绍目前建筑工程造价组成及计算方法的新变化。

第一节　直接费用的计算

一、直接费用的概念及组成

工程直接费由定额直接费、其他直接费、现场经费组成。

（一）定额直接费

是指施工过程中耗费的构成工程实体和有助于工程形成的各项费用，包括人工费、材料费、施工机械使用费。

1．人工费

是指直接从事工程施工的生产工人开支的各项费用，内容包括：

（1）基本工资：是指发放生产工人的基本工资。

（2）工资性补贴：是指按规定标准发放的物价补贴，煤、燃气补贴，交通补贴，住房补贴，地区津贴等。

（3）辅助工资：是指生产工人年有效施工天数以外作业天数的工资。包括职工学习、培训期间的工资，调动工作、探亲、休假期间的工资，因气候影响的停工工资，女工哺乳期间的工资，病假在6个月以内的工资及产、婚、丧假期的工资。

（4）职工福利费：是指生产工人按规定标准计取的职工福利费。

（5）劳动保护费：是指生产工人按规定标准发放的劳动保护用品的购置费及修理费，徒工服装补贴，防暑降温费，在有碍身体健康环境中施工的保健费用等。

2．材料费

是指施工过程中耗用的构成工程实体的原材料、辅助材料、构件、零件、半成品的费用和周转材料的摊销（或租赁）费用，内容包括：

（1）材料原价（或供应价）；

（2）供销部门手续费；

（3）包装费；

（4）材料自来源地运至工地仓库或指定堆放地点的装卸费、运输费及途耗；

（5）采购及保管费。

3．施工机械使用费

是指使用施工机械作业所发生的机械使用费以及机械安拆费和进出场费用，内容包括：

（1）折旧费；

（2）大修费；

（3）经常修理费；

（4）安拆费、场外运输费；

（5）燃料动力费；

（6）人工费；

（7）运输机械的养路费、车船使用费。

（二）其他直接费

是指定额直接费以外施工过程中发生的其他费用，内容包括：

1．冬雨季施工增加费：指在冬雨季施工期间，采取防寒保温或防雨措施所增加的直接费用。其范围包括材料费、人工费、保温及防雨措施费，冬季施工临时取暖费和排除雨雪、污水的人工费等费用。

2．夜间施工增加费：是根据施工组织设计要求需要夜间连续施工时所发生的降低工效、夜餐补助、施工照明设施等费用。

3．二次搬运费：指现场材料因场地狭小等特殊情况而发生的材料二次搬运费。

4．生产工具用具使用费：是指施工生产所需不属于固定资产的生产工具及检验用具等的购置、摊销和维修费，以及支付给工人自备工具补贴费。

5．检验试验费：指对建筑材料、构件和建筑安装物进行一般鉴定、检查所发生的费用，包括自设试验室进行试验所耗用的材料和化学药品等费用，以及技术革新和研究试制试验费。不包括新结构、新材料的试验费和建设单位对具有出厂合格证明的材料进行试验和对构件破坏性试验及其他特殊要求检验试验的费用。

6．特殊工种培训费。

7．工程定位复测、工程点交、场地清理等费用。

8．施工因素增加费：指具有工程特点，又不属于临时设施范围，并在施工前可预见因素所发生的费用。内容包括：地下管道交叉处理与恢复措施，边施工边维持交通的措施等费用。

（三）现场经费

是指为施工准备、组织施工生产和管理所需费用。内容包括：

1．临时设施费

是指施工企业进行工程施工所必需的生活和生产用的临时性建筑物、构筑物和其他临时设施费用等。其范围包括：生活所需的职工临时食堂、宿舍、办公室、浴室、诊所；施工所需的临时仓库、加工厂、搅拌站、工棚、淋灰池、厕所、围墙；施工现场内临时道路、便桥及临时给排水管道，照明和动力管线设施的修建、维护、拆除等费用。

2．现场管理费

（1）现场管理人员工资：指施工企业的政治、行政、经济、技术试验、警卫消防、炊事、汽车司机等人员的基本工资、辅助工资性质的津贴（包括浮动工资、奖金、粮贴、副食补贴以及冬煤、交通、水、电、房津贴、流动施工津贴和其他津贴等）；按国家规定计算的支付现场管理人员的职工福利费等；按国家有关部门规定标准发放现场管理人员的劳动保护用品的购置费、修理费用和保健费、防暑降温费等。但不包括由材料采购保管费开支的材料采购及保管人员、职工福利基金开支的医务人员、工会经费开支的工会人员、营业外开支的其他人员的工资。

（2）办公费：是指现场管理办公用的文具、纸张、账表、印刷、邮电、书报、会议、水、电、烧水和集体取暖（包括现场临时宿舍取暖）用煤等费用。

（3）差旅交通费：是指职工因公出差、调动工作期间的旅费、住勤补助费、市内交通费和误餐补助费、职工探亲路费、职工离退休、离职一次性路费、工伤人员就医路费、工地转移费以及现场管理使用的交通工具的油料、燃料、养路费及牌照费。

（4）固定资产使用费：是指现场管理及试验部门使用的属于固定资产的设备、仪器等折旧、大修理、维修费或租赁费等。

（5）工具用具使用费：是指现场管理使用的不属于固定资产的工具、器具、家具、交通工具和检验、试验、测绘、消防用具等的购置、维修和摊销费。

（6）保险费：是指施工管理用的财产、车辆的保险费；高空，井下，海上作业等特殊工种的安全保险等费用。

（7）工程保修费：是指工程竣工交付使用后，在规定保修期内的修理费用。

（8）工程排污费：是指施工现场按规定交纳的排污费用。内容包括：噪音费、排污费。

（9）其他费用。

二、工程直接费用计算方法

（一）定额直接费的计算

定额直接费的计算可用下式来表示：

$$定额直接费 = 预算定额基价 \times 实物工程量$$

$$定额直接费 = 人工费 + 材料费 + 机械使用费$$

$$其中人工费 = \Sigma（预算定额基价人工费 \times 实物工程量）$$

$$材料费 = \Sigma（预算定额基价材料费 \times 实物工程量）$$

$$施工机械使用费 = \Sigma（预算定额基价机械费 \times 实物工程量）$$

（二）其他直接费的计算

可用下式表示：

$$其他直接费 = 定额直接费 \times 其他直接费费率$$

（三）现场经费的计算

可用下式表示：

$$现场经费 = 定额直接费 \times 现场经费费率$$

三、人、材、机单价的调整

（一）人工工资标准和机械台班单价的调整

一般应按文件的规定进行调整。当人工工资标准和机械台班单价与定额取定值相比发生大的变化而需要调整时，有关部门会以文件的形式规定具体的调整办法和调整幅度。没有文件规定允许调整时，则不能进行调整。

在每次出台的定额的有效期内，一般来说，工资标准和机械台班单价的调整频率不会太大。

（二）材料单价的调整

列入定额的材料预算价格，一般是以省会所在地某年某月的材料单价为准。而工程未必在该省会，工程施工时间也大多不断变化，这种工程施工时间、地点的变化，必然会引起材料预算价格的不同。因此，材料差价的调整，是工程造价计算时经常遇到的问题。

材料差价是指工程所在地材料价格与全省统一定额取定的材料预算价格之间的差价。处理材料差价，国内多数省份采用的方法一般是：将材料分为主要材料和地方材料（或叫次要材料），并采用不同的材料差价计算方法。

1．主要材料：是指因价格变化对工程造价影响较大的材料。这类材料的差价通常采用按实调整。允许按实调整的材料的品种，一般工程所在地的建设管理部门或定额管理部门会有明确规定，通常包括：1）钢材类（不包括钢管脚手架、钢模板等摊销钢材）；2）水泥类；3）木材类（包括各种板、方材、三合板、五合板，不包括脚手板、垫木等摊销木材）；4）沥青类；5）玻璃类；6）砖、瓦及各种砌块类；7）砂石类；8）块料饰面材料类（包括石质、陶瓷质等材料）；9）各种防水卷材；10）各种铝合金门窗、钢门窗、塑钢门窗。

允许单独按实找差的材料差价计算公式为：

$$材料差价 = \sum \left[\begin{array}{c} 单位工程某种 \\ 材料用量 \end{array} \times \left(\begin{array}{c} 工程所在地材 \\ 料实际价格 \end{array} - \begin{array}{c} 定额材料 \\ 预算价格 \end{array} \right) \right]$$

2．地方材料：是指其价格变化对工程造价影响较小的材料。这类材料的差价通常以定额直接费为基数乘以地区基价系数来计算。地区基价系数由各地区根据统一的内容范围与计算方法进行测算，经省定额管理部门核定后，作为一项费用定额执行，这项费用系数定额，受材料价格浮动的影响较大，需经常修订。

第二节　间接费用的计算

一、间接费用的概念及内容

间接费由企业管理费、财务费和其他费用组成。

（一）企业管理费，是指施工企业为组织施工生产经营活动所发生的管理费用，内容包括：

1．管理人员工资：包括基本工资、工资性补贴及按规定标准计提的职工福利费（劳动保护用品的购置费、修理费，保健费，防暑降温费等）。

2．差旅交通费，是指企业职工因公出差、工作调动的差旅费，住勤补助费，市内交通及误餐补助费、职工探亲路费，劳动力招募费，离退休职工一次性路费及交通工具油料、燃料、牌照、养路费等。

3．办公费，是指企业办公用文具、纸张、账表、印刷、邮电、书报、会议、水、电燃煤（气）等费用。

4．工具用具使用费，是指企业管理使用不属于固定资产的工具、用具、家具、交通工具、检验、试验、消防等的摊销及维修费用。

5. 固定资产折旧、修理费，是指企业属于固定资产的房屋、设备、仪器等折旧及维修等费用。

6. 工会经费，是指企业按职工工资总额2%计提的工会经费。

7. 职工教育经费，是指企业为职工学习先进技术和提高文化水平按职工工资总额的1.5%计提的费用。

8. 劳动保险费，是指企业支付离退休职工的退休金（包括提取的离退休职工劳保统筹基金）、价格补贴、医药费、易地安家补助费、职工退职金、6个月以上病假人员的工资、职工死亡丧葬补助费、抚恤费，按规定支付给离休干部的各项费用。

9. 职工养老保险费及待业保险费，是指职工退休养老金的积累及按规定标准计提的职工行业保险费。

10. 保险费，是指企业财产保险、管理用车辆等保险费用。

11. 税金，是指企业按规定交纳的房产税、车船使用税、土地使用税、印花税及土地使用费等。

12. 其他，包括技术转让费、技术开发费、业务招待费、排污费、绿化费、广告费、公证费、法律顾问费、审计费、咨询费等。

（二）财务费用，是指企业为筹集资金而发生的各项费用，包括企业经营期间发生的短期贷款利息净支出、汇兑净损失、调剂外汇手续费、金融机构手续费，以及企业筹集资金发生的其他财务费用。

（三）其他费用，是指按规定支付工程造价（定额）管理部门的定额编制管理费及劳动定额管理部门的定额测定费，以及按有关部门规定支付的上级管理费。

二、间接费用的计算方法

间接费用的计算比较简单，一般是以定额直接费为基数，乘以相应的费率即可。间接费的费率，由各省、市、自治区在费用定额中规定。间接费的计算公式为：

$$企业管理费 = 定额直接费 \times 企业管理费费率$$
$$财务费用 = 定额直接费 \times 财务费用费率$$
$$其他费用 = 定额直接费 \times 其他费用费率$$

企业管理费、财务费用、其他费用三项之和即为工程间接费。

第三节 利 润、税 金

一、利润的概念及计算方法

利润又叫计划利润（过去曾叫法定利润）。

建筑工程费用中的计划利润是建筑企业职工为社会劳动所创造的价值在建筑工程造价中的体现。

按国家有关规定，施工企业实行计划利润后，不再计取法定利润和技术装备费。

（一）计划利润与法定利润的区别

1. 实行计划利润后，施工企业不再计取法定利润和技术装备费。企业由此而增加的收入，应用于发展生产、增添技术装备。

2. 法定利润是指令性的，即国营施工企业一律按建筑工程预算成本的 2.5% 计取。而计划利润率应为竞争性利润率，在编制设计任务书投资估算、初步设计概算、设计预算及招标工程标底时，可按规定的计划利润率计入工程造价。施工企业投标报价时，可依据本企业经营管理素质和市场供求情况，在规定的计划利润率范围内，可自行确定本企业的计划利润水平。

（二）计划利润的计算

建筑工程计划利润以工程直接费与间接费之和为计算基础，乘以计划利润率计算。现行的土建工程计划利润率为 7%。计划利润计算公式如下：

$$计划利润 = （直接费 + 间接费）× 计划利润率$$

安装工程的计划利润，按工程直接费中定额人工工资总额乘以计划利润率计算。其计算公式为：

$$计划利润 = 定额人工工资总额 × 计划利润率$$

二、税金的概念、组成及计算方法

建筑安装工程税金，是指国家按照法律规定，向建筑安装企业（或个体经营者）征收的财政收入。其中包括营业税、城市维护建设税和教育费附加。

《中华人民共和国营业税条例》（草案）规定：对建筑、修缮、安装及其他工程作业所取得的收入都应征收营业税。营业税税率通常为 3%。

此外，国家规定，对建筑安装企业征收城市维护建设税。纳税企业（或个体经营者）所在地为市区的，按营业税的 7% 征收；所在地为县城镇，按营业税的 5% 征收；所在地不在市区、县城镇的，按营业税的 1% 征收。

国家还规定，对建筑安装企业征收教育费附加，按营业税的 3% 征收。上述税金与营业税同时缴纳。

税金（包括营业税、城市维护建设税及教育费附加）按工程直接费、间接费、计划利润三项之和为基数计算。公式如下：

$$税金 = （工程直接费 + 间接费 + 利润）× 税率$$

第四节 费 用 定 额

建筑工程造价的计算离不开费用定额。建筑工程费用定额就是确定其他直接费、各项间接费用、计划利润和税金等费用的取费标准。

全国各省、市、自治区均编有自己的费用定额。在确定工程造价时，工程在什么地方建造，即执行当时当地有效的费用定额。

河南省 1996 年颁发执行的《河南省建筑安装工程费用定额》是按同一性质工程但难易程度不同，把一般建筑工程分为四类，安装工程划分为三类，分别确定其取费标准。工程类别划分如表 3-1 和表 3-2 所示。

一、工程类别划分

（一）一个建设工程项目，如果实行由多个单位工程组成的建设项目总承包，应以建设项目中为主体的单位工程的类别计取。

（二）一个单位工程由几种以上工程类别的部分组成时，以建筑面积比例最大的那部分的工程类别执行。

表 3-1

河南省建筑、土石方工程划分表

项目		特征 \ 类别	一	二	三	四
工业建筑	单层	檐口高度（m）	≥20	≥12	≥9	<9
		跨度（m）	≥24	≥18	≥12	<12
		吊车吨位（t）	≥30	≥10	<10	
	多层	框架建筑面积（m²）	≥3000	≥1000	<1000	
	其他		有声、光、超净、无菌恒温等要求			
民用建筑	住宅	层数 砖混（层）		≥7	≥4	<4
		层数 框架（层）	≥10	≥3	<3	
		建筑面积（m²）	≥6000	≥4000	≥1000	<1000
	公共建筑	檐口高度（m）	≥24	≥18	≥12	<12
		跨度（m）	≥24	≥18	≥15	<15
		建筑面积（m²）	≥6000	≥3000	≥1000	<1000
	其他	檐口高度（m）	≥27	≥18	≥12	<12
		建筑面积（m²）	≥6000	≥3000	≥1000	<1000
构筑物		水塔容量（t）	≥100	≥60	≥30	<30
		烟囱高度（m）	≥80	≥60	≥45	<45
		贮水（油）池容积（m³）	≥1000	<1000	砖混结构	
		贮仓（含相连建筑）高（m）	≥30	<30		
	土石方工程体积（m³）		≥15000	≥12000	≥8000	≥5000
其他			单独机械打桩，单独钢筋混凝土结构地下工程面积大于2000（含2000）m²	单独机械成孔各类灌注桩，面积小于2000m²的单独钢筋混凝土结构地下工程	单独人工成孔各类灌注桩，厂区范围内的混凝土地沟、支架、围墙和道路（面层厚度≥15cm）	厂区范围内的砖混地沟简易围墙面层厚度小于15cm的混凝土道路

河南省安装工程类别划分表 表 3-2

1. 设备安装部分

工程类别	内　　　容
一类工程	1．整台重量在20t及其以上的各类机械设备（不分整体或解体）以及自动、半自动或程控机床，引进设备。 2．自动、半自动电梯、输送设备以及起重量在30t及其以上的起重设备及相应的轨道安装。 3．除尘、净化、超净、恒温和集中空调系统。 4．自动消防装置和自动化控制装置及仪表工程。 5．工业炉窑设备和炉体砌筑。 6．热力设备（蒸发量10t/h/台）以上的锅炉及其附属设备。 7．1000kV及其以上的变配电设备和10kV及其以上架空线路工程。 8．冶金、建材、电力、化工和炼油装置。 9．各种压力容器和500m³及其以上油罐的制作安装工程。

83

工程类别	内　　容
一类工程	10.罐气发生炉、制氧设备、制冷量 10×10^4 kcal/h 及其以上的制冷设备、高中压空气压缩机，污水处理设备及其配套的气柜、储罐、冷却塔等。 11.焊口有探伤要求的工艺管道，热力管网、煤气管网、供水（含循环水）管网及电缆敷设工程。 12.附属于本类型工程各种设备的配管、安装、调试和金属、梯子、栏杆及刷油、绝热、防腐蚀工程。
二类工程	1.整台重 20t 以下的各类机械设备（不分整体和解体）。 2.小型杂物电梯，起重量 30t 以下起重设备及相应的轨道安装。 3.热力设备、蒸发量 10t/h/台及其以下的低压锅炉安装及炉体砌筑。 4.1000kV 以下的变配电设备和 10kV 以下的架空线路工程。 5.工艺金属结构，一般容器的制作和安装。 6.焊口无探伤要求的热力管网和供水管网。 7.共用天线安装和调试。 8.低压空气压缩机，乙炔发生设备、各类泵、供热（换热）装置以及制冷量 10×10^4 kcal/h 以下的制冷设备。 9.附属于本类型工程各种的配管，电气安装和调试以及刷油、绝热、防腐蚀工程。
三类工程	除一类、二类安装工程以外均为三类工程。

2．附属建筑工程的水、电、暖、通部分

工程类别	内　　容
一类工程	一类建筑工程的附属设备、照明、采暖、通风、给排水工程。
二类工程	二类建筑工程的附属设备、照明、采暖、通风、给排水工程。
三类工程	三、四类建筑工程的附属设备、照明、采暖、通风、给排水工程。

注：凡设计规定安装两台以上不同类型的设备时，按高类别标准执行。

（三）同一工程类别中有几个指标时，凡符合其中一个指标，即可执行较高类别标准。

（四）建筑物的地下室与地上部分，可合并计算层数、高度（地下室计算高度：指从地下室室内设计地坪至室外自然地坪）、面积。

（五）多跨单层工业建筑以最高檐口高度、最大跨度、最大吊车车号为准。

（六）冷库工程及含有网架、悬索、升板等特殊结构的工程不低于二类。

（七）锅炉单机蒸发量大于或等于 50t 的土建工程执行一类工程类别，小于以上蒸发量时分别以檐高、跨度为准。

二、取费办法

（一）一般建筑工程、通用设备安装工程按工程类别划分表确定取费级别，然后统一按工程对象确定取费级别。其他属于某单位工程的分部分项工程，独立承包结算按相应费率表取费，其工程类别确定随单位工程类别。

（二）土地使用税、预制构件增值税，暂由各市、地标准定额管理部门组织有关单位调查测算，报省建筑工程标准定额站批准。

（三）承包工程的企、事业施工单位应按国家规定计取税金。

三、建筑、安装工程费率表及其适用范围

1996 年 10 月 1 日开始执行的《河南省建筑安装工程费用定额》，包括建筑工程（综合）费用定额、安装工程（综合）费用定额、打桩工程费用定额、炉窑砌筑工程费用定额、构件制作工程费用定额和土石方工程费用定额。在此仅将前两种展示如下：

（一）建筑工程（综合）费用定额

参见表3-3，此表适用于：工业与民用新建、扩建和改建的临时性、永久性房屋及构筑物，各种设备基础、烟囱、水塔、水池、站台、厂区道路、围墙、混凝土管、陶瓷管、铸铁管的铺设（包括沟道土方、基础和砌筑），属于建筑工程中连接、加固的拉杆、支撑、预埋铁件，凡已综合在建筑工程预算内的专业工程项目，不得从建筑工程预算中剔除而另按其他标准计算费用。

建筑工程（综合）费用定额表   表 3-3

序号	费用项目名称		计 算 基 数	一		二		三		四	
				短	远	短	远	短	远	短	远
1		定额直接费	预算定额	100		100		100		100	
2		人工费附加	(1) ×	4.54		3.90		3.49		2.32	
3		其他直接费	(1) ×	3.25		2.76		1.87		1.12	
4	工程直接费	现场经费	(1) ×	6.66	8.33	5.27	6.37	3.57	4.29	2.55	3.06
5		调整：①人工费	按规定								
		②机械费	按规定								
		③主要材料	按规定								
		④地方材料	按规定								
		⑤其他	按规定								
6	间接费	企业管理费	(1) ×	4.99		3.95		2.92		2.06	
7		离退劳保基金	(1) ×	4.05		3.74		2.18		1.55	
8		在职养老待业保险	(1) ×	0.36		0.31		0.18		0.13	
9		调整	按规定								
10	利　润		(1+2+3+4+6+7+8) ×	7		7		7		7	
11	税　金		Σ（1～10）×税率								
12	合　计		Σ（1～11）	%							

注：表3-3中的一、二、三、四是指工程类别；短、远是指短途和远途（指施工地点距企业驻地的距离≤25km为短途，＞25km为远途）；从取费项目名称上看，河南省建筑工程（综合）费用定额在建标〔1993〕894号的基础上稍有调整。

（二）安装工程（综合）费用定额

参见表3-4，此表适用于水、电、暖、通风及设备安装工程的专业工程，包括机械设备安装、电气设备安装、工艺管道、给排水、采暖、煤气工程、通风空调、自动化控制装置及仪表、工艺金属结构、刷油绝热防腐蚀、热力设备安装、化学工业设备安装、非标准设备制作以及国家计委（86）计标第1313号附表二的规定范围。

安装工程（综合）费用定额表　　　　　　　　　　　　　　　　　　　　表 3-4

序号		费用项目名称	计 算 基 数	一		二		三	
				短	远	短	远	短	远
1	工程直接费	定额直接费	预算定额						
2		其中：定额人工费	预算定额	100		100		100	
3		人工费附加	(2)×	28.1		23.0		16.3	
4		其他直接费	(2)×	19.3		16.3		11.1	
5		现场经费	(2)×	40.2	50.1	31.9	38.5	20.2	24.5
6		调整：①人工费	按规定						
		②机械费	按规定						
		③主要材料	按规定						
		④地方材料	按规定						
		⑤其他	按规定						
7	间接费	企业管理费	(2)×	30.4		25.4		17.5	
8		离退劳保基金	(2)×	24.1		18.9		12.8	
9		在职养老待业保险	(2)×	2.3		2.0		1.2	
10		调整	按规定						
11		利　润	(2)×	47.3		45.6		43.3	
12		税　金	[Σ（1~11）－（2）]×税率						
13		合　计	[Σ（1~12）－（2）]	%					

（三）工程取费程序表

参见表 3-5 与表 3-6。

工程取费程序表　　　　　　　　　　　　　　　　表 3-5

序号		费 用 项 目	取 费 基 数	费率	金额	备注
1	工程直接费	定额直接费	预算定额	100		
2		其中：定额人工费	日工资标准×定额工日数			
3		人工费附加	(1)×相应费率			
4		其他直接费	(1)×相应费率			
5		现场经费	(1)×相应费率			
6		调整：①人工费	按规定			
7		②机械费	按规定			
8		③主要材料	按规定			
9		④地方材料	(1)×相应费率			
10		⑤构件增值税	(1)×相应费率			核批
11		⑥工程包干费	(1)×相应费率			
12		调整小计：	(6)＋(7)＋(8)＋(9)＋(10)＋(11)			
13		直接费小计	(1)＋(2)＋(3)＋(4)＋(5)＋(12)			

序号	费用项目		取费基数	费率	金额	备注
14	间接费	企业管理费	(1)×相应费率			
15		离退劳保基金	(1)×相应费率			
16		养老待业保险	(1)×相应费率			
17		调整:土地税	(1)×相应费率			核批
18	间接费小计		(14)+(15)+(16)+(17)			
19	直接费、间接费小计		(13)+(18)			
20	利润		[(19)-(12)-(17)]×相应费率			
21	税前造价小计		(19)+(20)			
22	税金		(21)×相应税率			
23	工程造价合计		(21)+(22)	(%)	(元)	

工程取费程序表　　　　　　　　　　　　表 3-6

序号	费用项目		取费基数	费率	金额	备注
1	工程直接费	定额直接费	预算定额			
2		其中:定额人工费	日工资标准×定额工日数	100		
3		人工费附加	(2)×相应费率			
4		其他直接费	(2)×相应费率			
5		现场经费	(2)×相应费率			
6		调整:①人工费	按规定			
7		②机械费	按规定			
8		③主要材料	按规定			安装"未计价材"
9		④地方材料	(1)×相应费率			
10		⑤构件增值税	(1)×相应费率			核批
11		⑥工程包干费	(1)×相应费率			
12		调整小计	(6)+(7)+(8)+(9)+(10)+(11)			
13		直接费小计	(1)+(3)+(4)+(5)+(12)			
14	间接费	企业管理费	(2)×相应费率			
15		离退劳保基金	(2)×相应费率			
16		养老待业保险	(2)×相应费率			
17		调整:土地税	(2)×相应费率			核批
18	间接费小计		(14)+(15)+(16)+(17)			
19	直接费、间接费小计		(13)+(18)			
20	利润		(2)×相应费率			
21	税前造价小计		(19)+(20)			
22	税金		(21)×相应税率			
23	工程造价合计		(21)+(22)	(%)	(元)	

第五节　河南省即将实行的建筑工程
造价组成及计算方法

随着我国加入 WTO，为了与国际惯例接轨，按照"十五"工程造价管理改革规划的要求和建设部标定司 2001 年造价管理工作要点，全国各省、市、自治区均在造价管理方面进行着新的改革。河南省自 2001 年初即着手制定新的工程造价计价模式，目前即将出台。作为全国造价管理改革的一个缩影，现将河南省即将实行的建筑工程造价组成及计算方法介绍给大家。

河南省即将推行的是综合基价法和工程量清单计价法两种计价方法并存的思路，两种计价方法可由业主自主选用。

一、河南省建筑和装饰工程综合基价计价办法

第一条　《河南省建筑和装饰工程综合基价》适用于我省行政区域内的新建、改建、扩建和装饰工程，与本计价办法配套使用。

第二条　《河南省建筑和装饰工程综合基价》及本计价办法，是编制建筑工程施工图预算、工程招标标底、工程拨款、竣工结算的计价依据。也可作为投资估算、设计概算的基础。

第三条　建筑工程概、预算及标底按本办法规定的内容进行编制。投标报价按本办法和招标文件的有关规定，结合施工现场和企业情况，竞争性的进行报价，但不得低于本企业成本。

第四条　工程价格构成

工程价格由工程成本、利润（国外称为酬金）和税金组成。

工程成本由综合基价、施工组织措施费（竞争性的）、专项费用、人材机差价组成。

第五条　综合基价指完成《河南省建筑和装饰工程综合基价》实体项目单位工程所需的人工费、机械费、材料费、管理费之和，是全省计算建筑产品价格的统一基价。

第六条　施工组织措施费计算方法

施工组织措施费应根据工程情况、施工方案和市场因素而定；招投标时，在确保工程质量、合理工期和不低于成本价的前提下，自主浮动。

（一）材料二次搬运费

现场材料因场地狭小等情况发生的材料二次搬运费可计算材料二次搬运费。按施工现场总面积与新建工程首层建筑面积的比例，以综合基价合计为基数乘以相应的二次搬运费费率计算。

序号	施工现场总面积/新建工程首层建筑面积	二次搬运费费率（%）
1	＞4.5	0
2	3.5～4.5	0.45
3	2.5～3.5	0.60
4	1.5～2.5	1
5	＜1.5	1.5

（二）远途施工增加费

按承包工程企业办公地点至所承包工程施工地点距离，以综合基价合计为基数乘以相应的远途施工增加费费率计算。距离在 25km 以内（含 25km）者，不得计算。

序号	承包企业办公地点至工地距离	远途施工增加费费率（%）
1	25km 以外至 50km	1.40
2	50km 以外	1.60

偏远地区的特殊工程双方合同约定。

（三）缩短工期增加费

当合同工期小于定额工期规定时，可计算因缩短工期所发生的夜间施工费、周转材料及中小型机具一次投入量大而增加的场外运费、人力消耗等费用。

根据合同工期与定额工期的比例以综合基价合计为基数乘以下表所列系数计算所增加费用。

序号	合同工期/定额工期	缩短工期增加费费率（%）
1	>0.9，且<1	0.4
2	0.8～0.9	0.8

（四）安全文明施工增加费

按照建设部批准的强制性行业标准 JGJ59—99 号《建筑施工安全检查标准》，加强安全文明施工和环保意识，应以综合基价合计为基数乘以相应费率计算所增加的费用，费率为 0.927%，超过 3000 万元按 3000 万元计取。

（五）总承包服务费

发包单位将部分专业工程单独发包给其他承包人，与主体发生交叉施工，或不发生交叉施工，但要求主体施工单位履行总包责任（现场协调，竣工验收资料整理等等），发包单位应向总包单位支付总包专业工程单独承包项目的服务费，支付额度按单独承包专业工程合同价的 2%～4% 计算。

（六）其他费用

根据工程和现场因素必须发生的其他费用，招标人应在招标文件中作必要的说明，投标人结合实际情况计算。

第七条　工期提前奖

按合同约定的方法计算。

第八条　零星借工费用

承包人受业主委托从事工程以外且与工程有关的用工，其用工方式和工资单价由双方根据市场行情在合同中约定。

第九条　差价计算方式

（一）人工费差价

参照《河南省建筑工程造价信息》发布的价格信息计算，并在合同中约定调整办法。

（二）材料差价

材料差价是指工程所在地材料价格与"综合基价"中取定的材料价格之间的差价，内容包括主要材料差价和辅助材料差价。

主要材料可参照工程施工期工程造价管理机构发布的价格信息进行调整，缺项者可参照市场价，也可由承发包双方在合同中约定调价办法。

占材料费比例很小的辅助材料，为方便计算，一般不调整差价；确因市场变化大需要调整时，按工程造价管理机构发布的调整办法计算差价。

水电费差价根据各市工程造价管理机构颁布的有关文件调整。

（三）机械费差价

按河南省工程造价管理机构颁布的有关文件调整。

第十条　专项费用

社会保险费是按社会保险费征缴条例的规定及标准计提的费用，应当按时足额缴纳并纳入社会保险基金，不得减免和挪作他用。工程定额测定费是按国家规定收取的规费，按上述标准计算上缴。

专项费用由社会保险费（养老保险费、失业保险费、医疗保险费）、工程定额测定费组成。应以综合基价合计（含施工技术措施费）为基数计算费用，社会保险费率为4.58%，工程定额测定费费率为0.14%。

第十一条　利润

利润是施工企业完成所承包工程而合理收取的酬金，是工程价格的组成部分。招投标时，可以根据工程情况和市场因素，在本计价办法费率的基础上，自主浮动计价。政府财政投资的行政用房和非盈利的工程最高执行二类标准。

建筑、装饰工程利润表　　　　　　　　　　　　　　单位：%

工程类别	建筑、装饰工程			
	一　类	二　类	三　类	四　类
取费基数	综合基价＋施工措施费＋专项费用			
利　润	9～7	7	7～5	5～3

第十二条　税金

指国家税法规定的应计入建筑工程造价内的营业税、城市维护建设税及教育费附加。纳税地点在市区（包括郊区）的应计税率为3.413%；纳税地点在县城、镇的应计税率为3.348%；纳税地点不在市区、县城或镇的应计税率为3.22%。

第十三条　建筑、装饰工程价格计算程序

序号	项　目	计　算　方　法	序号	项　目	计　算　方　法
1	综合基价合计	Σ工程量×综合基价	5	工程成本	1＋2＋3＋4
2	施工组织措施费	按计价办法第六条计算	6	利　润	5×相应利润率
3	专项费用	按计价办法第十条计算	7	税　金	（5＋6）×相应税率
4	差　价	按计价办法第九条计算	8	工程价格	5＋6＋7

二、河南省建筑工程施工招标投标工程量清单计价办法（暂行）

第一条　为了规范我省建筑工程施工招标投标计价行为，维护发包与承包双方的合法权益，合理确定工程造价，根据《中华人民共和国建筑法》、《中华人民共和国招标投标法》、《建设部建筑工程施工发包与承包计价管理办法》等有关法规和规章，结合我省具体情况制定本办法。

第二条　本办法适用于业主选择采用工程量清单招标方式的房屋建筑工程与市政基础设施工程。

第三条　工程量清单

（一）由招标人提供的工程量清单是招标文件的组成部分，应包括由承包人完成工程施工的全部项目，是各投标人投标报价的基础。

（二）工程量清单的编制由具有编制招标文件能力的招标人或其委托的具有相应资质的工程造价咨询机构、招标代理机构编制。

（三）工程量清单应依据本办法、招标文件、施工设计图纸、施工现场条件、省建设行政主管部门发布的统一工程量计算规则、分部分项工程项目划分、计量单位等进行编制。缺项的子目可以补充列项，但要加以特别说明。

下列项目在工程量清单中，以施工技术措施费表现：

脚手架、钢筋混凝土中模板、垂直运输、超高费、大型机械场外运输及安拆等费用。

（四）工程量清单应按下列表格的规定编制

1. 工程量清单总说明（表一）

2. 分部分项工程量清单（表二）

工程量清单总说明　　　　　　　　　　　表一

序号	名　称	内　容
1	工程概况 建设单位、工程名称、工程范围、建设地点、建筑面积、层高层数、建筑高度、结构形式、主要装饰标准	
2	编制依据 编制工程量清单的依据和有关资料	
3	主要材料设备的特殊说明	
4	现场条件说明	
5	对工程的确认、工程变更、变更单价的说明	
6	其他说明	

分部分项工程清单　　　　　　　　　　　表二

工程名称：

序号	清单编码	分部分项名称	单位	工程量	备　注
1		一、土石方工程			
2		人工挖土方			
3		基础回填土			
4					
5					
6		二、桩基础			
7					
8					
9					
10					
11		三、砖石工程			
12					
13					
14					
15					
16					

编制单位：　　　　　　　　　　　　　　　　　　　　　　　编制日期：

第四条 招标人实行标底招标时，标底应按本办法和招标文件的有关规定编制工程量清单，并依据河南省建设行政主管部门规定的工程造价计价办法以及其他有关规定，工程造价管理机构发布的人工、材料、机械参考价、施工设计图纸、施工现场条件、合理的施工组织措施等编制标底价格。

标底由具有编制招标文件能力的招标人或其委托的具有相应资质的工程造价咨询机构、招标代理机构编制。

第五条 投标报价

（一）投标人应响应招标人发出的工程量清单，应遵照工程量清单，结合施工现场条件，自行制定施工技术方案和施工组织设计，按本办法和招标文件的要求，以企业定额或者参照河南省建设行政主管部门发布的工程造价计价办法、工程造价管理机构发布的市场价格信息编制投标报价。

投标报价由投标人自主确定，不应低于企业成本。

（二）投标报价应按下列表格的规定编制

1．工程量清单投标报价总表（表三）

2．分部工程量清单报价表（表四）

3．分项工程量清单报价表（表五）

分项工程量清单采用综合单价进行编制，综合单价为全费用综合单价。全费用综合单价指完成分部分项工程所必须的各项费用。应包括人工费、材料费、机械费、管理费、利润（含风险金）、税金等。其中管理费为人材机、措施费以外发生在企业、施工现场的各项费用，包括离退劳保金、养老待业保险金、规费（指按照国家和省政府批准，必须计入工程造价的行政事业性收费，如工程定额测定费，要按规定足额上缴）等。

工程清单报价总表　　　　　　　　　　表三

工程名称：

序号	名　　称	计 算 方 法	金　额	备　注
1	工程清单项目费	表（四）		
2	措施项目费			
2.1	技术措施项目费	表（六）		
2.2	施工措施项目费	表（七）		
3	工程造价	1＋2		

编制单位：　　　　　　　　　　　　　　　　　　　　　　　　编制日期：

分部工程量清单报价表   表四

工程名称：

序号	分 部 名 称	金额（元）	备 注
1	土、石方工程		
2	桩基工程		
3	砖石工程		
4	混凝土及钢筋混凝土工程		不包括模板部分
5	钢筋混凝土构件运输、安装		
6	门窗及木结构工程		
7	楼地面工程		
8	屋面工程		
9	防腐、保温、隔热工程		
10	装饰工程		
11	金属构件制作、运输、安装		
12	室外工程及建筑配件		
13	补充项目		
14			
15			

编制人：   证号：   日期：

分项工程量清单报价表   表五

工程名称：

定额编号	编号	清单编号	分部分项工程名称	单位	工程量	综合单价（元）	合价（元）	综合单价分析							
								直接成本				间接成本			
								人工费	材料费	机械费	小计	管理费	利润（含风险金）	税金	小计

编制人：   证号：   日期：   年   月   日

综合单价除招标文件或合同约定外，结算时不得调整。

4．措施项目费报价表

措施项目费指工程量清单计价中，除工程量清单项目费以外，为保证工程顺利进行，按照国家现行有关建筑工程规范、规程要求必须采取相应的技术措施费配套完成的工作内容所需的费用。即使投标人没有计算或少计算费用，均视为此费用已包括在投标报价中。同时该费用除招标文件或合同约定外，结算时不得调整。

措施项目费由技术措施项目费用表（表六）、施工措施项目费用表（表七）组成。具体项目设置可酌情增减。

5．工程量清单人工、主要材料、设备报价汇总表（表八）

技术措施项目费报价表
表六

工程名称：

序号	名　　称	单位	合价（元）	备　　注
1	脚手架使用费	项		附合价分析
2	模板使用费	项		
3	垂直运输机械使用费	项		
4	建筑物超高增加费	项		
5	大型机械进出场和安装、拆除费用	项		
6				
7				
8				
9				
10				
11				
12				
13				
14				
15	其他			
16	合计			

编制人：　　　　　　　证号：　　　　　　　　　　　　　日期：

94

施工措施项目费报价表

表七

工程名称：

序号	名称	单位	合价（元）	备注
1	临时设施费	项		附合价分析
2	材料二次搬运费	项		
3	远途施工增加费	项		
4	缩短工期增加费	项		
5	安全文明施工增加费	项		
6	总承包服务费	项		
7	工程保险费	项		
8	已完工程及设备保护费	项		
9	其他费用	项		
10				
11				
12				
13				
14				
15				
16	合计			

编制人： 证号： 日期：

工程量清单人工、主要材料、设备报价汇总表

表八

工程名称：

序号	名称规格	单位	数量	报价单价（元）	合价（元）	备注

注：人工单价可分别报各主要专业工种的价格。

编制人： 证号： 日期：

主要材料、设备的计价和范围由发包人在招标文件中明确，报价单价指材料、设备在施工期运至施工现场的价格。

6．其他

发包人根据工程实际补充的必要的清单表格。

第六条　工程量清单报价表中对应工程量清单的每一项均需要填报单价和合价。对没有填报单价或合价的项目费用，将视为已包括在工程量清单报价表的其他项目或合价中。

第七条　发包人提供的工程量与实际不符时，承包人应根据实际完成的工程量提出变更要求，经发包人核实后进行调整。

第八条　工程竣工结算时，实际完成的工程量与招标人提供的工程量清单中给定的工程量差额在15%以上（含15%）时，允许调整投标报价中的总价。具体调整方法应当在招标文件或合同中明确。

第九条　合同价款的变更，按招标文件和合同约定办理。如招标文件和合同没有约定，应按下列办法调整：

（一）合同价中已有适用于变更工程的价格，按合同已有的价格变更合同价款。

（二）合同中有类似于变更工程的价格，可参照类似价格变更合同价款。

（三）合同中没有适用或类似于变更工程的价格，由承包人和发包人协商确定价格。协商不成，应报工程所在地工程造价管理机构解决。

第十条　对是否低于成本报价的异议，评标委员会可以参照国家和省建设行政主管部门发布的计价办法和有关规定进行评审。具体工作由各市工程造价管理机构负责。

第十一条　工程计价过程中发生的争议，由承包人与发包人根据本办法和建设行政主管部门的有关规定协商解决。协商不成的，向各级工程造价主管机构申请调解，或提交仲裁委员会仲裁，或依法向人民法院起诉。

第十二条　河南省建筑工程建筑面积计算规则，河南省建筑和装饰工程、安装工程、市政工程工程量计算规则，属强制性标准，与本办法同时使用。

第十三条　工程量清单、标底价、投标报价必须按本办法规定的表格编制齐后，加盖编制单位和编制人员的执业资格印鉴。

第十四条　发包人应将招标文件、工程标书、合同文本及竣工结算等有关资料，按项目隶属关系报送各级工程造价主管机构备案。

第十五条　本办法由河南省建筑工程标准定额站负责解释。

复 习 思 考 题

1. 建筑工程造价一般由哪几部分组成？

2. 工程直接费通常包括哪些内容？各部分如何计算？材料单价如何调整？

3. 间接费的内容及计算方法怎样？

4. 什么是利润？利润如何计算？

5. 什么是费用定额？它有何作用？

6. 你怎样理解综合基价法与工程量清单法？你认为它们各自的优缺点怎样？

第四章 建筑工程量计算

第一节 正确计算工程量的意义

工程量是以自然计量单位或物理计量单位所表示的各分项工程量或结构构件的数量。

自然计量单位是以施工对象本身自然组成情况为计量单位。如砖砌污水斗以"个"为计量单位;设备安装工程中的配电箱、大便器、日光灯以"套"为计量单位。

物理计量单位是指以建筑物的物理属性为计量单位。例如,挖土方、做基础、墙体、混凝土等工程量以"立方米"为计量单位;门窗制作、楼地面、内外墙面抹灰等工程量以"平方米"为计量单位;楼梯扶手、木门窗贴脸、管道工程、电气线路以"米"为计量单位;钢结构、钢筋工程以"吨"为计量单位。

工程量计算是编制施工图预算的重要环节。

工程预算造价正确与否,主要取决于两个因素。一个是分项工程工程量的数量,一个是预算定额的基价。因为分项工程的直接费就是这两个因素相乘的结果。因此,工程量的计算是否正确,会直接影响工程预算造价的准确性。

工程量是施工企业编制施工作业计划合理安排施工进度,组织采购材料和构件的重要依据。

工程量是基本建设单位进行财务管理和会计核算的重要依据。

由此可见,工程量计算决不是简单的技术性数学计算,它在建筑企业和业主的经营管理中都起着非常重要的作用。

第二节 建筑面积的用途及计算规则

一、建筑面积的用途

建筑面积是指房屋建筑各层外围水平投影面积相加后的总面积。它是根据平面施工图在统一计算规则下计算出来的一项重要经济指标。

建筑面积是评价设计方案、控制施工进度及考核技术经济指标的一个重要数据。其主要用途有:

(一)确定工程概算指标、规划设计方案的重要数据。如确定每平方米造价、每平方米用工量、材料用量及建筑规划规模要求等都是以建筑面积为依据。

(二)检查控制施工进度、竣工任务的重要指标。如已完面积、竣工面积,在建面积、拟建面积等都是以建筑面积指标来表示的。

(三)审查评价建筑工程单位面积造价标准的衡量指标。如普通房建每平方米造价在500元左右,不同档次的建筑,其每平方米造价的指标也各不一样。

(四)计算面积利用系数、简化部分工程量计算规则的基本数据。如使用面积系数、占地面积系数和计算综合脚手架、楼地面工程、平整场地、室内回填土等工程都要借用建筑面积这个基数。

（五）房屋竣工后以建筑面积为依据进行出售、租赁、折旧等各项房产交易活动。

二、建筑面积计算规则（依据 2000 年四川省定额）

（一）计算建筑面积的范围

1．单层建筑物的建筑面积

（1）规则：

单层建筑物不论其高度如何，均按一层计算建筑面积，其建筑面积按建筑物外墙勒脚以上的外围水平面积计算。单层建筑物内带有部分楼层者，部分楼层应计算建筑面积。

（2）图例：

如图 4-1、图 4-2 所示。

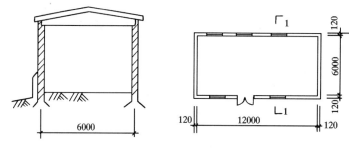

图 4-1　单层建筑物建筑面积示意图

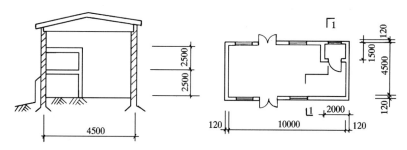

图 4-2　单层建筑物带部分楼层的建筑面积示意图

（3）说明：

1）单层建筑物内无楼层者，建筑面积是以外墙体的主体结构层（砌体或混凝土主体）的水平投影面积为准来进行计算的，不包括装饰层在内。

2）勒脚又叫外墙脚，是指外墙面室外地坪以上，窗台线以下的外墙装饰面。此面高度最低不小于室内外地面高差，最高不超过窗台线。勒脚面可用水泥砂浆、水刷石、水磨石或块料面层等做成，主要作用是保护墙脚。

3）单层建筑物内有局部空间分隔成楼层时，除底层外的其他分隔层面积，均按规则计算建筑面积。首层建筑面积已包括在单层建筑的建筑面积内，二层及二层以上按其结构外围水平面积计算建筑面积。

4）部分楼层是指在整体单层建筑物内部进行分隔，有墙有顶有楼板的那一部分面积。

（4）实例：

1）单层建筑的建筑面积，见图 4-1。
$$S = (12 + 0.12 \times 2) \times (6.0 + 0.12 \times 2)$$
$$= 12.24 \times 6.24$$
$$= 76.38 \text{m}^2$$

2）带有部分楼层的单层建筑物，见图 4-2。
$$S = (10 + 0.24) \times (4.5 + 0.24) + (2 + 0.24) \times (1.5 + 0.24)$$
$$= 10.24 \times 4.74 + 2.24 \times 1.74$$
$$= 48.54 + 3.90$$
$$= 52.44 \text{m}^2$$

2．高低联跨的单层建筑物建筑面积

（1）规则：

高低联跨的单层建筑物，如需分别计算建筑面积：当高跨为边跨时，其建筑面积按勒脚以上两端山墙外表面间的水平长度乘以外墙外表面到高跨中柱外边线的水平宽度计算；当高跨为中跨时，其建筑面积按勒脚以上两端山墙外表面间水平长度乘以中柱外边线的水平宽度计算。

（2）图例：

如图 4-3 所示。

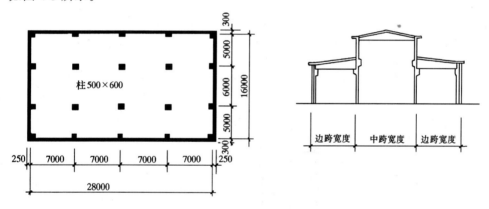

图 4-3　高低联跨单层建筑物建筑面积示意图

（3）说明：

高跨与低跨分开计算建筑面积时，高低跨交界的墙和柱所占的水平面积，应算在高跨内。

（4）实例：

1）当高跨为边跨时，参见图 4-3。

高跨单层建筑的建筑面积
$$S_1 = (28 + 0.25 \times 2) \times (5 + 0.3 \times 2) = 159.60 \text{m}^2$$

低跨的单层建筑物建筑面积
$$S_2 = (28 + 0.25 \times 2) \times (6 + 5) = 313.50 \text{m}^2$$

高低联跨的单层建筑物建筑面积

$$S = 159.60 + 313.50 = 473.10\text{m}^2$$

2）当高跨为中跨时，见图 4-3。

高跨单层建筑物的建筑面积

$$S_1 = (28 + 0.25 \times 2) \times (6 + 0.3 \times 2) = 188.10\text{m}^2$$

低跨单层建筑物的建筑面积

$$S_2 = (28 + 0.25 \times 2) \times 5 \times 2 = 285\text{m}^2$$

高低联跨单层建筑物的建筑面积

$$S = 188.10 + 285.0 = 473.10\text{m}^2$$

3．多层建筑物的建筑面积

（1）规则：

多层建筑物的建筑面积，按各层建筑面积的总和计算；其底层按建筑物外墙勒脚以上的外围水平面积计算；二层及二层以上者按外墙外围水平面积计算。

（2）图例：

如图 4-4，图 4-5 所示。

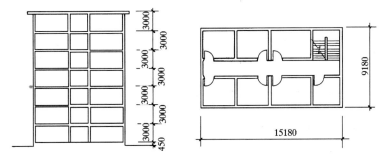

图 4-4　多层建筑物建筑面积示意图

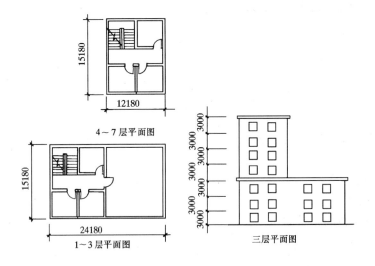

图 4-5　建筑平面示意图

（3）说明：

1）多层房屋的建筑面积应按空间层数计算，有几层算几层的水平面积。

2）多层房屋应注意各层的外墙外边线是否一致，当外墙外边线不一致时，应分开计算水平面积。

3）同一建筑物如结构、层数不同时，应分别计算建筑面积。这是指在同一建筑物中，一部分为框架结构，另一部分为砖混结构；应分别按框架和砖混计算各自的建筑面积，然后再累加。

4）单层建筑与多层建筑联为一体的单位工程，多层建筑物按其结构外围面积之和计算建筑面积。单层建筑按结构外围至多层结构的外皮计算建筑面积。

（4）实例：

1）多层建筑物的建筑面积，如图4-4。

$$S = 15.18 \times 9.18 \times 7 = 975.47 m^2$$

2）层数不同的多层建筑物的建筑面积，如图4-5所示。

$$S = 24.18 \times 15.18 \times 3 + 12.18 \times 15.18 \times 4 = 1840.73 m^2$$

4. 地下室、地下车间、仓库、商店、地下指挥部的建筑面积

（1）规则：

层高在2.2m以上的地下室、地下车间、仓库、商店、地下指挥部等及相应的出入口建筑面积，按其外墙上口（不包括采光井、防潮层和保护墙）外围的水平面积计算。

（2）图例：

如图4-6所示。

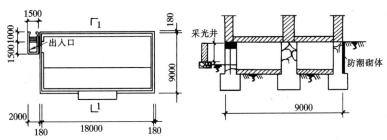

图4-6　地下建筑物示意图

（3）说明：

1）地下建筑物的外墙身随建筑物的地下室埋置深度的增加，墙体将会随之增厚，故计算地下建筑物的建筑面积时，应以外墙上口外围尺寸计算。

2）入口按外墙上口外围投影面积计算建筑面积。

3）地下人防主干线、支干线按人防工程有关规定计算。

（4）实例：

地下室、地下车间、仓库、商店、地下指挥部的建筑面积，如图4-6所示。

$$S = 18 \times 9 + 2.18 \times 1.5 + 1.5 \times 1 = 166.77 m^2$$

5. 跃层式底层车库的建筑面积

（1）规则：

跃层式底层车库按其外墙上口外围水平面积计算建筑面积。

（2）图例：

如图4-7所示。

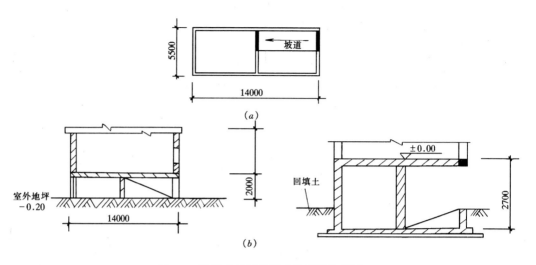

图 4-7 跃层式底层车库建筑面积示意图

（3）说明：

1）跃层式底层车库的进出车道不计算建筑面积，只计算外墙上口外围水平面积。

2）埋入地下加厚的墙体部分不计算建筑面积。

（4）实例：

跃层式底层车库的建筑面积，见图 4-7（a）。

$S = 14 \times 5.5 = 77\text{m}^2$（±0.00 以上一层）。

6．深基础地下架空层的建筑面积

（1）规则：

加以利用的深基础地下架空层，层高超过 2.2m 时，按架空层外围水平投影面积的一半计算建筑面积。

（2）如图 4-7（b）所示 ±0.00 以下一层。

（3）说明：

深基础地下架空层一般内部设施比较简单，多数用作储藏室、仓库等辅助用房。架空层若不加以利用，只做堆积余土和架空防潮用，那就不能计算建筑面积。

（4）实例：

$$S = \frac{1}{2} \times 14 \times 5.5 = 38.5\text{m}^2$$

7．坡地建筑物架空层的建筑面积

（1）规则：

坡地建筑物利用吊脚楼空间设置架空层并加以利用，且层高超过 2.2m 时，按围护结构外围水平面积计算建筑面积。

（2）图例：

如图 4-8 所示。

（3）说明：

1）坡地吊脚楼是指沿山坡采用打桩或筑柱来承托建筑物底层梁板的一种结构。这种结构若加上围护墙（不论砖墙、板墙或篱笆墙），只要层高超过 2.2m 且加以利用，就应

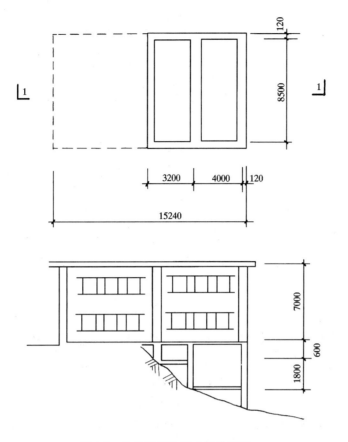

图 4-8 坡地建筑物架空层示意图

计算建筑面积。

2) 利用斜坡建筑设置架空层按围护结构外围（不包括装饰层）面积计算建筑面积。

3) 利用凹塘凹地作深基础所形成的架空层，当层高超过 2.2m 且加以利用时，也应按围护结构外围面积计算建筑面积。

（4）实例：

见图 4-8 所示，坡地建筑架空层及建筑物的建筑面积

$$S = 8.74 \times 4.24 + 15.24 \times 8.74 \times 2$$
$$= 303.45 \text{m}^2$$

8．建筑物的通道、门厅、大厅的建筑面积

（1）规则：

穿过建筑物的通道、建筑物内的门厅、大厅，不论其高度如何，均按一层计算建筑面积。门厅、大厅内回廊部分，按其水平投影面积计算建筑面积。

（2）图例：

如图 4-9 所示。

（3）说明：

1) 如果是单层建筑物，其内部的通道和门厅均已包含在整体建筑物的建筑面积内，不用另行计算。

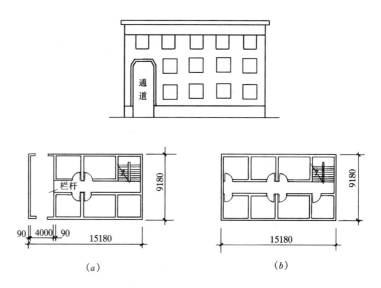

图 4-9 建筑物通道、门厅、大厅的建筑面积示意图

(a) 1~2 层平面图;(b) 三层平面图

2)若是多层建筑,一般的通道和门厅都因功能要求。内空高度常高于楼层层高,只要内空高度不超过两层楼高,其建筑面积也已包含在总建筑面积内,也不用另行计算。

3)若通道、门厅、大厅的层高超过两层楼时,则这一部分的建筑面积只能按一层另行计算,其他部分的楼层均应按自然层计算建筑面积。

4)门厅、大厅内的回廊是指沿厅周边布置的楼层走廊,其水平投影面积只能按一层回廊结构的边线尺寸计算建筑面积。

(4)实例:

见图 4-9。有通道建筑物的建筑面积

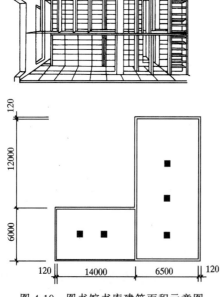

图 4-10 图书馆书库建筑面积示意图

$$S = (15.18 - 4) \times 9.18 \times 2 + 4$$
$$\times 9.18 + 15.18 \times 9.18$$
$$= 381.34 \text{m}^2$$

9.图书馆书库的建筑面积

(1)规则:

图书馆的书库按书架层计算建筑面积。

(2)图例:

如图 4-10 所示。

(3)说明:

书架层是指图书馆的书库专用于搁放书架的自然层。

(4)实例:

见图 4-10。

图书馆书库的建筑面积

$$S = (14 \times 6.24 + 6.74 \times 18.24) \times 2$$
$$= 420.60 \text{m}^2$$

10．电梯井、提物井、管道井的建筑面积

（1）规则：

电梯井、提物井、管道井等均按建筑物的自然层计算建筑面积。

（2）图例：

如图 4-11。

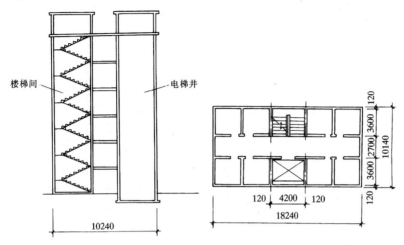

图 4-11　电梯井建筑面积示意图

（3）说明：

1）自然层就是楼房设计的自然空间层，如果上述井、道布置在建筑物内部，其面积已包含在整体建筑物的建筑面积之内，不用另行计算。

2）如果上述井、道附着在建筑物主体之外，则应按建筑物的自然层分层，按井、道的外围（不含装饰层）水平投影面积计算建筑面积。

（4）实例：

见图 4-11，有电梯井建筑物的建筑面积

$$S = 18.24 \times 10.14 \times 6 + 3.84 \times 4.44 \times 2$$
$$= 1143.82 \text{m}^2$$

11．舞台灯光控制室的建筑面积

（1）规则：

舞台灯光控制室按其围护结构外围水平面面积乘以实际层数计算建筑面积。

（2）图例：

见图 4-12 所示。

（3）说明：

大部分影剧院都将舞台灯光控制室设在舞台内侧的夹层里或者设在耳

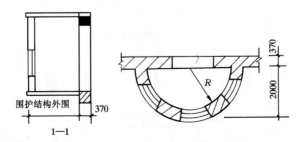

图 4-12　舞台灯光控制室建筑面积示意图

房中，实际上是一个有墙有顶的分隔间，它的建筑面积应按围护结构的层数计算。

（4）实例：

见图 4-12。舞台灯光控制室的建筑面积

$$S = \pi \times 2^2 \times \frac{1}{2} = 6.28\mathrm{m}^2$$

12．建筑物内的技术层的建筑面积

（1）规则：

建筑物内的技术层（如设备管道层等），层高超过 2.2m 时，应计算建筑面积。

（2）图例：

见图 4-13。

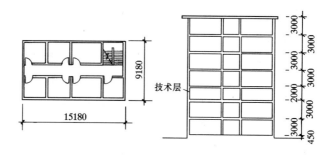

图 4-13　建筑物内技术层建筑面积示意图

（3）说明：

技术层又称设备管道层，主要用于安放通讯电缆、空调通风管道、给排水管道等，无论是满设或部分设置，只要层高超过 2.2m，就应计算建筑面积。层高不超过 2.2m 时，不计算建筑面积。

（4）实例：

见图 4-13。有技术层建筑的建筑面积

$$S = 15.18 \times 9.18 \times 6 = 836.11\mathrm{m}^2$$

13．雨篷的建筑面积

（1）规则：

有柱的雨篷按柱外边线所围成的水平面积计算建筑面积；独立柱雨篷，按其顶盖水平投影面积的一半计算建筑面积。

（2）图例：

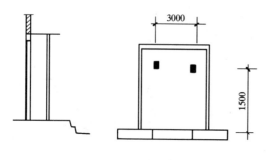

图 4-14　有柱雨篷建筑面积示意图

见图 4-14，图 4-15 所示。

（3）说明：

1）有柱的雨篷是指有两根或两根柱以上的篷顶结构，如图 4-14 所示。

2）有的平面布置为 L 形的建筑物，雨篷设在转角处，如图 4-15 所示。只需设一根柱就行了。这种结构形式的建筑面积仍按有柱雨篷计算。

3）无柱的雨篷不计算建筑面积。

（4）实例：

见图 4-14、图 4-15。

有柱雨篷的建筑面积 $= 3 \times 1.5 = 4.5\text{m}^2$

14．车棚、货棚、站台的建筑面积

（1）规则：

有柱的车棚、货棚、站台等按柱的外围水平面积计算建筑面积，独立柱、单排柱的按其顶盖水平投影面积的一半计算建筑面积。

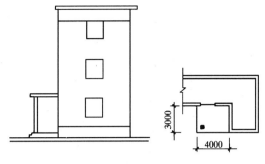

图 4-15　独立柱雨篷建筑面积示意图

（2）图例：

如图 4-16、图 4-17 所示。

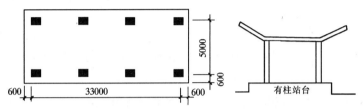

图 4-16　有柱站台建筑面积示意图

（3）说明：

1）有柱的车棚、货棚、站台等见图 4-16 所示，是指两排或两排以上的柱子所组成的棚柱式结构。这种结构的建筑面积按外边柱的柱外围面积计算。

2）独立柱、单排柱的车棚、货棚、站台等如图 4-17 所示。其建筑面积按顶盖的水平投影面积的一半计算，决不能按顶盖的斜平顶面积的一半计算。

（4）实例：

见图 4-16、图 4-17 所示。

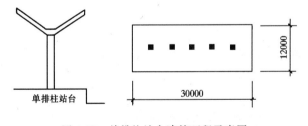

图 4-17　单排柱站台建筑面积示意图

1）有柱的车棚、货棚、站台的建筑面积：

$$S = 33 \times 5 = 165\text{m}^2$$

2）单排柱的车棚、货棚、站台的建筑面积：

$$S = \frac{1}{2} \times 30 \times 12 = 180\text{m}^2$$

15．突出屋面有围护结构的楼梯间、电梯机房水箱间的建筑面积

（1）规则：

突出屋面有围护结构的楼梯间、电梯机房水箱间等，按围护结构外围水平投影面积计算建筑面积。

（2）图例：

如图 4-18 所示。

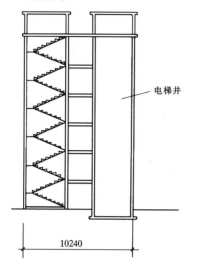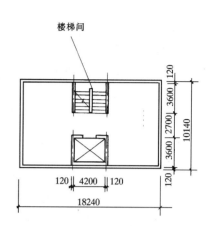

图 4-18　突出屋面有围护结构的楼梯间、电梯机房等的建筑面积示意图

（3）说明：

突出屋面的小房屋，按其围护结构的外围水平面积计算建筑面积。若没有围护结构就不计算建筑面积。如水箱间无围护墙，只有几根短柱支承水箱，则不计算建筑面积。

（4）实例：

见图 4-18 所示。突出屋面有围护结构的电梯间、楼梯间的建筑面积

$$S = 4.44 \times 3.84 \times 2 = 34.10 \text{m}^2$$

16．阳台的建筑面积

（1）规则：

挑廊、封闭式阳台、凹阳台按其水平投影面积计算建筑面积；挑阳台按其水平投影面积的一半计算建筑面积。

（2）图例：

如图 4-19，图 4-20 所示。

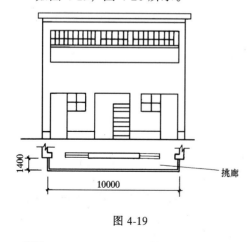

图 4-19

（3）说明：

1）挑廊是指挑出墙外作为主要交通道的廊，如图 4-19 所示。在底层不存在挑廊，挑廊存在于二层以上的墙外。

2）封闭式阳台是指阳台栏板以上用玻璃窗全部封闭起来的阳台。

3）凹阳台是指从外墙面凹进去的阳台，如图 4-20（a）所示。

4）半凹半挑阳台是指一部分凹阳台和一部分挑阳台组合而成的阳台，如图 4-20（b）所示。

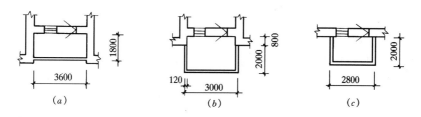

图 4-20 阳台的建筑面积示意图

（a）凹阳台；（b）半凹半挑阳台；（c）挑阳台

5）挑阳台是指挑出外墙墙面的阳台，如图 4-20（c）所示。

（4）实例：

见图 4-19，4-20 所示。

1）挑廊的建筑面积，见图 4-19。

$$S = 10 \times 1.4 = 14\text{m}^2$$

2）凹阳台的建筑面积见图 4-20（a）。

$$S = 3.6 \times 1.8 = 6.48\text{m}^2$$

3）半凹半挑阳台的建筑面积，图 4-20（b）。

$$S = \frac{1}{2} \times 3 \times 2 + (3 - 0.24) \times 0.8 = 5.21\text{m}^2$$

4）挑阳台的建筑面积，见图 4-20（c）。

$$S = \frac{1}{2} \times 2.8 \times 2 = 2.8\text{m}^2$$

17．建筑物墙外走廊、檐廊的建筑面积

（1）规则：

建筑物墙外有顶盖和柱的走廊、檐廊按柱外边线水平面积计算建筑面积；无柱的走廊、檐廊按其水平投影面积的一半计算建筑面积。无柱走廊是指挑廊下底层或架空通廊下底层阶沿高度大于 400mm 且作为主要交通道的廊；无柱檐廊是指建筑物出檐下阶沿高度大于 400mm 且作为主要交通道的廊。

（2）图例：

见图 4-21，图 4-22 所示。

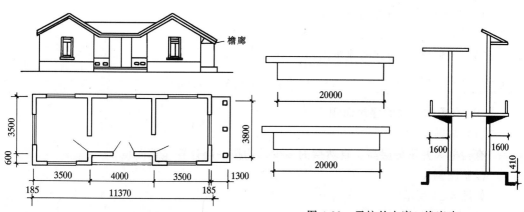

图 4-21 檐廊建筑的建筑面积示意图

图 4-22 无柱的走廊、檐廊建筑的建筑面积示意图

（3）说明：

走廊的阶沿高度若小于400mm，则走廊不计算建筑面积；檐廊的阶沿高度同样要大于400mm且要作为主要交通道才能按规则计算建筑面积。

（4）实例：

1）见图4-21，有盖有柱的檐廊建筑的建筑面积：
$$S = 11.37 \times 4.47 + 3.8 \times 1.3 = 55.76 \text{m}^2$$

2）无柱的走廊、檐廊建筑的建筑面积，见图4-22。
$$S = 20 \times 1.6 \times 2 \times \frac{1}{2} = 32 \text{m}^2$$

18．架空通廊的建筑面积

（1）规则：

建筑物间有顶盖的架空通廊，按通廊的水平投影面积计算建筑面积；无顶盖的架空通廊按其水平投影面积的一半计算建筑面积。

（2）图例：

如图4-23所示。

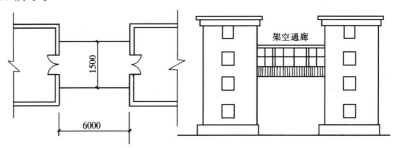

图4-23　架空通廊的建筑面积示意图

（3）说明：

架空通廊是指建筑物与建筑物之间起联系作用的架空天桥。

（4）实例：

如图4-23所示。

1）有顶盖架空通廊的建筑面积
$$S = 6 \times 1.5 = 9 \text{m}^2$$

2）无顶盖架空通廊的建筑面积
$$S = \frac{1}{2} \times 6 \times 1.5 = 4.5 \text{m}^2$$

19．有盖的天井的建筑面积

（1）规则：

有盖的天井不分层高、自然层的多少，均按一层计算建筑面积。

（2）图例：

如图4-24所示。

（3）说明：

有顶盖的天井不论大小均按一层计算建筑面积；无盖的天井则不计算建筑面积。

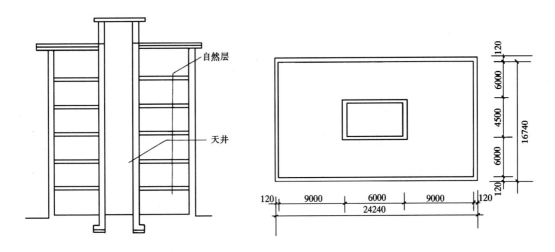

图 4-24　天井建筑面积示意图

（4）实例：

见图 4-24 所示，有盖天井建筑物的建筑面积：

$$S = 24.24 \times 16.74 \times 6 - (6 - 0.24) \times (4.5 - 0.24) \times 5$$
$$= 2311.98 \text{m}^2$$

20. 室外楼梯的建筑面积

（1）规则：

室外楼梯均按自然层的水平投影面积计算建筑面积。

（2）图例：

如图 4-25 所示。

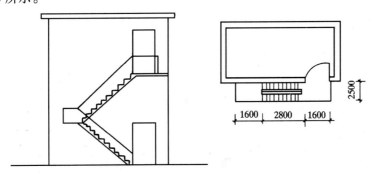

图 4-25　室外楼梯的建筑面积示意图

（3）说明：

室外楼梯作为主要通道或用于疏散及消防安全需要的室外楼梯，不论是何种结构（钢爬梯除外），均按各层水平投影面积计算建筑面积，不扣除梯井所占的面积。

（4）实例：

见图 4-25，室外楼梯的建筑面积

$$S = (1.6 + 2.8 + 1.6) \times 2.5 = 15 \text{m}^2$$

21. 高架单层建筑物的建筑面积

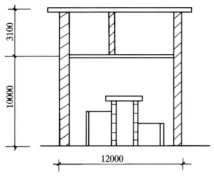

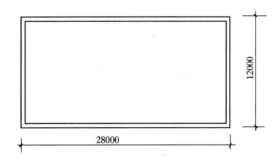

图 4-26　高架单层建筑的建筑面积示意图

（1）规则：

跨越其他建筑物、构筑物的高架单层建筑物，按其水平投影面积计算建筑面积，多层者按多层计算。

（2）图例

见图 4-26 所示。

（3）说明：

跨越其他建筑物、构筑物的高架单层建筑物一般不采用这种形式，在特殊情况下，主要是在原有的建筑物、构筑物非常重要无法拆迁的情况下，才采用此种形式。

（4）实例：见图 4-26。高架单层建筑的建筑面积：$S = 28 \times 12 \times 2 = 672\mathrm{m}^2$。

22．墙外橱窗或落地窗的建筑面积

（1）规则：

突出墙外的橱窗或落地窗，按水平投影面积计算建筑面积；若不落地者按一半计算建筑面积。

（2）图例：

见图 4-27 所示。

（3）说明：

橱窗不论落地与否，均要计算建筑面积；只是不落地者只计算一半的建筑面积。

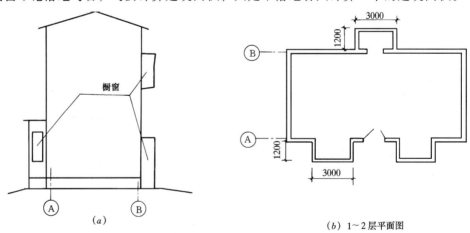

图 4-27　墙外橱窗的建筑面积示意图

（4）实例：

见图 4-27 所示，橱窗的建筑面积

$$S = 1.2 \times 3 \times 2 + \frac{1}{2} \times 1.2 \times 3 = 9\mathrm{m}^2$$

23．门斗、眺望间、观望电梯间建筑面积

（1）规则：

建筑物外有围护结构的门斗、眺望间、观望电梯间，按其围护结构外围水平面积计算建筑面积。

（2）图例：

见图 4-28 所示。

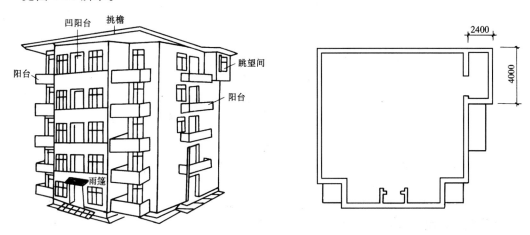

图 4-28　建筑物外有围护结构的门斗、眺望间等的建筑面积示意图

（3）说明：

1）门斗是用于防寒、防风、防尘的过渡交通间。分凸出墙外的门斗和凹进墙内的门斗。内门斗不另行计算建筑面积，外门斗按凸出墙外的水平投影面积计算建筑面积。

2）眺望间是指楼房工作室或办公室外墙悬挑出去的一部分空间，似封闭式阳台，专门用来观察室外活动情况的地方。

3）围护结构是指砖墙、玻璃幕墙、铝合金封闭玻璃等起围栏作用的结构体系。

4）观望电梯间是指附着在高大建筑外墙外的用玻璃墙封闭起来用于城市观景的电梯间。

（4）实例：

见图 4-28 所示。眺望间的建筑面积

$$S = 4 \times 2.4 = 9.6 \mathrm{m}^2$$

24．建筑物变形缝的建筑面积

（1）规则：

建筑物的变形缝是指伸缩缝、沉降缝、抗震缝，凡缝宽在 300mm 以内者，均按缝宽的自然层计算建筑面积。

（2）图例：

如图 4-29 所示。

（3）说明：

1）伸缩缝是指在长度较大的建筑物中，设置在基础以上的竖向直缝。将建筑物分隔成几段，在各段之间留缝。以适应温度变化引起的伸缩。

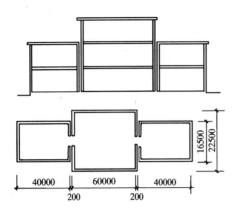

图 4-29 建筑物变形缝的建筑面积示意图

2）沉降缝是设置在建筑物荷载差异较大的分界面上和地基承载力差别很大的分界点上，以及设在新老建筑物的连接处。它是将建筑物从基础到顶部都完全分隔开的一种竖直缝。

3）抗震缝是为了抵抗地震荷载和其他震动荷载在房屋转角处和建筑物刚度不一致的地方设置的一种竖直缝。

4）在计算上述三缝时，按其缝宽乘以缝长再乘以建筑物的层数即得三缝的建筑面积。

（4）实例：

见图 4-29 所示。有变形缝建筑物的建筑面积：

$$S = (40 + 0.2) \times 16.5 \times 2 \times 2 + 60 \times 22.5 \times 3$$

$$= 6703.2 m^2$$

（二）不计算建筑面积的范围

1．突出外墙的附属物

（1）规则：

突出外墙的构配件、艺术装饰、附墙柱、垛、勒脚、台阶、悬挑雨篷、墙面抹灰、镶贴块料面层、装饰面层等不计算建筑面积。

（2）图例：

见图 4-30 所示。

（3）说明：

突出墙外的构配件主要是指窗台线、腰线、遮阳板、落水管、雨水沟、花池等。

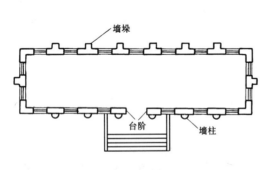

图 4-30 突出外墙构配件示意图

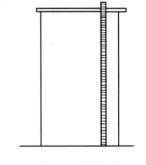

图 4-31 室外爬梯
建筑示意图

2．检修、消防等用的室外爬梯。

（1）规则：

用于检修、消防等的室外爬梯不计算建筑面积。

（2）图例：

见图 4-31 所示。

（3）说明：

用于检修、消防等用的爬梯多数为简易的金属梯。

3．层高在2.2m内的技术层

（1）规则：

层高在2.2m以内的技术层（如设备管道层）、贮藏室、设计不利用的深基础架空层及吊脚楼的架空层均不计算建筑面积。

（2）图例：

见图4-32所示。

（3）说明：

深基础架空层及吊脚楼架空层的不利用是指不用作仓库、贮藏室等，只用作堆放余土和架空防潮作用。

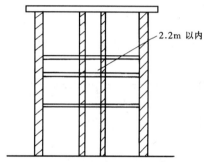

图4-32　层高在2.2m以内的技术层建筑示意图

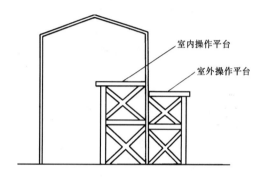

图4-33　建筑物操作平台示意图

4．建筑物内操作平台、上料平台、安装箱、罐体的平台

（1）规则：

建筑物内的操作平台、上料平台、安装箱、罐体的平台均不计算建筑面积。

（2）图例：

如图4-33所示。

（3）说明：

上述平台都是无顶盖无围护结构的构件，无论是钢筋混凝土的还是钢结构，木结构的均不计算建筑面积。

5．没有围护结构的屋顶水箱、花架、凉棚

（1）规则：

没有围护结构的屋顶水箱、花架、凉棚等均不计算建筑面积。

（2）图例：

如图4-34所示。

（3）说明：

围护结构是指围护屋顶水箱、花架、凉棚的外墙和屋盖。

6．构筑物

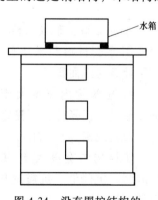

图4-34　没有围护结构的屋顶水箱示意图

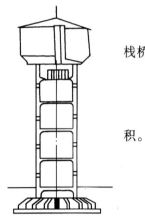

图 4-35 构筑物示意图

（1）规则：

独立的水塔、烟囱、烟道、地沟、油罐、气柜、贮油池、贮仓、栈桥、地下人防通道等构筑物均不计算建筑面积。

（2）图例：

如图 4-35 所示。

（3）说明：上述构筑物若附属在建筑物内，也不得计算建筑面积。

7．单层建筑物内分隔的单层房间

（1）规则：

单层建筑物内分隔的单层房间不计算建筑面积。

（2）图例：

如图 4-36，图 4-37 所示。

（3）说明：

单层建筑物内分隔间的建筑面积已经包含在单层建筑物的建筑面积内，故不再另行计算了。

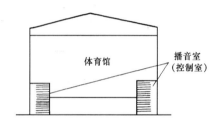

图 4-36　单层建筑内分隔间示意图

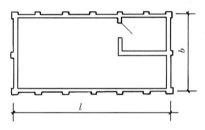

图 4-37　建筑平面示意图

8．舞台的幕布、布景大桥、挑台

（1）规则：

舞台及后台悬挂的幕布、布景天桥、挑台均不计算建筑面积。

（2）图例：

如图 4-38 所示。

（3）说明：

舞台幕布、布景天桥、挑台无论采用什么材料和采用什么结构，均不计算建筑面积。

9．建筑物内宽度大于 300mm 的变形缝、沉降缝、抗震缝

（1）规则：

建筑物内宽度大于 300mm 的变形缝、沉降缝、抗震缝均不计算建筑面积。

（2）图例：

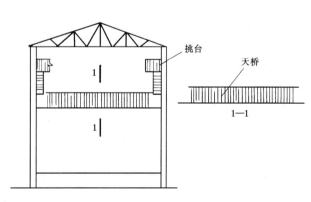

图 4-38　舞台的布景天桥、挑台等建筑示意图

如图 4-39 所示。

（3）说明：

建筑物内的缝宽大于 300mm，可理解为两栋建筑物之间的空间，所以应扣除缝所占的面积。

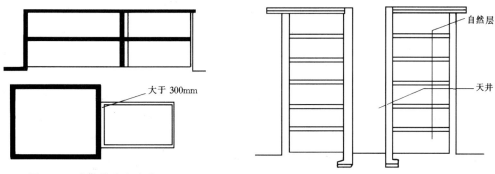

图 4-39　建筑物内宽度大于
300mm 的变形缝示意图

图 4-40　无盖天井建筑示意图

10．无盖天井

（1）规则：

无盖的天井不计算建筑面积。如图 4-40。无顶盖的天井无论大小均不计算建筑面积。

（三）其他

1．建筑物与构筑物连接成一体的，属建筑物部分按"（一）"规定计算建筑面积；属构筑物的不计算建筑面积。

2．本规则适用于地上、地下建筑物的建筑面积计算，如遇上述未尽事宜，可参照上述规则执行。

（四）计算建筑面积的方法

1．计算建筑面积的步骤

（1）看图分析：

看图分析是计算建筑面积的重要环节，在分析图纸内容时，应注意下面几个方面：

1）注意高跨多层与低跨单层的分界线及其尺寸，以便分开计算建筑面积。

3）看清剖面图和平面图中底层与标准层的外墙有无变化，以便确定水平尺寸。

3）仔细查找建筑物内有无技术层、夹层和回廊，以便确定是否增算建筑面积。

4）检查外廊、阳台、篷（棚）顶等的结构布置情况，以便确定用哪条"规则"。

5）最后查看一下房屋的顶上、地下、前后、左右等有无附属建筑物。

（2）分类列项

根据图纸平面的具体情况，按照单层、多层、走廊、阳台和附属建筑等进行分类列项。在设计图纸中一般横轴线用Ⓐ、Ⓑ、Ⓒ……等表示；纵轴线用①、②、③……等表示。凡应计算建筑面积的项目都应以横轴的起止编号和纵轴的起止编号加以标注，以便查找和核对。

（3）取尺寸计算

根据所列项目和标注的轴线编号查取尺寸，按横轴尺寸乘以纵轴尺寸，得出计算建筑面积的计算式，并计算出结果。计算形式要统一，排列要有规律，以便于检查错误，纠正错误。

2．应用计算规则时的注意事项

（1）计算建筑面积时要按墙的外边线取定尺寸，而设计图纸是以轴线标注尺寸；因此要特别注意底层和标准层的墙厚尺寸，以便于和轴线尺寸的转换。

（2）在同一外墙上有墙、有柱时，要查看墙柱外边线是否一致，不一致时要按墙的外边线取定尺寸计算建筑面积。

（3）当建筑物内留有天井时，应扣除无盖天井的面积。即计算建筑面积时，不要将无盖天井面积一并计算了。

（4）无柱的走廊、檐廊和挑阳台，一般都设有栏杆或栏板，其水平面积按栏杆柱或栏板的外边线取定尺寸。若采用钢木花栏杆者，以廊台板（或阳台板）外边线取定尺寸。

（5）凡层高小于2.2m的架空层或技术层，均不计算建筑面积。其层高的取定是以下层楼地面上表面至上层楼面的上表面的高度取定的；即建筑施工图中的标高，不是下层楼地面至上层板底面的净高。

第三节　土建工程量计算（依据 2000 年四川省定额）

一、基础工程分项及计算方法

基础工程主要包括：平整场地、人工（机械）挖地槽、挖地坑、挖土方、原土打夯、各种材料和类型的基础及垫层、回填土及运土工程量等工程项目。

（一）平整场地

平整场地系指厚度在±300mm以内的挖填找平。其工程量按建筑物（或构筑物）底面积的外边线每边各加2m计算，其计算公式如下：

$$S = (a + 2 + 2) \times (b + 2 + 2)$$
$$= (a + 4) \times (b + 4)$$

式中　S——平整场地工程量；

　　　a——底面积外边线长；

　　　b——底面积外边线宽。

对底层不规则的建筑物也可用下面的公式：

$$平整场地 = 底层建筑面积 + (2 \times 外墙外边线长 + 16)$$

（二）挖基槽土方

1．挖基槽

挖基槽是指槽底宽在3m（不包括加宽的工作面）以内，且槽长大于槽宽三倍。若槽底宽在3m以上时应按平基计算。

挖基槽以立方米计算工程量，外墙基槽按外墙中心线长度计算，内墙沟槽的长度按内墙净长计算；若有突出部分如柱基、墙垛等另计后并入沟槽工程量内。

挖基槽的深度按垫层底到室外平均标高的距离计算。宽度按垫层宽度加2倍工作面的宽度计算。放坡时还要加放坡系数计算。

基槽的体积计算公式可表示为：

$$V = 基槽长度 \times 基槽断面积$$

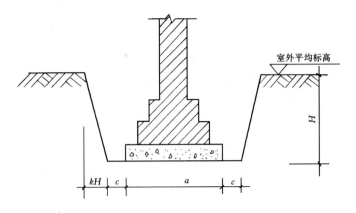

图 4-41　放坡土方计算示意图

（1）有工作面且放坡时（如图 4-41）

$$V = L(a + 2c + kH)H$$

式中　L——基槽长度；

　　　a——基础垫层宽；

　　　c——工作面宽度；

　　　H——基底至室外平均标高的距离；

　　　k——放坡系数。

挖基槽、基坑需放坡时，应根据施工组织设计规定放坡。如施工组织设计无规定且挖土深度超过 1.5m 时，按表 4-41 计算放坡系数。计算挖土方放坡时，在交接处所产生的重复工程量不予扣除。采用原槽做基础垫层时，放坡深度应自垫层上表面开始计算，若深度达不到 1.5m，则不考虑放坡。

放坡系数计算表　　　　　　　　　　　　　　　　表 4-1

人工 挖土	机　械　挖　土		放坡起点
	在槽、坑底	在槽、坑边	深度为 1.5m
1:0.30	1:0.25	1:0.67	

由（1）可推出以下公式：

1）无加宽工作面，需放坡时，即 $c = 0$

$$V = L(a + kH)H$$

2）有工作面不需放坡时，即 $k = 0$

$$V = L(a + 2c)H$$

3）无工作面且不放坡时，即 $c = k = 0$

$$V = LaH$$

2. 挖基坑

基坑的体积计算公式（适用于方形或长方形基坑）

如图 4-42：

（1）有工作面且放坡时。

$$V = (a + 2c + kH)(b + 2c + kH)H + \frac{1}{3}k^2H^3$$

式中 a，b 为基坑的底长或底宽；

    c——工作面；

    k——放坡系数；

    H——室外平均标高至基坑底面的距离。

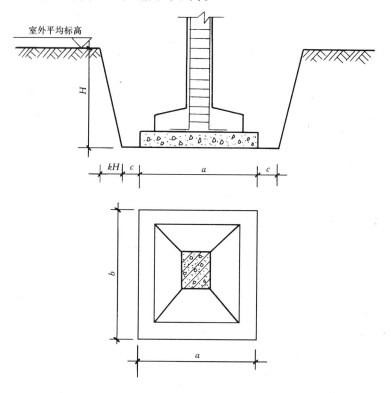

图 4.42　柱基坑土方量计算示意图

由（1）式可推出以下公式：

1）无工作面需放坡时，即 $c=0$

$$V = (a + kH)(b + kH)H + \frac{1}{3}k^2H^3$$

2）有工作面不放坡时，即 $k=0$

$$V = (a + 2c)(b + 2c)H$$

3）无工作面且不放坡时，即 $c = k = 0$

$$V = abH$$

（三）原土打夯

要在原来较松软的土质上做地坪、道路、球场等，需要对松软的土质进行夯实。这种施工过程叫原土打夯。它的工作内容包括：碎土、平土、找平、洒水、机械打夯。原土打夯的工程量按平方米计算。

（四）基础及垫层

1. 基础：常见的基础有砖基础、毛石混凝土基础、钢混基础、桩基础等。各种基础均以图示尺寸按立方米计算体积。砖石基础，混凝土基础的长度，外墙墙基按外墙中心线

120

长度计算；内墙墙基按内墙净长计算。

嵌入基础的钢筋、铁件、管子、防潮层、单个面积在 0.3m² 以内的孔洞以及砖石基础放大脚的 T 形接头重叠部分，均不扣除。但靠墙暖气沟的挑砖、洞口上的砖平碹亦不另算。

2．垫层：垫层一般为素混凝土。有时也用砂石或碎砖等做垫层。混凝土垫层又分基础混凝土垫层和地面混凝土垫层、路面混凝土垫层，垫层的工程量以图示尺寸按立方米计算。

（五）回填土及运土

1．回填土：回填土分基础回填土、房心回填土两部分，其工程量按立方米计算。

基础回填土的工程量计算式为：

$$V_填 = 挖土体积 - 室外设计地坪以下埋设的砌筑量$$

该砌筑量一般包括：混凝土垫层、墙基、柱基、$\phi500$ 以上管道、构筑物等体积。

房心回填土的工程量计算式为：

$$V_房 = 地面面积 \times 回填土厚度$$

扣除 $\phi500$ 以上管道所占的体积。

2．运土：运土分余土外运和取土回填两种情况，其工程量均以立方米计算。

$$余土外运体积 = 挖土体积 - 回填土体积$$
$$取土回填体积 = 回填土体积 - 挖土体积$$

二、脚手架工程

（一）脚手架的类别

脚手架俗称架子，是为施工作业需要搭设的，是建筑工程施工中不可缺少的临时设施。工程完工后必须拆除脚手架，除一定的损耗外，其余材料仍留在下次施工时经修理补充完好后继续使用，所以脚手架材料又是周转性使用材料。

在实际的施工过程中，需要搭设的各种脚手架，因施工的需要决定搭设的方法有所不同，加上施工企业的管理方法和装备水平有所不同，脚手架费用也存在着一定的差异。为了正确计算脚手架费用，计价定额按照既简化计算方法又相对合理的原则，将脚手架分为综合脚手架和单项脚手架。

（二）脚手架定额的分项方法

脚手架定额分综合脚手架和单项脚手架。凡能够按"建筑面积计算规则"计算建筑面积的建筑工程均按综合脚手架定额计算。综合脚手架的工程量就是建筑面积，单位为平方米。定额已综合考虑了砌筑、浇筑、吊装、抹灰、油漆涂料等脚手架费用。

凡不能按"建筑面积计算规则"计算建筑面积的建筑工程，施工时又必须搭设脚手架时，按单项脚手架计算其费用。

综合脚手架项目中又分单层建筑和多层建筑。单层建筑按其檐口高度又分 6m、9m、15m、24m、30m 以内五个项目。多层建筑也按其檐口高度分 9m、15m、24m、30m、50m、100m 以内、100m 以上等项目。

单项脚手架的项目分为：里脚手架、外脚手架、悬空脚手架、挑脚手架、满堂脚手架、水平防护架、垂直防护架和建筑物的垂直封闭架网。

（三）脚手架的计算规则

1．综合脚手架的计算规则：

（1）综合脚手架按单层、多层和不同的檐口高度，按建筑面积计算工程量。

（2）满堂基础脚手架的工程量按其底板面积计算。

2．单项脚手架的计算规则

（1）里、外脚手架按所服务对象的垂直投影面积计算工程量。

（2）砌砖工程高度在 1.35～3.60m 以内者，按里脚手架计算；高度在 3.60m 以上者按外脚手架计算。独立砖柱高度 3.60m 以内者，按柱外围周长乘实砌高度后按里脚手架计算；高度在 3.60m 以上者，按柱外围周长加 3.60m 乘实砌高度按单排外脚手架计算。独立混凝土柱按柱外围周长加 3.60m 乘以浇筑高度后按单排外脚手架计算。

（3）砌石工程（包括砌块）高度超过 1m 时，按外脚手架计算。独立石柱高度在 3.60m 以内者，按柱外围周长乘实砌高度计算工程量；高度在 3.60m 以上者，按柱外围周长加 3.60m 乘实砌高度计算工程量。

（4）围墙高度从自然地坪至围墙顶计算，长度按墙中心线计算，不扣除门所占的面积，但门柱和独立门柱也不另计脚手架费用。

（5）凡高度超过 1.20m 的室内外混凝土贮水（油）池、贮仓、设备基础均以构筑物的外围周长乘高度按外脚手架计算。池底按满堂基础脚手架计算。

（6）挑脚手架按搭设长度乘搭设层数以延长米计算。

（7）悬空脚手架按搭设的水平投影面积计算。

（8）满堂脚手架按搭设的水平投影面积计算，不扣除墙垛、柱所占的面积。满堂脚手架高度从设计地坪至施工顶面计算，高度在 4.50～5.20m 时，按满堂脚手架基本层计算；超过 5.20m 时，每增加 0.60～1.20m，按增加一层计算，增加层的高度小于 0.60m 时，舍去不计。例如：设计地坪到施工顶面的高度为 9.20m，其增加层数为：（9.20－5.20）÷1.20＝3 层，余 0.40m，舍去不计。

（9）水平防护架按脚手板实铺的水平投影面积计算；垂直防护架按高度乘两边立杆之间的距离计算。

（10）建筑物垂直封闭工程按封闭面的垂直投影面积计算。

三、砌体工程

砌体工程主要是指砖石砌体工程，主要包括：砖石基础、墙体、柱、轻质墙板、钢筋加固、砖石勾缝及其零星砌体。

（一）基础工程量计算规则及计算方法

1．标准砖墙墙体厚度，按表 4-2 所示规定计算。

标准砖墙墙体厚度　　　　　　　　　　　　表 4-2

墙　　厚	1/4	1/2	3/4	1 砖	3/2	2	5/2	3
计算厚度（mm）	53	115	180	240	365	490	615	740

2．基础与墙、柱的划分：

砖基础与墙、柱以 ±0.00 为界。

毛石基础与墙身的划分，内墙以设计室内地坪为界；外墙以设计室外地坪为界。

条石基础、勒脚、墙身的划分，条石基础与勒脚以设计室外地坪为界；勒脚与墙身以设计室内地坪为界。

砖围墙以设计室外地坪为界，以上为墙身，以下为基础。

3．砖石基础以图示尺寸按立方米计算。砖石基础的长度，外墙墙基按外墙中心线长度计算；内墙墙基按内墙净长计算。石砌基础如为台阶式断面时，可按下式计算基础的平均宽度：

$$B = A/H$$

式中　B——基础断面平均宽度，m；

　　　A——基础断面面积，m^2；

　　　H——基础深度。

嵌入砖石基础的钢筋、铁件、管子、基础防潮层、单个面积在 0.30m^2 以内的孔洞以及砖石基础放大脚的 T 形接头重叠部分，均不扣除。但靠墙暖气沟的挑砖、石基础洞口上的砖平碹也不另计算。

（二）砌砖、砌块计算规则

1．外墙长度按外墙中心线长度计算，内墙长度按内墙净长计算。

2．砖墙身的高度：

外墙墙身的高度按图示尺寸计算。如设计图纸无规定时，有屋架的斜屋面，且室内有天棚者，算至屋架下弦底再加 120mm，其余情况算至屋架下弦再加 300mm（如出檐宽度超过 600mm 时，按实砌高度计算）。内墙墙身高度，位于屋架下弦者，其高度算至屋架底，无屋架者算至天棚底再加 120mm。有钢筋混凝土楼隔层者算至楼板顶面，山墙按图示尺寸计算。

3．计算砖砌体时，应扣除过人洞、空圈梁、门窗洞口面积和单个面积在 0.30m^2 以上的孔洞所占的体积。嵌入墙身的钢筋混凝土柱、梁（包括过梁、圈梁、挑梁）和暖气包、壁龛的体积应扣除。不扣除梁头、板头、梁垫、檩木、垫木、木楞头、沿檐木、木砖、门窗走头、砖墙内的加固钢筋、木筋、铁件的体积。突出墙面的窗台虎头砖、压顶线、山墙泛水、烟囱根、门窗套、三匹砖以内的腰线和挑檐等的体积也不增加。

4．砖垛、三匹砖以上的挑檐和腰线的体积，并入墙身体积内计算。

5．砖砌地下室内外墙身按砖墙定额算。

6．框架间墙以净空面积乘墙厚按立方米计算，执行相应定额项目。

7．围墙的工程量，按图示尺寸计算。垛已综合考虑在定额内，不在另行计算。

8．女儿墙的高度自屋面板上表皮算至图示高度，以立方米计算，执行砖墙定额项目。

9．砖柱按立方米计算，应扣除混凝土梁垫，不扣除柱内梁头、板头所占的体积。

10．附墙烟囱、通风道、垃圾道、采暖锅炉烟囱，按其外形体积计算，并入墙体内执行墙体定额。不扣除横断面积在 0.10m^2 以内孔洞的体积，孔洞内抹灰的工料也不增加。反之，则扣除孔洞体积，洞内抹灰按相应项目计算。

如烟囱带有缸瓦管，垃圾道带有垃圾道门垃圾斗、通风百页窗、铁篦子、钢筋混凝土顶盖等，应按相应定额项目另行计算。

11．零星项目适用于：水槽腿、垃圾箱、台阶、梯带、阳台栏板、花台、花池、房上烟囱及石墙的门窗立边、窗台虎头砖、钢筋砖过梁、砖平碹等实砌体，以立方米计算。

12．墙面勾缝按墙面垂直投影面积以平方米计算，扣除墙裙墙面抹灰的面积；不扣除门窗洞口的面积、抹灰腰线、门窗套所占的面积；墙垛和门窗洞口侧壁的面积也不增加。独立柱、房上烟囱勾缝按外形尺寸以平方米计算。

13．空花墙按空花部分以立方米计算，不扣除空洞部分。

14．填充墙按外形尺寸以立方米计算，扣除门窗洞口和梁、柱所占的体积。

15．加气混凝土块、硅酸盐块、预制混凝土空心砌块、水泥煤渣空心砌块、烧结空心砖，按图示尺寸以立方米计算；其中需要镶嵌的标砖已综合考虑在定额内，不再另计。

16．轻型空心墙板以内墙净空面积计算。

（三）砌石计算规则

1．毛石、清条石墙，方整石墙按图示尺寸以立方米计算。

2．毛石阶沿、清条石阶沿按图示尺寸，以立方米计算。

3．石梯带、石踏步、石梯膀以立方米计算；隐蔽部分按相应的基础定额项目计算。

（四）钢筋加固

砌体内钢筋加固筋，包括抗震加固、平砖过梁、砌体内通长水平拉结，以砌体体积立方量套用定额项目。不再单独计算其工程量。

四、混凝土及钢筋混凝土工程

混凝土构件按材料分为无筋混凝土构件和钢筋混凝土构件。钢筋混凝土构件是最常用的主要构件，按施工方法和程序的不同分为现浇构件和预制构件两大类。无论哪类构件，混凝土的工程量一般都按施工图示尺寸以立方米计算，不扣除钢筋、铁件及面积在 $0.05m^2$ 以内的螺栓盒所占的体积。现浇墙、板、预制板等构件均不扣除单个面积在 $0.30m^2$ 以内孔洞所占混凝土的体积。混凝土的工程量极少数也按延长米和平方米计算，但大多数按立方米计算。钢筋工程量均按重量以吨计算。模板的工程量以混凝土的工程量套用定额，不同再另行计算。

（一）现浇构件计算规则

1．基础

（1）无梁式满堂基础，其倒转的柱头（帽）应列入基础计算，有梁式（肋形）满堂基础的梁板合并计算。见图4-43箱式满堂基础是指由顶板、底板及纵横墙板连成的整体基础，工程量按图示几何尺寸计算底板、顶板、墙板的体积。见图4-44。

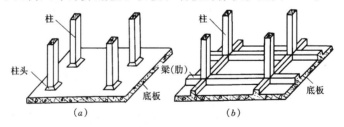

图 4-43　满堂基础
（a）无梁式；（b）有梁式

（2）框架式设备基础分别按基础、柱、梁、板计算工程量，执行相应的定额项目。楼层上的块体设备基础按板计算。

（3）混凝土高杯基础（长颈基础）高杯（长颈）高度大于其横截面长边的3倍，则该

124

部分高杯（长颈）按柱计算见图 4-45（a）。混凝土墙基的颈部高度小于该部分厚度的 5 倍时，则颈部按基础计算；颈部高度大于该部分厚度 5 倍时，则颈部按墙计算见图 4-45（b）。

即：当（a）图 $h < 3b$ 时，按基础算：$h \geqslant 3b$ 时，长颈部分按柱计算。

当（b）图中 $h < 5b$ 时，长颈部分按基础计算；当 $h \geqslant 5b$ 时，长颈部分按墙计算。

（4）独立基础、杯口基础、带型基础，均按图示尺寸以立方米计算。杯口基础应扣除插柱的空杯部分体积，垫层按体积以立方米计算，见图 4-46。

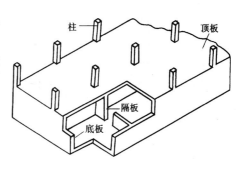

图 4-44　箱式满堂基础

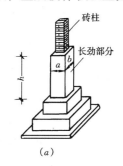
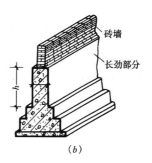

图 4-45　长颈基础

（a）长颈柱基；（b）长颈墙基

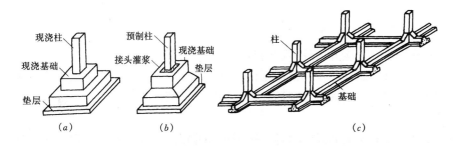

图 4-46　独立基础、杯口基础、带型基础

（a）独立基础；（b）杯口基础；（c）带型基础

（5）桩基础由承台和桩两部分组成。承台有独立承台和带型承台两种形式。其工程量按体积以立方米计算；预制桩上部的承台不扣除浇入承台的桩头体积，见图 4-47。

桩又分预制桩、现浇灌注桩和大孔桩等。

预制桩的体积按设计全长乘以桩的截面面积（扣除桩尖虚体积）以立方米计算。

现场灌注桩的体积，按桩顶至桩尖的长度另加 0.25m 计算长度再乘以桩截面面积，以立方米计算（不扣除桩尖虚体积）。

大孔桩按设计截面面积乘挖孔深度以立方米计算，桩底扩大头采用爆破时工程量按图示尺寸在扩大头处四周及深度方向加 100mm 超挖量计算。

2．柱

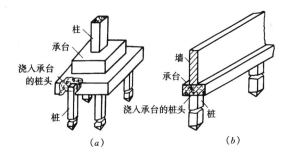

图 4-47 桩承台

（a）独立承台；（b）带型承台

钢筋混凝土柱分现浇柱和预制柱两种，按柱截面形式又分矩形柱、圆形柱、异形柱、工字形柱及双肢柱等。其工程量按柱高乘以截面面积以立方米计算。即：柱体积＝柱高×柱截面积。

柱高计算规定如下，见图 4-48。

（1）有梁板的柱高，按其柱基上表面至楼板上表面的高度计算，如图 4-48（a）。

（2）无梁板的柱高，按柱基上表面至柱帽下表面的高度计算，如图 4-48（b）。

（3）有楼隔层的柱高，按柱基上表面至梁上表面的高度计算，如图 4-48（c）。无楼隔层的柱高，按柱基上表面至柱顶的高度计算。

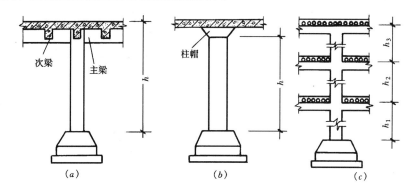

图 4-48 现制钢筋混凝土柱高计算示意图

附属于柱的牛腿，应并入柱体积内计算。

（4）构造柱（抗震柱）按其混凝土体积以立方米计算；马牙槎并入构造柱体积内，其高度自柱基（地梁）上表面至柱顶面计算。如图 4-49 所示。

3. 梁

钢筋混凝土梁分现浇和预制两种均按图示尺寸以立方米计算。可用下式表示：梁体积＝梁长×梁截面积

梁长：梁与柱连接时，梁长算到柱侧面，伸入墙内的梁头应算在梁的长度内；与主梁连接的次梁，长度算到主梁的侧面，现浇梁头有现浇垫块者，垫块体积并入梁内计算。梁高是指梁底至梁顶面的距离。梁长计算见图 4-50。

圈梁长度，外墙按中心线、内墙按净长计算；圈梁带挑梁时，以墙的结构外皮为分界线，伸出墙外部分按梁计算，墙内部分按圈梁计算。见图 4-51。圈梁与构造柱连接时，算到构造柱侧面。

梁、圈梁带宽度 300mm 以内线角者按梁、圈梁计算；线角超过 300mm 或带遮阳板者，分别按梁、圈

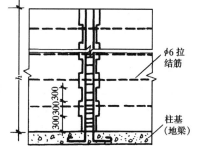

图 4-49 构造柱计算高度示意图

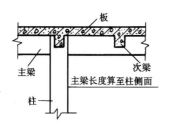

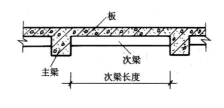

图 4-50 肋形楼盖梁计算长度示意图

梁、板计算。

【例 4-1】 根据图 4-52 列出分项工程项目名称并计算工程量。图中 ±0.00 以下砖基础用 M5 水泥砂浆砌筑，地梁为 C20 钢筋混凝土，基础垫层为 C10 素混凝土，地面为 25mm 厚 1:2 水泥砂浆，防潮层为中砂防水砂浆，该建筑为三层砖混结构。

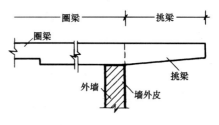

图 4-51 挑梁与圈梁连接示意图

【解】

（1）人工平整场地面积

$$S = (a + 4)(b + 4)$$
$$= (11.4 + 0.24 \times 2 + 4)(9.9 + 0.24 \times 2 + 4)$$
$$= 15.88 \times 14.38 = 228.40 \text{m}^2$$

工作面增量及放坡系数 k 值　　　　　　　　　　　表 4-3

挖土深度	人工沟槽	人工基坑	机械沟槽	机械基坑	备　注
1.5m 内	1.16	1.40	1.23	1.25	1.5m 以上包括 1.5m
1.5m 以上	1.27	1.64	1.35	1.57	

（2）建筑面积（多层综合脚手架）

$$S = (11.4 + 0.48)(9.9 + 0.48) \times 3$$
$$= 11.88 \times 10.38 \times 3 = 369.94 \text{m}^2$$

（3）挖沟槽体积

$$V = L \times a \times H \times k$$

外墙挖沟槽：

$$V_{外} = [(11.4 + 0.06 \times 2) + (9.9 + 0.06 \times 2)] \times 2 \times 1.04$$
$$\times (1.98 - 0.48) \times 1.27$$
$$= 85.35 \text{m}^3$$

内墙挖沟槽

$$V_{内} = [(9.9 - 0.46 \times 2) \times 2 + (4.8 - 0.46 \times 2) \times 4]$$
$$\times 0.92 \times 1.5 \times 1.27$$
$$= 58.68 \text{m}^3$$

$$V = V_{外} + V_{内} = 85.35 + 58.68 = 144.03 \text{m}^3$$

（4）C20 钢筋混凝土浇地圈梁

$$V_{外} = \left[(11.4 + 0.06 \times 2) + (9.9 + 0.06 \times 2) \right] \times 2 \times 0.36 \times 0.24$$
$$= 3.72 m^3$$

$$V_{内} = \left[(9.9 - 0.24) \times 2 + (4.8 - 0.24) \times 4 \right] \times 0.24 \times 0.24$$
$$= 2.16 m^3$$

$$V = V_{内} + V_{外} = 2.16 + 3.72 = 5.88 m^3$$

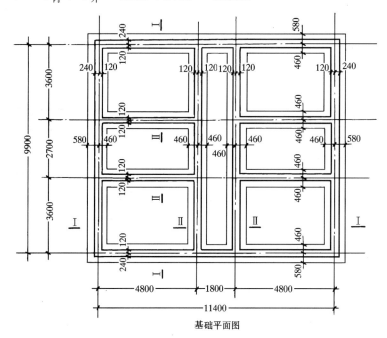

基础平面图

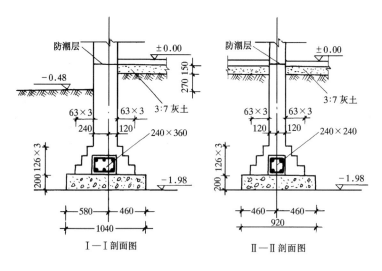

图 4-52　基础平、剖面图

（5）C10 素混凝土基础垫层

$$V_{外} = (11.52 \times 2 + 10.02 \times 2) \times 0.2 \times 1.04$$
$$= 8.96 m^3$$

$$V_{内} = [(9.9 - 0.92) \times 2 + (4.8 - 0.92) \times 4] \times 0.2 \times 0.92$$

$$= 6.16m^3$$

$$V = V_{外} + V_{内} = 8.96 + 6.16 = 15.12m^3$$

（6）M5 水泥砂浆砌砖基础

$$V_{外} = 43.08 \times (1.78 \times 0.365 + 0.126 \times 3 \times 0.063 \times 3 - 0.24 \times 0.36)$$

$$= 27.44m^3$$

$$V_{内} = 37.56 \times (1.78 \times 0.24 + 0.072 - 0.24 \times 0.24)$$

$$= 16.59m^3$$

$$V = V_{外} + V_{内} = 44.03m^3$$

（7）室内 3:7 灰土垫层

$$V = [(11.4 - 0.24 \times 3) \times (9.9 - 0.24) - 4.56 \times 0.24 \times 4] \times 0.15$$

$$= [103.17 - 4.38] \times 0.15$$

$$= 14.82m^3$$

（8）1:2 水泥砂浆地面层

$$S = 103.17 - 4.38 = 98.79m^2$$

（9）基础回填土

$$V = 144.03 - 5.88 - 15.12 - 44.03 = 79m^3$$

（10）房心回填土

$$V = 98.79 \times 0.27 = 26.67m^3$$

（11）余土外运

$$V = 144.03 - 79 - 26.67 - 70\% \times 14.82$$

$$= 28.00m^3$$

【例 4-2】 计算如图 4-53 现浇框架梁、柱混凝土的工程量。混凝土强度等级为 C30。

（1）C30 钢筋混凝土浇矩形柱。

$$V = 0.6 \times 0.4 \times 13.6 \times 18 = 58.75m^3$$

（2）C30 钢筋混凝土浇矩形梁

$$V = 0.3 \times 0.65 \times 8 \times 36 + 0.25 \times 0.5 \times 4.1 \times 45 = 79.22m^3$$

叠合梁是指预制梁上部预留一定高度，待安装好后再浇灌完成的混凝土梁。其工程量按图示二次浇灌部分的体积计算，按圈梁定额计算基价及其材料。

4．钢筋混凝土板

钢筋混凝土板分为现浇板和预制板。梁板整体浇筑时，其梁和板的体积分别计算，分别套梁和板的定额。计算梁的体积时，梁高算到板的底面。

无梁板系指不带梁（圈梁除外）直接由柱支承的板，其柱头（柱帽）的体积并入板内计算。

预制板包括：平板、空心板、槽形板及大型屋面板等。

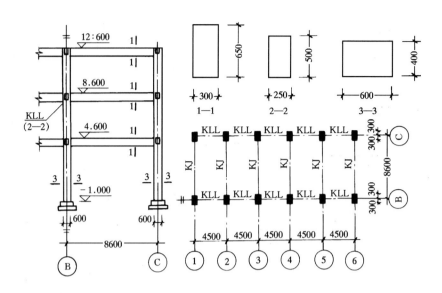

图 4-53　框架结构图

　　叠合板是指在预制板上二次浇灌的混凝土板，形成一个预制现浇二合一的板体，见图 4-54。

　　平板是指没有梁直接由墙支承的板。见图 4-55。

　　各类板均按图示尺寸以立方米计算；有多种板连接时，以各种板的相接处为分界线，无明确的分界线时，以墙的中心线为分界线。伸入墙内的板头并入板内计算，板与圈梁连接时，板算至圈梁侧面。

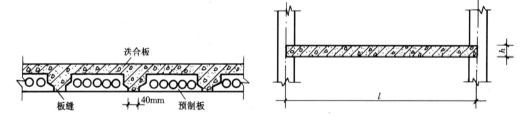

图 4-54　叠合板　　　　　　　　　　　　　　　图 4-55　平板

5. 钢筋混凝土墙

　　钢筋混凝土墙按图示尺寸以立方米计算，扣除门窗洞口及 0.3m² 以上孔洞所占的体积；墙垛及突出部分、三角八字、附墙柱（框架柱除外）并入墙体积内计算。外墙长度按外墙中心线长度计算，内墙长度按净长计算。

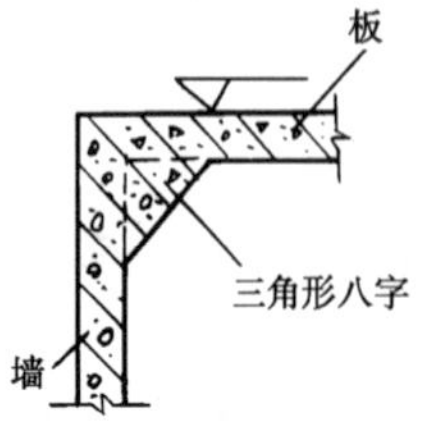

　　钢筋混凝土墙与现浇板连接时其高度算至板顶面，与框架柱连接时墙算至柱侧面。

　　挡护墙厚度在 300mm 以内时按墙计算。

　　钢筋混凝土墙的三角八字见图 4-56。

6. 钢筋混凝土楼梯

　　整体楼梯（包括休息平台、平台梁、斜梁和楼层板的连接梁）分层按水平投影面和计算见图 4-57。不扣除宽度小于 500mm 的楼梯

图 4-56　混凝土墙的
三角八字

井空隙，伸入墙内部分已包括在定额内，不另计算。楼梯与现浇楼层板无楼梯梁连接时，以楼梯的最后一个踏步外边缘加 300mm 为界。

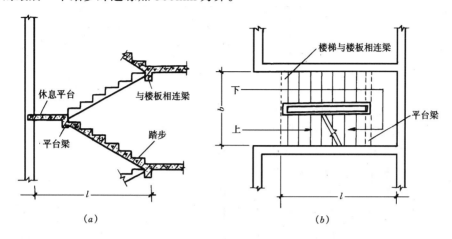

图 4-57　钢筋混凝土整体楼梯
（a）楼梯剖面图；（b）楼梯平面图

螺旋型楼梯：包括踏步、梁、休息平台按水平投影面积以平方米计算。其计算公式为：

$$S = \frac{\omega}{360} \pi (R^2 - r^2)$$

式中　S——螺旋楼梯面积；
ω——螺旋楼梯旋转角度；
R——梯外边缘螺旋线旋转半径；
r——梯内边缘螺旋线旋转半径。

楼梯基础、栏杆、与地坪相连的混凝土（或砖）踏步和楼梯的支承柱，另行计算，执行相应的定额项目。

7. 其他

雨篷按立方米计算工程量，其梁、板反边的体积应合并计算。雨篷与梁连接时算至梁的侧面，与墙连接时至墙侧面；嵌入墙内部分按相应定额项目另行计算。

天沟、檐沟、挑檐与屋面板或板连接时以外墙外皮为分界线；与梁或圈梁连接时，以梁或圈梁外皮为分界线分别以立方米计算工程量。

零星构件：如小型池槽、压顶、垫块、扶手、挂板 砌体拉结带等，均按图示尺寸以立方米计算。

（二）预制构件计算规则

预制构件又称装配式构件，是指事先在预制构件厂制作好，再从预制厂将构件运输到施工现场，进行装配，最后进行接头灌浆，最终形成工程实体的构件。所以预制构件要计算制作、运输、安装、接头灌浆等工程量。

预制构件在制作成型后有可能出现废品，在运输、堆放、安装过程中又有可能产生构件的损坏，从而造成构件的损耗。预制构件制作、运输、安装的损耗率见表 4-4 所示。

预制构件的损耗率   表 4-4

项 目	构 件 名 称	损耗率（%）	项 目	构 件 名 称	损耗率（%）
现场预制	混凝土桩	1.6	非现场预制	混凝土桩	2
	水磨石窗台板、隔断	1.4		水磨石窗台板、隔断	3
	其他混凝土	0.7		混凝土柱、梁	—
				围墙柱、过梁及其他混凝土	1.5

1．预制构件定额项目的适用范围：

（1）预制梁适用于基础梁、楼梯梁、矩形梁、异形梁、T 形吊车梁、过梁、挑梁；

（2）预制异形柱适用于工字型柱和双肢柱；

（3）预制槽板适用于槽形板和槽形墙板；

（4）预制屋架适用于折线形屋架、三铰拱屋架、三角形屋架和锯齿形屋架；

（5）预制花格适用于花格窗和阳台花饰栏杆；

（6）预制零星构件适用于阳台栏板、烟囱、垃圾道、地沟盖板、檩条、支撑、天窗侧板、上下挡板、垫头、压顶、扶手、窗台板、阳台隔断、壁龛、粪槽、池槽、雨水管、壁柜、搁板、井圈等。

（7）预应力屋架适用于屋架和托架；

（8）预应力梁适用于连系梁和 T 形吊车梁。

构件运输按构件类别分类计算见表 4-5。

预 制 构 件 类 别 表   表 4-5

构件分类	构 件 名 称
Ⅰ 类	各类屋架、薄腹梁、各类柱、山墙防风桁架、吊车梁、9m 以上的桩、梁、大型屋面板、空心板、槽形板等
Ⅱ 类	9m 以内的桩、梁、基础梁、支架、大型屋面板、槽形板、肋形板、空心板、平板、楼梯段
Ⅲ 类	墙架、天窗架、天窗挡风架（包括柱侧挡风板、遮阳板、挡雨板支架）、墙板、侧板、端壁板、天沟板檩条、上下档、各种支撑、预制门窗框、花格。预制水磨石窗台板、隔断板、池槽

2．预制构件的计算规则

（1）预制构件制作工程量按图算量乘以损耗率计算工程量；

（2）预制桩制作工程量按桩的实体积计算（即扣除桩尖虚体积）；

（3）灌注桩的预制桩尖按实体积计算；

（4）预制桩、桩尖的中心粗钢筋，并入钢筋工程量计算，采用桩靴及桩帽者，桩靴和桩帽按预埋铁铁件计算；

（5）预制空心板的工程量应扣除空洞体积，按实际体积计算；

（6）花格窗按外围尺寸以平方米计算；

（7）后张法预应力构件工程量不扣除预留孔道和自锚头的体积，但灌砂浆或细石混凝土的用量也不增加；

（8）组合型预制屋架运输只计算构件中混凝土部分的工程量，其余部分另行计算，套相应的定额；

（9）每 $10m^2$ 的预制花格窗按 $0.5m^3$ 计算运输工程量。

（三）钢筋混凝土构件中的钢筋、铁件

在建筑工程中，钢筋的用量大，价值高。在整个总造价中占有相当大的比例，所以要按照设计施工图纸准确计算钢筋用量，达到准确计算钢筋的价值。

$$钢筋的理论重量 = 钢筋长度 \times 每米重量$$

钢筋长度按施工图纸计算，每米重量可用下面公式计算：

$$T = 0.006165d^2 （单位：kg）$$

式中 d——钢筋直径，mm。

只要记住上面的经验公式，随时随地都可计算出任何直径的钢筋理论重量。

钢筋的每米重量可见表 4-6。

钢 筋 每 米 重 量 表　　　　　　　　　　表 4-6

直　径 （mm）	截面面积 （cm²）	重　量 （kg/m）	直　径 （mm）	截面面积 （cm²）	重　量 （kg/m）	直　径 （mm）	截面面积 （cm²）	重　量 （kg/m）
5	0.1963	0.154	19	2.835	2.23	35	9.621	7.55
5.5	0.2376	0.187	20	3.142	2.47	36	10.18	7.99
6	0.2827	0.222	21	3.464	2.72	38	11.31	8.90
6.5	0.3318	0.260	22	3.801	2.98	40	12.57	9.87
7	0.3848	0.302	23	4.155	3.26	42	13.35	10.87
8	0.5027	0.395	24	4.524	3.55	45	15.90	12.48
9	0.6362	0.499	25	4.909	3.85	48	18.10	14.21
10	0.7854	0.617	26	5.309	4.17	50	19.64	15.42
11	0.9503	0.746	27	5.726	4.49	52	21.24	16.67
12	1.131	0.888	28	6.158	4.83	55	23.76	18.65
13	1.327	1.04	29	6.605	5.18	56	24.63	19.33
14	1.530	1.21	30	7.069	5.55	58	26.42	20.74
15	1.767	1.39	31	7.548	5.93	60	28.27	22.19
16	2.011	1.58	32	8.042	6.31	63	31.17	24.47
17	2.270	1.78	33	8.553	6.71	65	33.18	26.05
18	2.545	2.00	34	9.079	7.13	68	36.32	28.51

混凝土的保护层：施工图纸有规定时按规定计算；图纸无规定时按表 4-7 计算。

混 凝 土 保 护 层　　　　　　　　　　表 4-7

环 境 条 件	构 件 名 称	混凝土强度等级		
		≤C20	C25 及 C30	≥C35
室内正常环境	板、墙、壳 梁、柱	15 25		
露天或室内高湿度环境	板、墙、壳 梁、柱	35 45	25 35	15 25

1. 钢筋长度计算：

（1）两端无弯钩的直筋

$$L = 构件长 - 2 \times 保护层厚$$

（2）两端有弯钩的直筋

$$L = 构件长 - 2 \times 保护层厚 + 2 \times 弯钩长$$

一般螺纹钢筋、焊接网片、焊接骨架可不做弯钩。

钢筋的弯钩形式有三种：半圆弯钩、直弯钩和斜弯钩。弯钩的长度按设计规定计算，若设计无规定时可参照表4-8计算。

钢 筋 弯 钩 增 加 长 度 表　　　　　　　　　　　　表 4-8

钢筋直径 d (mm)	半 圆 弯 钩 (6.25d)		斜 弯 钩 (4.9d)		直 弯 钩 (3d)	
	一个钩长	两个钩长	一个钩长	两个钩长	一个钩长	两个钩长
6	40	80	30	60	18	36
8	50	100	40	80	24	48
10	60	120	50	100	30	60
12	75	150	60	120	36	72
14	85	170	70	140	42	84
16	100	200	78	156	48	96
18	110	220	88	176	54	108
20	125	250	98	196	60	120
22	135	270	108	216	66	132
25	155	310	122	244	75	150
28	175	350	137	274	84	168
30	188	376	147	294	90	180

（3）弯起钢筋长度

$$弯起钢筋长度 = 直段长度 + 弯起增加长度$$

弯起钢筋斜长：在钢筋混凝土中，因受力需要，常采用弯起钢筋；其弯起形式有 30°、45°、60° 三种。弯起钢筋的斜长和增加长度可按表4-9进行计算。

弯 起 钢 筋 斜 长　　　　　　　　　　　　表 4-9

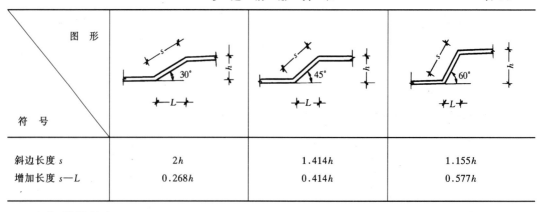

图　形			
符　号	30°	45°	60°
斜边长度 s	$2h$	$1.414h$	$1.155h$
增加长度 $s—L$	$0.268h$	$0.414h$	$0.577h$

（4）箍筋长度

箍筋长度按构件断面周长减8个箍筋保护层再加弯钩长度计算。为简便起见，可按构件断面周长加箍筋增减值计算，计算式为：

$$箍筋长度 = L + \Delta L$$

式中　L——构件断面周长；

　　　ΔL——箍筋增减值，见表4-10。

箍筋增减值（ΔL）表（单位：mm）　　　　　　　　　　表 4-10

形　　式		ϕ						
		4	8	6.5	8	10	12	14
		ΔL						
抗震结构		-50	-10	0	30	70	100	140
非抗震结构		-90	-70	-60	-50	-30	-20	0
		-100	-90	-80	-70	-60	-50	-40

注：本表根据国标 GBJ204—83 第 3.3.3 条编制。

（5）钢筋接头

为了便于钢筋的运输、堆放、保管和施工操作，除盘圆外，直条钢筋都按一定的规定长度生产出厂的。而钢筋的定尺长度与设计使用长度很多情况下都不一致，当构件所需钢筋长度超过定尺长度时，就需要钢筋接头。

钢筋的接头形式很多，常见的有绑扎接头、错焊接头、绑条焊接头、对焊接头等。其接头长度按设计规定计算，若设计未作规定时，可参照图4-58计算。

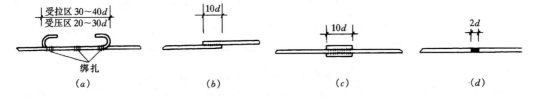

图 4-58　钢筋接头示意图

（a）有弯钩的绑扎接头；（b）错焊接头；（c）绑条焊接头；（d）对焊接头

钢筋的接头个数，ϕ25 以内的直条钢筋每 8m 计算一个接头，ϕ25 以上的直条钢筋每 6m 计算一个接头。

【例 4-3】 计算图 4-59 所示预制花篮梁的钢筋理论净重量。（Φ表示Ⅰ级钢筋，Φ表示Ⅱ级钢筋，$\alpha = 45°$）。

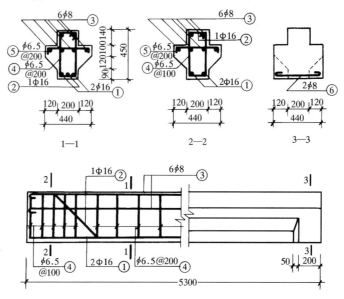

图 4-59　预制花篮梁详图

【解】 ①号筋：2 Φ 16 查表 4-6，4-7。

5250
计算简图

$$T = 2 \times 5.25 \times 1.580 = 16.60 \text{kg}。$$

②号筋：1 Φ 16 查表 4-6，4-7，4-9。

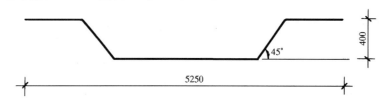

$$T = (5.25 + 0.414 \times 0.4 \times 2) \times 1.580 = 8.82 \text{kg}。$$

③号筋：6Φ8 查表 4-6，4-7，4-8。

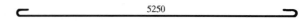

$$T = (5.25 + 0.10) \times 6 \times 0.395 = 12.68 \text{kg}。$$

④号筋 Φ6.5 查表 4-6，4-10。Φ6.5@100 的有 10 根，Φ6.5@200 的箍筋根数为 $(5.25 - 0.8) \div 0.2 - 1 = 21$ 根，共计 31 根。

$$T = 31 \times [(0.2 + 0.45) \times 2 + 0] \times 0.260 = 10.48 \text{kg}。$$

⑤号筋：Φ6.5@200，查表 4-6，4-7。⑤号筋的根数为 $5.25 \div 0.2 + 1 = 27$ 根。

$T = 27 \times 0.51 \times 0.260 = 3.58$kg。

⑥号筋：$4\phi8$。查表4-6，4-7，4-8。

$T = （0.39 + 0.1）\times 4 \times 0.395 = 0.77$kg。

$T_{总} = 16.6 + 8.82 + 12.68 + 10.48 + 3.58 + 0.77 = 52.93$kg。

现浇构件钢筋，如果是编制结算，必须按实计算。如果是编制预算、标的、标书，可参照表4-11计算。即现浇构件钢筋含量表，它分砖混结构、框剪结构和排架结构。

现浇构件钢筋含量表　　　　表4-11

结构类型：砖混　　　　　　　　　　　　　　　　　　　　　　　计量单位：kg

编号	项目	单位	低碳冷拔丝 $\phi5$ 以内	I 级钢（圆钢）$\phi10$ 以内	I 级钢（圆钢）$\phi10$ 以上	II 级钢（螺纹）$\phi10$ 以上	冷轧扭带肋钢筋	合计
1	基础	10m³	—	43	365	—	—	408
2	挖孔桩芯	10m³	—	56	—	230	—	286
3	桩承台	10m³	—	421	—	546	—	967
4	现场灌注桩	10m³	—	30	—	153	—	183
5	柱	10m³	—	407	—	1328	—	1735
6	构造柱	10m³	—	163	226	1014	—	1403
7	挖孔桩护壁	10m³	—	402	—	—	—	402
8	梁	10m³	—	361	11	1718	—	2090
9	过梁	10m³	—	684	204	360	—	1248
10	圈梁	10m³	—	236	130	846	—	1212
11	板	10m³	—	609	104	—	—	713
12	楼梯	10m²	—	111	44	24	—	179
13	雨篷	10m³	—	118	278	280	—	676
14	压顶、扶手	10m³	100	735	—	—	—	835
15	小型构件	10m³	—	723	181	—	—	904

结构类型：框架或框剪结构　　　　　　　　　　　　　　　　　　计量单位：kg

编号	层数	项目	单位	低碳冷拔丝 $\phi5$ 以内	I 级钢（圆钢）$\phi10$ 以内	I 级钢（圆钢）$\phi10$ 以上	II 级钢（螺纹）$\phi10$ 以上	冷轧扭带肋钢筋	合计
16		带型基础	10m³	—	84	756	—	—	840
17		独立基础	10m³	—	11	564	104	—	679
18		满堂基础	10m³	—	145	9	858	(800)	1012
19		矩形柱	10m³	—	593	—	1115	—	1708
20	10	异形柱	10m³	—	600	240	960	—	1800
21		梁	10m³	—	432	120	1708	—	2260
22	层	异形梁	10m³	—	440	110	1735	—	2285
23		板	10m³	—	729	58	42	(829)	829
24	以	直形墙	10m³	—	275	352	272	—	899
25		弧形墙	10m³	—	280	360	272	—	912
26	内	楼梯	10m²	—	98	40	38	—	176
27		雨篷	10m³	—	118	278	280	—	676
28		栏板	10m³	—	520	330	—	—	850
29		压顶扶手	10m³	100	810	—	—	—	910
30		小型构件	10m³	—	723	181	—	—	904

137

结构类型：框架或框剪结构　　　　　　　　　　　　　　　　　　　　　

编号	层数	项 目	单位	钢 筋					合 计
				低碳冷拔丝	Ⅰ级钢（圆钢）		Ⅱ级钢（螺纹）	冷轧扭带肋钢筋	
				$\phi5$ 以内	$\phi10$ 以内	$\phi10$ 以上	$\phi10$ 以上		
31		满堂基础	10m³	—	93	478	802	(850)	1373
32		矩形柱	10m³	—	743	—	1400		2143
33		异形柱	10m³	—	810	290	1160	—	2260
34		梁	10m³	—	280	97	1650	—	2027
35	10层以内	异形梁	10m³	—	385	93	1550	—	2028
36		板	10m³	—	764	130	106	(820)	1000
37		直形墙	10m³	—	504	103	473	—	1080
38		弧形墙	10m³	—	554	110	500	—	1164
39		楼梯	10m²	—	119	30	45	—	194
40		雨篷	10m³	—	118	278	280	—	676
41		栏板	10m³	—	520	330	—	—	850
42		压顶扶手	10m³	100	810	—	—	—	910
43		小型构件	10m³	—	723	181	—	—	904

结构类型：现浇排架的单层厂房　　　　　　　　　　　　　　　　　　　

编号	项 目	单位	钢 筋					合 计
			低碳冷拔丝	Ⅰ级钢（圆钢）		Ⅱ级钢（螺纹）	冷轧扭带肋钢筋	
			$\phi5$ 以内	$\phi10$ 以内	$\phi10$ 以上	$\phi10$ 以上		
44	独立基础	10m³	—	11	565	205	—	781
45	杯形基础	10m³	—	—	148	170	—	318
46	设备基础	10m³	—	234	—	151	—	385
47	矩形柱	10m³	—	543	—	840	—	1383
48	异形柱	10m³	—	550	—	900	—	1450
49	基础梁	10m³	—	316	—	300	—	616
50	梁	10m³	—	223	—	1504	—	1727
51	异形梁	10m³	—	240	—	1650	—	1890
52	过梁	10m³	—	684	—	360	—	1248
53	圈梁	10m³	—	236	130	846	—	1212
54	檩	10m³	—	244	88	876	—	1208
55	板	10m³	—	454	200	90	—	744
56	屋面板	10m³	286	126	—	455	—	867
57	挑檐、天沟	10m³	165	391	—	540	—	1096
58	雨篷	10m³	—	118	278	280	—	676
59	零星构件	10m³	—	723	181	—	—	904

2．预埋铁件根据施工图示尺寸，按理论重量以吨计算。连接焊缝的重量已包括在定额内，不扣除孔眼的重量。

【例 4-4】 某工程有如图 4-60 所示预埋铁件 350 个，试计算其工程量。

【解】 钢板的重量＝钢板体积×钢板容重

$$T_1 = 0.15 \times 0.15 \times 0.012 \times 7850$$
$$= 2.12kg$$

锚脚重量＝圆钢长×每米重量

$$T_2 = 4 \times (0.2 + 0.075) \times 0.888$$
$$= 7.37kg$$

$$T = 350 \times (2.12 + 7.37) = 3322kg$$
$$= 3.322t$$

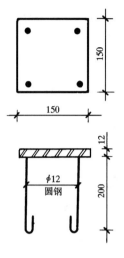

图 4-60

五、门窗及木结构

（一）钢门窗

钢门自加工的五金（包括折页、门轴、门闩、插销等）均以自加工五金考虑，如实际发生购买五金时，价差可以调整，钢门的地滑轮、滑轨、阻扁轮、轴承等零件，按设计要求另行计算。自加工钢门的制安工程量，按设计门扇外围面积以平方米计算。成品钢门窗的工程量，按设计门窗洞口面积以平方米计算，平面为弧形或异形钢门窗者，按展开面积计算。防盗栅、金属栅栏按展开面积计算。

钢门窗油漆是按单层钢门窗考虑的，所以其他钢门窗油漆工程量要乘以油漆展开面积系数。即：成品钢钢门窗油漆工程量＝钢门窗面积×K（K 为油漆展开面积系数），见表 4-12 所示。

钢门窗油漆展开面积系数表　　　　　　　　表 4-12

项　　目	油漆展开面积系数（K）	项　　目	油漆展开面积系数（K）
单层钢门窗	1.0	钢百页门窗	2.7
双层钢门窗	1.5	钢折叠门	2.3
射线防护门	3.0	全钢板平开门、推拉门	1.7
半截百页门	2.2	铝丝网大门	

（二）木结构工程

木结构工程包括：木门窗制安、木防火门、门窗钉角铁、厂库房大门、门窗包铁皮、门窗运输、木屋架、屋面木基层等项目。

1．木门窗

木结构中所用木材种类均以一、二类木种为准，如采用三、四类木种时，木门窗制作人机费×1.3；安装人机费×系数 1.16。

在同一门扇上装玻璃大于等于镶板（钉板）面积的一半时，称为"半玻门"；全部装玻璃时，称为"全玻门"。

木门窗一般是在加工厂制作，运到工地后进行安装、刷漆。其工程量按门窗洞口面积以平方米计算，无门框者按扇外围面积计算。若同一樘窗上部为半圆窗，下部为矩形窗时，以横挡上表面为分界线，分别计算出工程量。

木门窗油漆定额是按单层木门窗考虑的，其他木门窗的工程量要乘以油漆展开面积系数。即：木门窗油漆 S = 木门窗面积 $\times K$（K 为油漆展开面积系数，见表 4-13）。

执行木门窗油漆定额的展开面积系数　　　　　　　　　　表 4-13

项　　目	油漆展开面积系数（K）	项　　目	油漆展开面积系数（K）
单层木门窗	1.00	玻璃隔断、露明墙筋	0.90
双层木门窗	1.40	木栅栏、木栏杆（带扶手）	1.10
木全百页门窗	1.40	筒子板	0.90
半截百页门、厂库房大门	1.20	壁橱	1.10
木间壁、木隔断	1.10	木护壁、墙裙	1.10

2. 木门分类

（1）镶板门：门扇全部用冒头结构镶木板，或部分装玻璃时，玻璃面积要小于镶板面积一半的木门就叫镶板门。如图 4-61（a）、（b）、（c）、（d）。

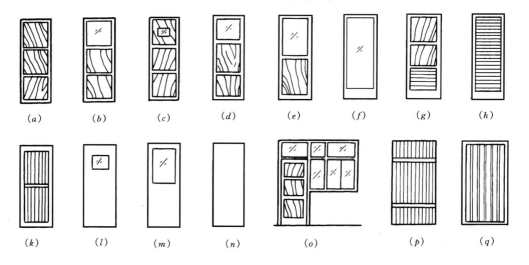

图 4-61　木门示意图

（2）夹板门：夹板门又叫层板门，门扇两面均钉层板，或部分装玻璃时，玻璃面积要小于层板面积一半的门，叫夹板门。如图 4-61（l）、（n）。

（3）半玻门：同一门扇上装玻璃的面积大于或等于镶板（或层板）面积一半的门叫半玻门。如图 4-61（e）、（m）。

（4）全玻门：在同一门扇上天镶板，全部装玻璃的门叫全玻门。如图 4-61（f）。

（5）拼板门：用上下冒头或带一根中冒头将企口板钉上，面起三角槽的门叫拼板门。如图 4-61（k）。

（6）百页门：门扇上部分或全部钉百页条的门叫百页门。如图 4-61（g）、（h）。

（7）简易木门：用木条拼连成木板的门或用小木条组成的木栅门称为简易木门。如图 4-61（p）、（q）。

（8）门带窗：门和窗连在一起构成一个整体的结构，这种结构叫门带窗。如图4-61（o）。

在同一门框上装有一层木门一层纱门，这样的门叫双层门。

3．木窗分类

（1）单层玻璃窗：不分开启方向和形式，窗框上只有一层窗扇的窗叫单层玻璃窗。

（2）双层玻璃窗：同一窗框上装有两层玻璃窗扇或者是装有一层玻璃窗扇一层纱窗扇，这样的窗叫双层玻璃窗。见图4-62。

（3）木百叶窗：在窗框或窗扇上安装木百页条的窗叫木百叶窗，它分矩形和圆形。见图4-63。

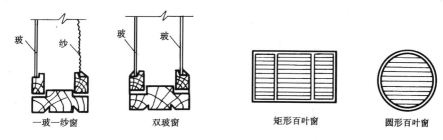

图4-62　双层窗节点图　　　　　图4-63　百叶窗

（4）圆形玻璃窗：形状呈圆形或半圆形的窗叫圆形玻璃窗。见图4-64。普通窗上部带有半圆形窗时，分别按半圆窗和普通窗计算，其分界线以普通窗和半圆窗之间横挡上表面为界。

（5）天窗：是指天窗架旁边的窗，分为中悬窗和固定窗两种，如图4-65所示。

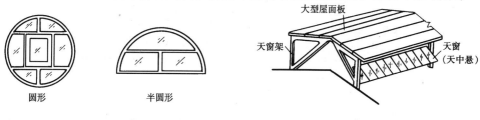

图4-64　圆形玻璃窗　　　　　图4-65　天窗示意图

（6）组合木窗：由多个基本窗组合而成的窗称为组合木窗。组合窗多为上部中悬，中间固定，下部为平开窗。

以上木门窗，根据各自消耗的工料不同，根据框断面面积的大小分别执行相应的定额项目。木门窗所用五金为一般五金，若采用贵重五金时，价差可作调整。一般五金是指普通折页、插销、风钩、铰链、搭扣及拉手。贵重五金是铜镀金拉手、门碰卡、球形锁等。

木门窗半成品运输定额中包括了框和扇的运输，若单运框或单运扇时定额项目乘以系数0.5。

木门窗贴脸是指钉在门窗框上的薄板，其工程量是按图示尺寸以延长米计算。

（三）木屋架

1．木屋架制作安装均按设计断面竣工木料体积以立方米计算，其后备长度及配制损耗均已包括在定额内，不另计算。附属于屋架的木夹板、垫木、支撑与屋架连接的挑檐木等均按竣工木材计算后并入相应的屋架工程量内。与圆木屋架相连的上述方木，将方木换算成圆木。换算式为 $1m^3$ 方木＝$1.563m^3$ 圆木。换算后并入圆木屋架工程量内套用相应定额。

圆木屋架杆件材积根据杆件长度查"圆木材积表"即可算出；方木屋架杆件材积用杆件长度乘以杆件断面积计算。木屋架杆件的长度用屋架跨度（屋架两端上、下弦中心线交点之间的长度）乘以木屋架的杆件长度系数。

即：　　　　　　　　　　杆件长度＝屋架跨度×杆件长度系数

木屋架计算示意图见图 4-66；杆件长度系数见表 4-14 所示。

木 屋 架 杆 件 长 度 系 数 表

表 4-14

杆件号	甲　　型		乙　　型		丙　　型		丁　　型	
	26°34′	30°	26°34′	30°	26°34′	30°	26°34′	30°
S	0.559	0.577	0.559	0.577	0.559	0.577	0.559	0.577
H	0.25	0.289	0.25	0.289	0.25	0.289	0.25	0.289
h_1	0.125	0.144	0.083	0.096	0.063	0.072	0.05	0.057
h_2			0.167	0.192	0.125	0.144	0.10	0.116
h_3					0.188	0.217	0.15	0.173
h_4							0.20	0.231
C_1	0.280	0.289	0.186	0.192	0.139	0.144	0.112	0.115
C_2			0.236	0.254	0.177	0.191	0.141	0.153
C_3					0.226	0.25	0.18	0.20
C_4							0.224	0.252

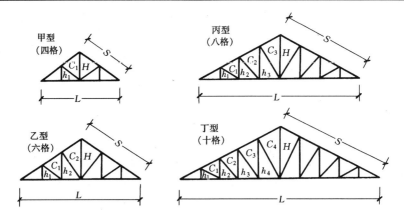

图 4-66　木屋架计算示意图

圆木屋架的木材材积按国家标准 GB4814—84 计算，其计算公式如下：

(1) 检尺尾径在 4～12cm 的小圆木材积公式为

$$V = 0.7854L(D + 0.45L + 0.2)^2 \div 10000$$

(2) 检尺尾径在 12cm 以上的圆木材积公式为

$$V = 0.7854L[D + 0.5L + 0.005L^2 + 0.000125L(14 - L)^2$$
$$\times (D - 10)]^2 \div 10000$$

式中　V——材积，m^3；

L——检尺长度，m；

D——检尺尾径，cm。

【例 4-5】 计算如图 4-67 所示乙型屋架的圆木木材材积。屋架跨度为 18m，上弦与下弦的夹角为 26°34′。

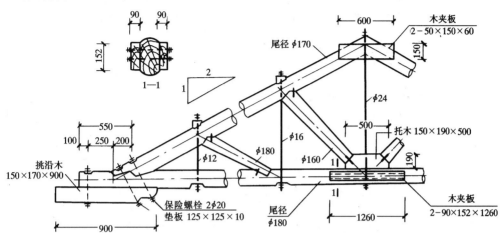

图 4-67　木屋架

【解】 根据表 4-14 计算出屋架上弦和斜杆的长度。

上弦（$\phi17$）长 $L_1 = 18 \times 0.559 \times 2 = 20.1240$m，

$$V_1 = 0.7854 \times 20.124 \, [17 + 0.5 \times 20.124 + 0.005 \times 20.124^2 + 0.000125$$
$$\times 20.124 \, (14 - 20.124)^2 \times (17 - 10)]^2 \div 10000$$
$$= 15.8054 \, [17 + 10.062 + 2.025 + 0.660]^2 \div 10000$$
$$= 15.8054 \times 884.88 \div 10000$$
$$= 1.399 \text{m}^3$$

下弦和斜杆 1（$\phi18$）长：$L_2 = (9 + 0.35 + 18 \times 0.186) \times 2 = 25.396$m

$$V_2 = 0.7854 \times 25.396 \, [18 + 0.5 \times 25.396 + 0.005 \times 25.396^2 + 0.000125$$
$$\times 25.396 \times (14 - 25.396)^2 \times (18 - 10)]^2 \div 10000 = 2.763 \text{m}^3$$

斜杆 2（$\phi16$）$L_3 = 18 \times 0.236 \times 2 = 8.496$m

$$V_3 = 0.7854 \times 8.496 \, [16 + 0.5 \times 8.496 + 0.005 \times 8.496^2 + 0.000125$$
$$\times 8.496 \, (14 - 8.496)^2 \times (16 - 10)]^2 \div 10000 = 0.289 \text{m}^3$$

顶点木夹板：$2 \times 0.05 \times 0.15 \times 0.6 = 0.009 \text{m}^3$

下弦木夹板：$2 \times 0.09 \times 0.152 \times 1.26 = 0.0345 \text{m}^3$

下弦中托木：$0.15 \times 0.19 \times 0.50 = 0.0143 \text{m}^3$ $\Big\} V_4 = 0.1037 \text{m}^3$

下弦挑沿木：$2 \times 0.15 \times 0.17 \times 0.9 = 0.0459 \text{m}^3$

V_4 折合成圆木 $= 0.1037 \times 1.563 = 0.162 \text{m}^3$

木屋架合计材积 $V = V_1 + V_2 + V_3 + V_4$

$$= 1.399 + 2.763 + 0.289 + 0.162$$

$$= 4.613 \text{m}^3 （圆木）$$

【例 4-6】 计算下面门窗统计表中各种门窗的工程量（按门窗表计算门窗工程量时，先要将门窗表中门窗规格数量与施工图对照检查核对无误后，方可进行计算）。

门 窗 统 计 表

表 4-15

类　别	代　号	洞口尺寸		数量（樘）		备　注
		宽	高	一层	合计	
门	M₁-0927	900	2700	18	90	木镶板门
	M₂-0927	900	2700	18	90	
	M₃-0827	800	2700	6	30	木镶板半玻门
	M₄-2427	2400	2700	6	30	铝合金推拉门
	M₅-0824	800	2400	12	60	塑料门
	M₆-0820	800	2000	6	30	
窗	C₁-1818	1800	1800	20	100	木窗带纱窗
	C₂-1518	1500	1800	20	100	
	C₃-1218	1200	1800	16	80	
	C₄-0918	900	1800	6	30	钢　窗
	C₅-0606	600	600	6	30	木百页窗

1）木镶板门：$S = 0.9 \times 2.7 \times 90 \times 2 = 437.4 \text{m}^2$；

2）木镶板半玻门：$S = 0.8 \times 2.7 \times 30 = 64.80 \text{m}^2$；

3）铝合金推拉门：$S = 2.4 \times 2.7 \times 30 = 194.4 \text{m}^2$；

4）塑料门：$S = 0.8 \times 2.4 \times 60 + 0.8 \times 2 \times 30 = 163.2 \text{m}^2$；

5）木窗带纱窗：$S = (1.8 + 1.5) \times 1.8 \times 100 + 1.2 \times 1.8 \times 80 = 766.8 \text{m}^2$；

6）钢窗：$S = 0.9 \times 1.8 \times 30 = 48.6 \text{m}^2$；

7）木百页窗：$S = 0.6 \times 0.6 \times 30 = 10.8 \text{m}^2$。

2．木檩条

木檩条按竣工木材以立方米计算。简支檩木长度按设计规定计算，如设计无规定时，按屋架或山墙中距增加 200mm 计算。如两端伸出山墙，檩木长度算至博风板。檩木搭接长度按设计或规范要求计算，檩木的托木、垫木已包括在定额内，不再计算。

3．单独的挑沿木，见图 4-68 所示，水平支撑、剪刀撑（木屋架上的支撑）均按体积以立方米计算，执行檩木定额项目。

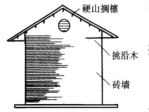

图 4-68 挑沿木示意图

4．带气楼屋架的气楼部分及马尾、折角和正交部分的半屋架应并入相连接的正屋架竣工材积内计算。

5．屋面木基层

屋面木基层是指瓦防水层以下的木结构层次，包括的内容有：木屋面板、挂瓦条、椽子等见图 4-69，其工程量均按斜面积以平方米计算。不扣除附墙烟囱、通风孔、通风帽底座、屋顶小气窗和斜沟的面积。天窗挑檐与屋面重叠部分按设计规定计算。

屋面木基层工程量计算公式为：

屋面木基层工程量＝屋盖水平投影面积×屋面坡度系数

屋面坡度系数见表4-16。

屋 面 坡 度 系 数 表　　　　　　表 4-16

坡 度			坡度系数 C	坡 度			坡度系数 C
B ($A=1$)	$\dfrac{B}{2A}$	角度 θ		B ($A=1$)	$\dfrac{B}{2A}$	角度 θ	
1	1/2	45°	1.4142	0.40	1/5	21°48′	1.0770
0.75		36°52′	1.2500	0.35		19°47′	1.0595
0.70		35°	1.2207	0.333	1/6	18°26′	1.0541
0.666	1/3	33°41′	1.2015	0.25	1/8	14°02′	1.0308
0.65		33°01′	1.1927	0.20	1/10	11°19′	1.0198
0.60		30°58′	1.1662	0.167	1/12	9°27′	1.0138
0.577		30°	1.1545	0.125	1/16	7°28′	1.0078
0.55		28°49′	1.1413	0.10	1/20	5°42′	1.0050
0.50	1/4	26°34′	1.118	0.083	1/24	4°45′	1.0034
0.45		24°14′	1.0966	0.066	1/30	3°49′	1.0022

注：表中 B 为坡屋面的矢高，A 为跨度的一半，$\dfrac{B}{2A}$ 为矢跨比，坡度系数 C 即当 A 为 1 时坡屋面的斜长，$C=(\cos\theta)^{-1}$，见图 4-70。无论是几坡水，屋面的实际面积均为该屋面的水平投影面积×屋面坡度系数。

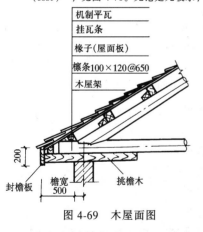

图 4-69　木屋面图

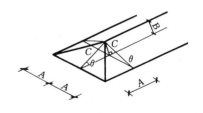

图 4-70　坡屋面计算示意图

【例 4-7】　计算图 4-71 所示屋面木基层的工程量。图中 $\theta=26°34′$，$B=0.5$，$\dfrac{B}{2A}=\dfrac{1}{4}$。

【解】　查表 4-16 可得屋面坡度系数 $C=1.118$。

则屋面木基层工程量：

$$S = (32.24 + 0.5 \times 2) \times (12.24 + 0.5 \times 2)$$
$$\times 1.118 = 492.03 \text{m}^2$$

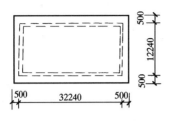

图 4-71 屋面平面图

图 4-72 封檐板、博风板示意图

6．封檐板按图示檐口外围长度以延长米计算。

7．博风板按斜长以延长米计算工程量，有大刀头者，每个大刀头增加长度 500mm，见图 4-72。

【例 4-8】 计算图 4-71 中封檐板、博风板的工程量。博风板中有 4 个大刀头，见图 4-72 所示。

【解】 封檐板：$L = 33.24 \times 2 = 66.48\text{m}$

博风板：$L = 13.24 \times 1.118 \times 2 + 4 \times 0.5 = 31.60\text{m}$

8．木盖板：按图示尺寸以平方米计算。

9．木搁板：按图示尺寸以平方米计算。

六、楼地面工程

楼地面工程的项目有面层、找平层、垫层、防潮层、明沟、散水（墙脚排水坡）、变形缝等内容。

楼地面面层又按所用的材料和施工方法不同分为整体面层和块料面层（又叫镶贴面层）。块料面层和整体面层分项如下。

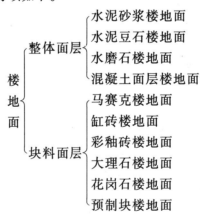

地面面层按部位的不同分为室内、楼梯、台阶和踢脚线。由于所做部位的不同，工料的消耗也有很大的差异，应分别计算工程量，执行相应的定额。

（一）室内及走廊的地面面层

室内及走廊的面层工程量，按主墙间净面积以平方米计算。应扣除凸出地面的构筑物、设备基础、室内通道、0.3m² 以上的落地沟槽、放物柜、炉灶、柱、垛所占的面积。但门洞圈开口部分也不增加。室外地面均按横断面宽度乘以长度以平方米计算，不扣除雨水井、检查井所占的面积。

（二）楼梯面层

楼梯面层按楼梯水平投影面积以平方米计算工程量,包括踏步、休息平台、梯梁等部位。不扣除梯井宽度在500mm以内的面积(参见图4-57)。执行专门的楼梯面层相应定额项目。为了简化楼梯面层的工程量计算,定额内已包括了楼梯踢脚面和踢脚线的工作内容(见图4-73),不再单独计算踢脚面和踢脚线的工程量。

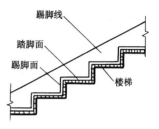

图4-73 楼梯踢脚线示意图

其计算式如下:

楼梯面层工程量 = 楼梯间净面积 × (楼层数 - 1)

楼梯防滑条按梯踏步两端间距离减300mm,以延长米计算。

(三)台阶面层

台阶面层的工程量按台阶的水平投影面积(不包括梯带和花池)以平方米计算。执行台阶面层相应的定额项目。台阶踢脚面已包括在定额内。没有专门定额项目的台阶面层,按台阶的展开面积以平方米计算工程量,执行相应的楼地面面层定额。

(四)踢脚线

踢脚线的工程量按图示尺寸以平方米计算。不扣除门洞和空洞所占的面积,但门洞、空洞、垛和侧壁的工程量也不增加。踢脚线没有列定额项,它是执行相应的楼地面定额项目,但人工费要增加60%。

(五)垫层

垫层分为室内垫层和基础垫层均按图示尺寸以立方米计算。垫层按所用材料不同又分灰土、砂、级配砂石、毛石、碎砖、砾石、碎石、矿渣、炉渣、三合土和混凝土垫层。地面垫层要扣除室内沟道所占去的体积。

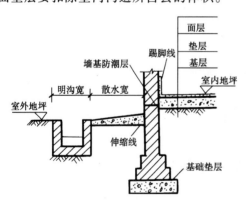

图4-74 明沟 散水示意图

(六)找平层

找平层的工程量按主墙间净面积以平方米计算;找平层的工程量同面层的工程量。

(七)防潮层

防潮层分为平面、立面和墙基防潮层。

平面防潮层的工程量同相应的楼地面面层的工程量;立面防潮层的工程量按图示尺寸以平方米计算,不扣除单个面积在$0.3m^2$以内的孔洞面积;墙基防潮层的工程量按所做墙体的面积以平方米计算,即按墙长乘以墙厚计算。

(八)明沟、散水

明沟和散水如图4-74所示。明沟分砖砌明沟、石砌明沟和混凝土明沟,其工程量按延长米计算。其计算公式为:

明沟长 = $L_外$ + 8 × 散水宽 + 4 × 明沟宽 - 不做明沟长度

式中 $L_外$ 为外墙外边线长。

散水(又叫墙脚排水坡)按图示面积以平方米计算,散水绝大多数为混凝土散水,有极少数为三合土散水。其计算公式为:

$$散水面积 = L_外 \times 散水宽 + 4 \times 散水宽 \times 散水宽$$

式中 $L_外$ 为外墙外边线长。

【例 4-9】 计算图 4-75 所示地面面层、垫层、基础垫层、防潮层、室外明沟、散水的工程量。注：地面面层为防滑地面砖，贴地面砖时先做水泥砂浆找平层；踢脚线为瓷砖踢脚线，高为 150mm；散水为 C15 混凝土散水，宽度为 800mm；明沟为砖砌明沟，宽度为 200mm。（参见图 4-74）

【解】 1）防滑地面砖
$$S = (3.5 - 0.24) \times (5.0 - 0.24) \times 2$$
$$= 3.26 \times 4.76 \times 2$$
$$= 31.04 \text{m}^2$$

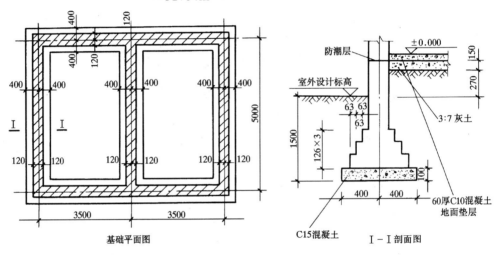

图 4-75 基础平、剖面图

2）1:3 水泥砂浆地面找平层
$$S = 31.04 \text{m}^2$$

3）60 厚 C10 混凝土地面垫层
$$V = 31.04 \times 0.06 = 1.86 \text{m}^3$$

4）3:7 灰土地面垫层
$$V = 31.04 \times 0.15 = 4.66 \text{m}^3$$

5）瓷砖踢脚线
$$S = (3.5 - 0.24 + 5 - 0.24) \times 2 \times 2 \times 0.15 = 4.8 \text{m}^2$$

6）C15 混凝土散水
$$S = (3.5 \times 2 + 0.24 + 5 + 0.24) \times 2 \times 0.8 + 4 \times 0.8 \times 0.8$$
$$= 12.48 \times 1.6 + 2.56$$
$$= 22.53 \text{m}^2$$

7）M5 水泥砂浆砌砖明沟

$$L = 24.96 + 8 \times 0.8 + 4 \times 0.2$$
$$= 24.96 + 6.4 + 0.8$$
$$= 32.16m$$

8）C15 混凝土基础垫层：
$$V = (12 \times 2 + 4.20) \times 0.8 \times 0.1$$
$$= 28.20 \times 0.08$$
$$= 2.26m^3$$

（九）变形缝

各类变形缝（抗震缝、伸缩缝、沉降缝）按所用材料不同分别以延长米计算。变形缝如内外双面填缝者，工程量按双面计算。变形缝定额适用于基础、墙面、屋面、地面等部位。

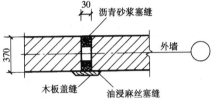

【例 4-10】 某办公楼外墙（两条外墙）变形缝做法如图 4-76 所示，墙体高度为 32m，试计算变形缝的工程量。

图 4-76 外墙变形缝

【解】 因有两条外墙，故外墙外侧沥青砂浆变形缝的工程量为

$$L = 32 \times 2 = 64m$$

油浸麻丝变形缝的工程量为

$$L = 32 \times 2 = 64m$$

外墙内侧木板盖缝变形缝的工程量为

$$L = 32 \times 2 = 64m$$

七、屋面工程

屋面工程包括屋面防水层、屋面找平层、屋面保温层、屋面找坡层、屋面排水设施等项目。

（一）屋面防水层

屋面防水层分柔性防水（卷材防水）层、刚性防水层和瓦屋面防水层。

1. 卷材屋面防水层

卷材屋面防水层的工程量按实铺面积以平方米计算。不扣除房上烟囱、风帽底座、风道、斜沟、变形缝等所占面积；但屋面山墙、女儿墙、天窗、变形缝、天沟等泛起部分也要计算；天窗出檐与屋面重叠部分应按图示尺寸（如图纸无规定时，女儿墙和变形缝的泛起高度为 300mm，天窗的泛起高度为 500mm）计算后并入屋面工程量内，如图 4-77 所

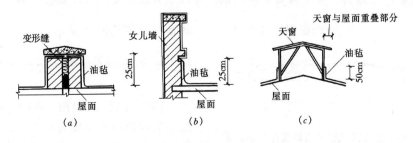

（a） （b） （c）

图 4-77 屋面油毡弯起部分示意图

示。屋面卷材的搭接重叠部分所用工料（如图 4-78 所示），均已包括在定额内，不再另行计算。

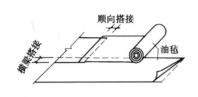

图 4-78　卷材搭接示意图

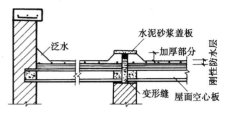

图 4-79　刚性屋面

2．刚性屋面

刚性屋面（即细石混凝土屋面）按实铺水平投影面积以平方米计算，泛水和刚性屋面变形缝等的加厚和弯起部分均已包括在定额内，不再另行计算。见图 4-79 所示。

3．瓦屋面

瓦屋面包括小青瓦、粘土瓦、水泥瓦、大小波石棉瓦、铁皮瓦等，其工程量按图示斜平面面积以平方米计算。不扣除房上烟囱、风帽底座、风道、屋面小气窗、斜沟等所占的面积，但屋面小气窗出檐与屋面搭接重叠部分的面积也不增加。天窗出檐与屋面重叠部分的面积应按图示尺寸计算，并入屋面工程量内。

【例 4-11】　计算图 4-71 所示屋面粘土瓦的工程量，图中 $\theta = 26°34'$，$B = 0.5$，$\dfrac{B}{2A} = \dfrac{1}{4}$。

【解】　查表 4-16 可得 $C = 1.118$。

则屋面粘土瓦的工程量

$$S = 33.24 \times 13.24 \times 1.118$$

$$= 492.03 \text{m}^2$$

即屋面粘土瓦的工程量为 492.03m²。

（二）屋面找平层

屋面找平层按屋面水平投影面积以平方米计算工程量。

（三）屋面保温层

屋面保温层即有保温作用又有找坡作用，所以保温层又叫找坡层。通常做法是用炉渣混凝土或膨胀珍珠岩。其工程量是按图示尺寸以立方米计算。其计算公式为：

屋面保温层体积 V = 屋面面积 × 平均厚度 $\bar{d}$。

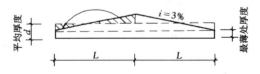

图 4-80　屋面找坡层平均厚度计算示意图

式中 $\bar{d}$ = 最薄处厚度 + $\dfrac{1}{2}Li$，见图 4-80 所示。

【例 4-12】　如图 4-80 中 $L = 8.12$m，保温层的最薄处厚度为 0.15m，试计算屋面找坡层的工程量，屋面的总长为 48m。

【解】 $V = 48 \times 2 \times 8.12 \times \left(0.15 + \dfrac{1}{2} \times 8.12 \times 3\%\right) = 211.87\text{m}^3$

（四）屋面排水

屋面排水分有组织排水和无组织排水，多层建筑一般都采用有组织排水。有组织排水包括铸铁、石棉水泥、塑料和铁皮落水管排水。

铸铁落水管和石棉水泥落水管排水按水斗下口到室外地坪的垂直高度以延长米计算工程量；石棉水泥管檐沟按实际安装的水平长度以延长米计算；石棉水泥水斗、铸铁落水口、铸铁落水斗、铸铁弯头按个计算，见图 4-81。

【例 4-13】 计算图 4-81 中铸铁水落管的工程量。已知水斗下口标高为 26.8m，室外地坪标高为 -0.16m，水落管共有 12 根。

【解】 水落管的工程量为

$$L = (26.8 + 0.16) \times 12 = 323.52\text{m}$$

落水斗、落水口、弯头的工程量均为：

$$n = 12 \times 1 = 12 \text{个}$$

塑料排水管按水斗下口到室外地坪的高度以延长米计算工程量。塑料水斗、水口、弯头均已包括在定额内，不再另行计算。

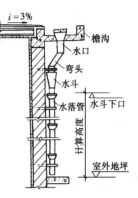

图 4-81 水落管计算示意图

铁皮落水管包括落水管、檐沟、水斗等，均按展开面积以平方米计算工程量。铁皮排水项目若图纸无规定时，可按"铁皮排水单体零件工程面积折算表"计算，见表 4-17。

铁皮排水单件零件展开面积表 表 4-17

名称	水落管 (m)	檐沟 (m)	水斗 (个)	漏斗 (个)	下水口 (个)	天沟 (m)	斜沟、天窗、窗台泛水 (m)	天窗侧面泛水 (m)	烟囱泛水 (m)	通气管泛水 (m)	滴水 (m)
展开面积 (m²)	0.32	0.3	0.40	0.16	0.45	1.30	0.50	0.70	0.80	0.22	0.24

屋面架空隔热层，用砖支墩将预制小板在屋面上架空安装，起架空隔热的作用。砖支墩的高度不得小于 180mm，架空的预制小板一般为 500mm×500mm×40mm，该项目的安装包括了砌砖支墩预制和安装架空小板。它的工程量是按实铺面积以平方米计算。

（五）构筑物工程

构筑物是指独立于建筑物以外的烟囱、水塔、贮水池、油罐、汽柜、贮仓、地沟、栈桥、地下人防等。

1．烟囱

烟囱主要包括烟囱基础、烟囱筒身、内衬等几个部分。

（1）烟囱基础

烟囱基础的工程量按体积以立方米计算。砖基础与砖筒身的分界线在砖基础大放脚扩大顶面，以下为砖基础，以上为砖筒身。钢筋混凝土烟囱基础包括基础和筒座，见图 4-82。筒座以上为筒身。

【**例 4-14**】 计算图 4-82 烟囱钢筋混凝土基础的工程量及土方工程量。（取工作面及放坡系数增量 $K = 1.4$）

1）人工挖基坑土方

$$V = \pi r^2 hK$$

$$= 3.1416 \times 5.1^2 \times 3.57 \times 1.4$$

$$= 408.40\text{m}^3$$

2）C10 混凝土基础垫层

$$V = 3.1416 \times 5.1^2 \times 0.1$$

$$= 8.17\text{m}^3$$

3）C20 钢筋混凝土基础

$$V = 3.1416 \times 5.0^2 \times 0.63$$

$$= 49.48\text{m}^3$$

4）C15 素混凝土基础（用基础的中心线长 × 断面积）。

$$V_1（筒座） = 2\pi \times 2.37 \times 1.24 \times 0.74$$

$$= 13.66\text{m}^3$$

$$V_2（大脚基础） = 2\pi \times 2.385 \times (0.6 \times 1.97 + 0.5 \times 2.97 + 0.5 \times 3.97)$$

$$= 69.71\text{m}^3$$

$$V = V_1 + V_2 = 13.66 + 69.71 = 83.37\text{m}^3$$

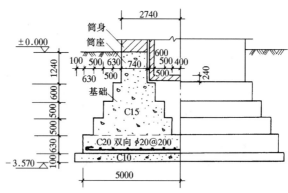

图 4-82 烟囱基础剖面图

（2）烟囱筒身

1）烟囱筒身工程量，不论是圆形还是方形，均按图示尺寸按立方米计算。筒身要根据不同的筒壁厚度、不同的材料分段计算；牛腿的体积并入筒身体积内。筒身的各种孔洞（如入烟口、出灰口、砖烟囱还应包括钢筋混凝土过梁、圈梁等）的体积应予扣除。

152

圆形烟囱筒身（见图4-83）体积计算公式为：

$$V = \Sigma[\pi(R + r)hd]$$

式中　R——每段筒壁下端中心半径；

　　　r——每段筒壁上端中心半径；

　　　h——每段筒壁高度；

　　　d——每段筒壁厚度。

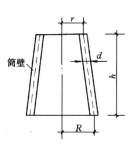

图4-83　烟囱筒壁计
算示意图

【例4-15】　如图4-83中，$R = 4.6\text{m}$，$r = 4.0\text{m}$，$h = 20\text{m}$，$d = 0.60\text{m}$。试计算筒壁的体积。

【解】　$V = \Sigma[\pi(R + r)hd]$

　　　　　$= [\pi(4.6 + 4) \times 20 \times 0.6]$

　　　　　$= 324.21\text{m}^3$

2）砖烟囱内钢筋混凝土圈梁

砖烟囱内的钢筋混凝土圈梁工程量按图示尺寸以立方米计算。其计算公式为：

$$V = 2\pi Rab$$

式中　R——圈梁中心半径；

　　　a, b——圈梁的宽度和高度。

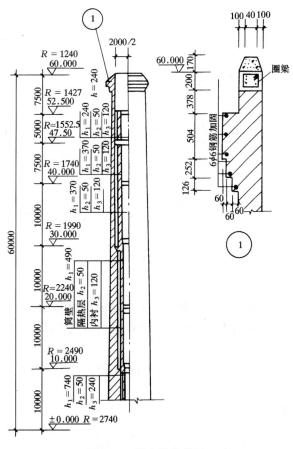

图4-84　烟囱筒身简图

3）砖烟囱砌体内采用钢筋加固者，根据设计规定按吨计算工程量。

【例4-16】 计算图4-84中砖烟囱筒壁工程量及钢筋混凝土圈梁工程量。

【解】 钢筋混凝土圈梁工程量为

$$V = 2\pi \times 1.12 \times 0.2 \times 0.24$$

$$= 0.34 m^3$$

砖烟囱筒壁的工程量为（入烟口、出灰口体积＝3.67m³）

$$V = \pi(2.37 + 2.12) \times 10 \times 0.74 + \pi(2.245 + 1.745) \times 20$$

$$\times 0.49 + \pi(1.805 + 1.3675) \times 17.5 \times 0.37 + \pi(1.4325$$

$$+ 1.12) \times 12.5 \times 0.24 + 2\pi \times 1.24 \times (0.18 \times 0.504 +$$

$$0.12 \times 0.252 + 0.06 \times 0.126) - 0.34 - 3.67$$

$$= 312.81 m^3$$

（3）烟囱内衬

烟囱内衬工程量分不同材料按图示尺寸以立方米计算（计算公式同筒身体积计算公式），并扣除孔洞所占的体积。

（4）烟囱内隔热层

1）烟囱内表面隔热层，按筒身内壁的面积以平方米计算，并扣除各种孔洞所占的面积。

2）填料体积按烟囱内衬与筒身之间的体积以立方米计算（计算公式同筒身体积计算公式），并扣除各种孔洞所占的体积，但不扣除横砖及防沉带（见图4-85）的体积。

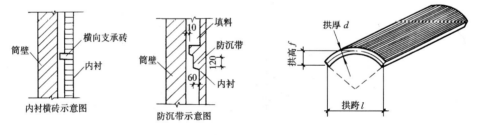

图4-85　烟囱内横砖、防沉带示意图　　　　图4-86　拱顶计算示意图

（5）烟道砌砖

烟道按不同砌体体积以立方米计算。烟道与炉体（炉体属于筑炉工程，不属于构筑物工程）的划分，以第一道闸门为界，在炉体内的烟道并入炉体内计算。烟道拱顶计算公式（参见图4-86）

$$V = lKdL$$

式中　l——拱跨；

　　　K——弧长系数，见表4-18；

　　　d——拱厚；

　　　L——拱长。

拱　顶　弧　长　系　数　表																表 4-18
矢跨比 $\dfrac{f}{l}$	$\dfrac{1}{2}$	$\dfrac{1}{2.5}$	$\dfrac{1}{3}$	$\dfrac{1}{3.5}$	$\dfrac{1}{4}$	$\dfrac{1}{4.5}$	$\dfrac{1}{5}$	$\dfrac{1}{5.5}$	$\dfrac{1}{6}$	$\dfrac{1}{6.5}$	$\dfrac{1}{7}$	$\dfrac{1}{7.5}$	$\dfrac{1}{8}$	$\dfrac{1}{8.5}$	$\dfrac{1}{9}$	$\dfrac{1}{9.5}$	$\dfrac{1}{10}$
弧长系数 K	1.571	1.383	1.274	1.205	1.159	1.127	1.103	1.086	1.073	1.062	1.054	1.047	1.041	1.037	1.033	1.027	1.026

也可用下列近似公式计算烟道拱顶

$$V = \left[8\sqrt{f^2 + \left(\frac{l}{2}\right)^2} - 1 \right] / 3L$$

近似公式适用于工程量较小的拱顶计算。

【例 4-17】 计算图 4-87 烟道的工程量（烟道的长度为 20m）。

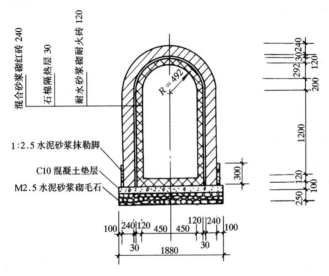

图 4-87　烟道剖面图

【解】　1）耐火砂浆砌 120 耐火砖墙的工程量

$$V = lKdL$$

$l = 1.02, f = 0.352, l/f = \dfrac{1.02}{0.352} = 2.90$；用插入法可求得 $K = 1.296$。$d = 0.12$，$L = 20$。

$$V = 1.02 \times 1.296 \times 0.12 \times 20 + (2 \times 1.52 + 0.9) \times 0.12 \times 20$$
$$= 3.16 + 9.46$$
$$= 12.62 \text{m}^3$$

2）石棉隔热层的工程量

$$V = 1.17 \times 1.331 \times 0.03 \times 20 + 2 \times 1.52 \times 0.03 \times 20$$
$$= 2.76 \text{m}^3$$

3）混合砂浆砌红砖

$$V = 1.44 \times 1.361 \times 0.24 \times 20 + 2 \times 1.52 \times 0.24 \times 20$$
$$= 24.00 \text{m}^3$$

4）1:2.5 水泥砂浆踢脚线

$$S = 0.3 \times 20 \times 2 = 12 \text{m}^2$$

5）C10 混凝土烟道地面垫层

$$V = 1.88 \times 0.1 \times 20$$
$$= 3.76 \text{m}^3$$

6）M2.5 水泥砂浆砌毛石烟道基础

$$V = 1.88 \times 0.25 \times 20$$
$$= 9.40 \text{m}^3$$

（6）烟囱脚手架

烟囱脚手架按烟囱外围周长加 3.6m 乘以实砌筑高度按平方米计算，套外脚手架定额。烟囱的高度是指室外地坪至烟囱顶部的高度。

（7）其他

砖砌烟囱筒身原浆勾缝和烟囱帽抹灰已包括在定额内，不再另行计算。

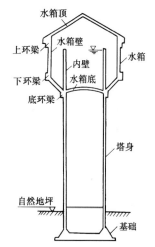

图 4-88　水塔构造示意图

烟囱的钢筋混凝土集灰斗（包括分隔墙、水平隔板、梁、柱等）按混凝土分部的相应定额项目计算。

烟囱内衬伸入筒身的连接横砖及防沉带（见图 4-85）已包括在内衬定额内，内衬上抹水泥排水坡的工料也已包括在定额内，不再另计。

烟囱扫灰门、烟囱帽、铁爬梯、围栏及砖烟囱的紧固圈按金属结构分部相应定额项目计算。

2. 水塔

水塔主要由基础、塔身、水箱三部分组成。如图 4-88 所示。

（1）水塔基础

基础与塔身的分界线：砖水塔以基础大放脚的扩大面顶面为界，以下为基础，以上为塔身。钢筋混凝土筒式水塔以筒座上表面或基础板顶或梁顶为界，以下为基础，以上为塔身；与基础相连接的梁并入基础内计算。

（2）水塔塔身

塔身与水箱的分界线：以水箱底相连接的圈梁下口为界，圈梁下口以上为水箱，以下为塔身。

钢筋混凝土筒式塔身，应扣除门窗洞口所占的体积；依附于塔身的过梁、雨篷、挑檐等并入塔身工程量内计算。柱式塔身，不分柱（直柱和斜柱）、梁合并计算。

砖塔身不分厚度和直径，以立方米计算工程量，应扣除门窗洞口和钢筋混凝土构件所占的体积。砖碹和砖出檐等并入塔身体积内计算，砖碹胎板的工料不再另计。

（3）塔顶及水箱

塔顶上如铺设保温隔热材料，则另列项目计算。钢筋混凝土水箱顶、水箱底及挑出的斜壁工程量并在一起计算。水箱顶包括上环梁，水箱底包括底环梁、下环梁和挑出的斜壁。

水箱壁包括内壁、外壁及依附于水箱壁的梁和柱等都合并在一起计算工程量。

砖水箱以立方米计算工程量。

（4）水塔工程量计算

几个基本公式：见图4-89。

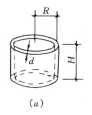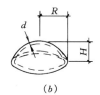

(a)   *(b)*   *(c)*

图4-89　壳体计算示意图

（a）筒壳；（b）球壳；（c）锥壳

1）筒壳体积计算公式

$$V = 2\pi RHd$$

2）球壳体积计算公式

$$V = \pi(R^2 + H^2)d$$

3）锥壳体积计算公式

$$V = \pi R \sqrt{R^2 + H^2}\,d$$

3．贮水池（油池）

（1）池底

平底的池底体积，应包括池壁下部的八字形靴脚，池底若带有斜坡时，斜坡部分并入池底工程量内计算。

锥形底的池底体积，应算至壁基础梁的底面，无壁基础梁时，算至锥形坡底的上口。

（2）池壁

池壁应分不同厚度（上薄下厚的按平均厚度）计算，其高度从池底上表面算至池盖下表面。

（3）池盖

无梁盖是指不带梁直接由柱支承的池盖。其体积应包括与池壁上口相连的扩大部分（三角八字）的体积。

柱高应从池底上表面算至池盖下表面，柱帽、柱座应并入柱体积内计算。

肋形盖应包括主梁和次梁的体积。

球形盖从池壁顶面开始计算；带边侧梁的球形盖，边侧梁应并入球形盖体积内计算。

4．贮仓

（1）矩形仓

矩形仓分立壁和漏斗，分别按不同厚度计算体积。立壁和漏斗的分界线按相互交点的水平线为界。壁上圈梁并入漏斗工程量内计算。基础和支撑漏斗的柱及柱间连系梁分别计算工程量，按混凝土分部相应的定额项目执行。

（2）圆形仓

圆形仓接基础板、仓底板、仓顶板和仓壁分别计算工程量。

基础板和仓顶板之间的钢筋混凝土柱上的柱帽算在仓顶板的工程量内；柱及柱间连系梁分别计算后按混凝土分部相应定额项目执行。

顶板梁并入顶板体积内计算。

5．地沟

砖砌地沟及混凝土现浇地沟均按图示尺寸以立方米计算；地沟盖板按图示尺寸以平方米计算。

八、装饰工程

（一）墙柱面装饰的作用

墙柱面装饰工程包括建筑物外墙柱面装饰和内墙柱面装饰两部分。通过墙柱面装饰，使墙体符合使用要求，功能要求及设计效果。

（二）墙柱面装饰的类型

根据装饰所用的材料和施工工艺的不同，墙面装饰可分为抹灰类墙柱面装饰、涂刷类墙柱面装饰、裱糊类墙柱面装饰、贴面类墙柱面装饰、镶钉类墙柱面装饰等五大类。

（三）装饰分项

墙柱面工程分项为镶贴块料面层（大理石、花岗石、其他石料、面砖、瓷砖、劈离砖），墙、柱龙骨（木龙骨、钢龙骨、隔墙龙骨），墙、柱面基层，墙、柱（梁）面面层（胶合板面层、不锈钢镜面板面层、其他面层），幕墙，隔断，隔墙。

墙、柱面工程工程量计算规则

1．镶贴块料面层按实贴面积以平方米计算，不扣除 $0.1m^2$ 以内的孔洞所占面积。

2．柱墩、柱帽以个计算。

3．墙、柱、梁面木装饰龙骨、基层、面层工程量按实铺面层以平方米计算，附墙垛、门窗侧壁按展开面积并入相应的墙面面积内。

4．玻璃幕墙与铝合金隔断，均以框外围面积计算，扣除门窗洞口所占面积。幕墙与建筑顶端、两侧的封边按图示尺寸以平方米计算，自然层的水平隔离与建筑物的连接按延长米计算。

5．墙、柱、梁面的凹凸造型展开计算，合并在相应的墙、柱、梁面积内。

6．半玻璃隔断按设计边框外边线以平方米计算。

7．全玻隔断按框外围面积以平方米计算，扣除门洞所占面积。全玻隔断的不锈钢边框工程量按边框展开面积计算。

8．玻璃砖、花式隔断、木格式隔断均以框外围面积计算。

9．浴厕木隔断、其高度自下横档底面算至上横档顶面以平方米计算，门扇面积并入隔断面积内。

10．浴厕磨砂玻璃隔断按下横档底面算至上横档顶面的高度乘以两立框之间的宽度以平方米计算。

（四）顶棚装饰工程

顶棚是楼板层的下覆盖层又称吊顶、天花板、平顶，是室内空间的顶界面。

顶棚按构造的不同方式一般有两种：一种是直接式顶棚，一种是悬吊式顶棚。按设置位置分为屋架下顶棚和混凝土板下顶棚。按主要材料可分为板材顶棚、轻钢龙骨顶棚、铝合金板顶棚、玻璃顶棚。按面层材料可分为抹灰顶棚、装饰顶棚。

顶棚常见装饰分项为顶棚龙骨（顶棚对剖圆木龙骨、顶棚方木龙骨、装配式 U 型轻钢龙骨、装配式 T 型铝合金（烤漆）龙骨、铝合金方板龙骨、铝合金条板、格式龙骨），顶棚吊顶封板，顶棚面层及饰面，龙骨及饰面，送（回）风口。

顶棚工程量计算规则

1．顶棚龙骨按主墙间净空面积计算，不扣除间壁墙、检查口、附墙烟囱、柱、垛和管道所占面积，但顶棚中的折线、迭落等圆弧形、高低吊灯槽等面积也不展开计算。

2．顶棚面层装饰面积按实铺面积计算，不扣除 $0.1m^2$ 以内的占位面积，应扣除与顶棚相连的窗帘盒所占的面积。顶棚中的折线、迭落等圆弧形、拱形、高低灯槽及其他艺术形式顶棚面层、按展开面积计算。

3．楼梯底面的装饰工程量按实铺面积计算。

4．凹凸顶棚按展开面积计算。

5．镶贴镜面按实铺面积计算。

工程量计算例题

（1）卫生间塑料板顶棚工程量的计算

【例 4-17】 卫生间塑料板顶棚墙中—中长 4m，中—中宽 3m，一砖墙厚，其净尺寸面积计算如下，单位为百平方米：

【解】 工程量： $(3.00-0.24)×(4.00-0.24)$

$$=2.76×3.76$$

$$=10.38m^2$$

化为 0.10 百平方米

（2）怎样计算顶棚镜面顶棚

【例 4-18】 镜面顶棚净长 $(10.00-0.24-0.24)$，净宽为 $(6.00-0.24)$，其净尺寸面积计算如下，单位为百平方米。

【解】 工程量： $(10.00-0.24-0.24)×(6.00-0.24)$

$$=9.52×5.76$$

$$=54.84m^2$$

化为 0.55 百平方米

（五）油漆，涂料及裱糊工程

油漆、涂料是一种涂于物体表面能形成连续性的物质。在建筑装饰中，以满足人们对建筑装饰日益提高的要求，达到建筑工程防水、防腐、防锈等特殊要求。

油漆、涂料不仅是使建筑物的内外整齐美观，保护被涂覆的建筑材料，还可以延长建筑的使用寿命，改善建筑物室内外使用效果。

油漆、涂料工程分项为木材面油漆（基层处理，清漆，聚氨酯清漆，硝基清漆，聚脂漆防火漆，防火涂料），涂料、乳胶漆（刮腻子高级乳胶漆，普通乳胶漆，水泥漆，外墙涂料，喷塑，喷涂），裱糊（墙面，梁、柱面，顶棚）

油漆，涂料工程工程量计算规则

1．楼地面、顶棚面、墙、柱、梁面的喷（刷）涂料、阻燃剂及抹灰面油漆，其工程量的计算，按楼地面、顶棚面、墙、柱、梁面装饰工程相应的工程量计算规则计算。

2．木材面的油漆工程量分别按下列各表计算方法计算。

（1）执行单层木门油漆定额的其他项目工程量乘以表 4-19 系数

（2）执行其他木材面定额的其他项目工程量应乘以表 4-20 中系数

表 4-19

项 目 名 称	系数	工程量计算方法
单层木门	1.00	按单面洞口面积计算
双层木门	1.36	
半截百页门窗	1.15	
单层全玻门	0.83	

表 4-20

项 目 名 称	系 数	工程量计算方法
木地板、木踢脚线	1.00	长 宽
木墙裙	1.00	
吸音板（墙面）或顶棚	0.87	
木方格吊顶棚	1.20	
木板、纤维板、胶合板顶棚、檐口	1.00	
衣柜、壁柜	1.00	按各面投影面积计算
木窗套、门套	1.00	展开面积计算
零星木装修	0.87	
木间隔、木隔断	1.90	单面外围面积计算
木栅栏、木栏杆（带扶手）	1.82	
木楼梯（不包括底面）	1.90	水平投影面积计算

（3）执行木扶手油漆定额的其他项目工程量乘以表 4-21 中系数

3．线条与顶棚同色者，并入顶棚面积内计算；不同色者单独计算。

工程量计算例题

（1）墙面贴壁纸工程量的计算

【例 4-19】 某工程一间卧室要求墙面贴壁纸，按图纸，墙中—中长 9m，中—中宽 6m，墙净高 3m 以净尺寸面积计算，扣去 0.15m 高的踢脚板工程量，扣去一樘门洞 1.2m×2.2m 及一樘窗洞 2m×1.5m 的工程量，单位为百平方米。

表 4-21

项 目 名 称	系数	工程量计算方法
木扶手	1.00	按延长米计算
本线条 60mm 以内	0.40	
木线条 60mm 以上	0.80	
窗帘盒	2.04	

【解】

工程量：$[(6.00-0.24)+(9.00-0.24)×2×(3-0.15)-1.2×2.2（门口）-2×1.5（窗口）=29.04×2.85-2.64-3.00=77.12m^2$

化为 0.77 百平方米

（2）玻璃镜面工程量计算

【例 4-20】 某工程按图纸玻璃面长 5.8m，高 2.8m 以净尺寸计算，单位为十平方米。

【解】 工程量：$5.80×3.80=22.04m^2$，化为 2.20 十平方米

（六）木装修及其他

木装修包括木窗台板、窗帘盒、挂镜线、筒子板、贴脸板等。其工程量包括安装和油

漆两种工程量（安装定额内已包括了制作和运输）。

1．木装修安装

（1）木窗台板：按木窗台板图纸尺寸面积以平方米计算，如图纸未注明窗台板的长度和宽度时，可按窗框外围宽度两边共加10cm，凸出墙面的宽度按墙外皮加5cm计算，见图4-90。

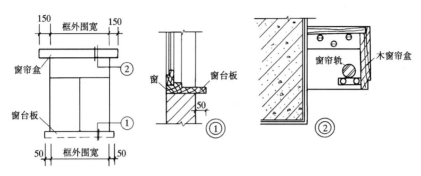

图4-90　窗台板、窗帘盒示意图

（2）木窗帘盒：按图纸尺寸以延长米计算，如图纸未标示长度时，可按窗框外围宽度两边共加30cm计算，见图4-90。

（3）木挂镜线：按延长米计算，若与门窗贴脸或窗帘盒相连时，应扣除门窗框或窗帘盒所占长度，如图4-91（a）。

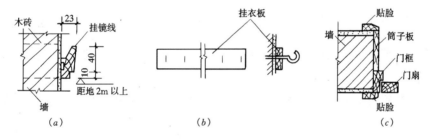

图4-91　挂镜线、挂衣板、贴脸、筒子板

（4）木挂衣板：按延长米计算，见图4-91（b）。

（5）门窗贴脸：钉在门窗框上的薄板，其工程量按图示延长米计算，见图4-91（c）。

（6）筒子板：贴于门窗侧壁的板，其工程量按面积以平方米计算，见图4-91（c）。

（7）木盖板：按图纸尺寸以平方米计算。

（8）木搁板：按图纸尺寸以平方米计算。

（9）披水条：按延长米计算，见图4-92。

（10）毛巾杆：按套计算，见图4-92。

（11）信报箱、墙壁镜，木碗柜：分别按个计算。

2．木装修油漆

（1）木窗帘盒、挂镜线、挂衣板、按延长米计算乘以表4-22中的系数，执行木扶手（不带托）油漆定额。

（2）筒子板、信报箱、墙壁镜、碗柜等，按实刷展开面积以平方米计算。执行筒子板

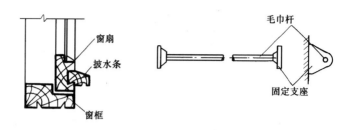

图 4-92　披水条、毛巾杆

的油漆的相应定额。

执行木扶手（不带托板）的油漆定额的油漆展开面积系数表　　　表 4-22

项　　目	油漆展开面积系数（K）	项　　目	油漆展开面积系数（K）
木扶手（不带托板）	1.00	封檐板、博风板	1.70
木扶手（带托板）	2.60	挂衣板	0.50
窗帘盒	2.00	挂镜线、窗帘棍、压条	0.40

（3）门窗贴脸及披水条油漆，刷门窗油漆时已经包括，不单独计算。

（七）间壁墙、护壁、墙裙、隔断、玻璃间壁墙

1．间壁墙、护壁、墙裙

按墙的净长乘净高以平方米计算。应扣除门窗所占面积，但不扣除 $0.3m^2$ 以内的孔洞面积。

间壁墙是指起分隔作用的非承重墙。墙裙是指沿墙的局部（一般约在高度的 $\frac{1}{3} \sim \frac{2}{3}$）的木装修。护壁是指沿墙整个高度满做（一般大约大于 $\frac{2}{3}$）木装修。

2．隔断

按下横档底面至上横档顶面的面积以平方米计算，见图 4-93，隔断上的门扇面积并入隔断面积内计算。

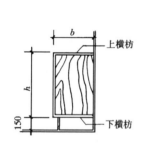

图 4-93　木隔断

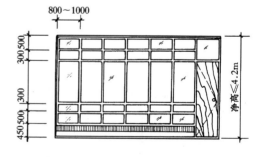

图 4-94　玻璃间壁墙

3．玻璃间壁墙

玻璃间壁墙高度按上、下横档间距离，宽度按两边立挺间距离计算。应扣除门和 $0.3m^2$ 以上的孔洞所占面积，见图 4-94。

（八）木楼地面

1．木楼地楞木及面层

162

木楼地面包括楞木及面层两部分，见图4-95，应分别计算工程量，执行相应的定额。

木楼地面楞木和面层工程量均按墙与墙间的净面积以平方米计算。不扣除间壁墙、穿过木地板的柱、垛和附墙烟囱等所占体积，但门和空圈的开口部分（见图4-96）也不增加。

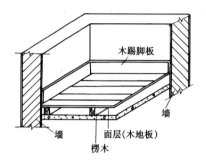

图4-95　木楼地板楞木及面层示意图

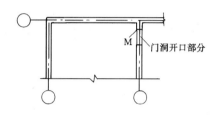

图4-96　门洞开口部分示意图

2．木踢脚板

木踢脚板工程量按面积以平方米计算，不扣除门窗洞口和空圈处的长度，但门洞和空圈的侧壁部分也不增加（见图4-96）。

3．木楼梯

木楼梯按水平投影面积以平方米计算，不扣除宽度在30cm内的楼梯井所占面积。木楼梯的踢脚板，平台及伸入墙内部分已包括在木楼梯定额内，不另计算。

3．木栏杆及扶手

楼梯木栏杆及木扶手工程量可按全部水平投影长度（不包括墙内部分）乘以系数1.15以延长米计算。其他木栏杆及木扶手工程量直接按延长米计算。

木栏杆上的木扶手已包括在木栏杆定额内，不单独计算。钢栏杆上的木扶手按木扶手计算（钢栏杆按重量计算，单独执行钢栏杆定额），执行木扶手定额，靠墙扶手定额后已包括了扶手支架，支架不另计算，见图4-97。

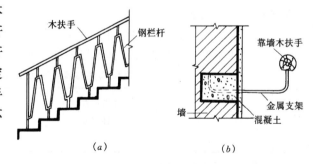

（a）　　　　（b）

图4-97　木扶手示意图

九、金属结构工程

（一）金属结构的特点

金属结构制作是指用各种型钢、钢板和钢管等金属材料或半成品，以不同的连接方法加工制作成构件，其拼接形式由结构特点确定。

金属结构的应用范围须根据钢结构的特点作出合理的选择。

金属结构构件一般是在金属结构加工厂制作，经运输、安装、再刷漆，最后构成工程实体。工程分项为金属结构制作及安装（金属构件制作安装，金属栏杆制作安装），金属构件汽车运输，成品钢门窗安装，自加工门窗安装自加工钢门制安，铁窗栅安装，金属压型板。工程量计算主要计算金属结构构件的制作、运输、安装和刷漆四种工程量。

1．构件制作

金属结构构件制作工程量，按理论净重量以吨计算。钢结构构件不会产生构件的损坏，所以不乘任何系数。

钢结构（金属结构）构件理论净重量＝Σ［杆件长度（或面积）×单位重量］

式中的单位重量是指每米重量（型钢）或每平方米重量（钢板）。

2．构件运输

金属结构构件运输工程量，按制作工程量增加 1.5％ 的螺栓、焊缝等重量计算。即：

金属结构构件运输工程量＝制作工程量×（1＋1.5％）

金属结构构件运输定额是按构件类型分项的，所以其运输工程量要按构件类型进行项目的合并，以便执行定额。

构件运输按下列分类表计算 表 4-23

构件类别	构 件 名 称
Ⅰ 类	各类屋架、柱、山墙防风桁架
Ⅱ 类	支架、吊车梁、制动梁
Ⅲ 类	墙架、天窗架、天窗挡风架（包括柱侧挡风板、遮阳板、挡雨篷支架、拉杆、平台、自加工钢门窗檩条、各种支撑、大门钢骨架、其他零星构件）

3．构件安装

金属结构构件安装工程量等于运输工程量

4．构件刷漆

为简化工程量计算，金属结构构件油漆工程量不按油漆展开面积计算，而按重量计算，在工程量中考虑油漆展开面积因素。在计算工程量时，金属结构的构件油漆工程量要乘以油漆展开面积系数。

金属结构构件油漆工程量＝安装工程量×K

式中 K——油漆展开面积系数，其他规定见表 4-24。

钢结构件油漆展开面积系数表 表 4-24

项 目	油漆展开面积系数（K）	项 目	油漆展开面积系数（K）
钢屋架、天窗架、挡风架、屋架梁、支撑、檩条	1.00	钢栅栏门、栏杆、窗栅	1.70
墙架（空腹式）	0.50	钢爬梯	1.20
墙架（格板式）	0.80	轻型屋架	1.40
钢柱、吊车梁、花式梁柱、空花构件	0.60	踏步式钢扶梯	1.10
操作台、走台、制动梁、车挡	0.70	零星铁件	1.30

由于金属结构构件在制作后要作一道防锈处理，所以在结构构件的制作定额中已综合了一道防锈漆在执行刷防锈漆定额时，应按实刷油漆遍数扣减一遍执行，以避免重复计算。

（二）金属结构工程工程量计算规则

1．金属结构的制作安装工程量，按理论重量以吨计算，安装的焊缝重量已包括在定额内，型钢按设计图纸的规格尺寸计算（不扣除孔眼，切肢，切边等重量）。钢板按几何图形的外接矩形计算（不扣除孔眼重量），螺栓及焊缝已包括在定额内，不另计算。

2．钢柱制作安装工程量按理论重量以吨计算，依附于柱上的牛腿及悬臂梁的重量，应并入柱身工程量内。

3．计算钢墙架制作安装工程量时，墙架小柱、梁和连系拉杆的重量，应并入墙架工程量内。

4．自加工钢门的制作工程量，按设计门扇外围面积以平方米计算。

5．成品钢门窗工程量，按设计门窗洞口面积以平方米计算，平面为弧形或异形钢门窗者，按展开面积计算。

6．防盗栅，金属栅栏按展开面积计算。

7．栏杆，扶手包括弯头长度按延长米计算，安装栏杆的预埋铁件不包括在定额内，另行计算。

【例 4-21】 如图 4-98 所示是某工业厂房水平钢支撑（共 24 副）计算其制作、运输、安装和油漆工程量。

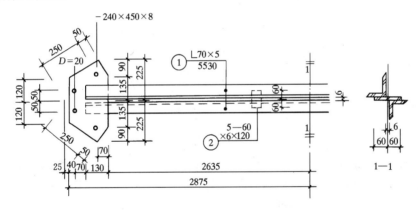

图 4-98 钢支撑××-18-3 详图

—副钢支撑的理论重量用下表 4-25 计算

钢 材 重 量 计 算 表 表 4-25

零件号	规 格	单 位	数 量	件 数	单位重量	小计（kg）
①	L70×5	m	5.53	2	5.397	59.69
②	−60×120×6	m²	0.0072	5	47.10	1.70
③	−240×450×8	m²	0.108	2	62.80	13.56
	合　计					74.95

【解】 钢支撑制作工程量＝24×74.95＝1.799t

钢支撑运输工程量＝1.799×1.015＝1.826t

钢支撑安装工程量＝1.826t（同运输工程量）

钢支撑油漆工程量＝1.826×1.0＝1.826t。

第四节 统筹法计算工程量

一、统筹法的基本原理

统筹法是一种科学的计划和管理方法。是我国著名数学家在 60 年代初，引进并推广"网络计划技术"时命名的。它具有着眼全局、突出重点、揭示矛盾、统筹安排的特点。它是在研究事物内在规律的基础上，对事物的内部矛盾进行系统、合理、有效地解决，从而达到多快好省的科学方法。

这里沿引华罗庚《统筹法平话及补充》一书中的"泡茶喝"的例子，来说明统筹法最基本的原理。

设"泡茶喝"共需这样 6 道工序：①洗水壶、②烧开水、③洗茶壶、④洗茶碗、⑤拿茶叶、⑥泡茶。假设对"泡茶喝"全过程中 6 道工序中作出下列两种安排，即：

第一种安排共需 20min20s：

①—洗茶壶 1min—②—洗茶碗 1min—③—拿茶叶 2min—④—洗水壶 1min—⑤—烧开水 15min—⑥—泡茶 1/3min→

第一种安排

第二种安排共需 16min20s

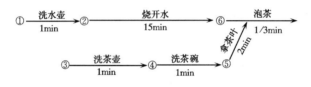

第二种安排

两种安排的目的一样，但效果大不相同。第一种安排窝了工，白费了时间，而第二种安排由于利用了烧开水的"技术间隙时间"作了洗茶壶、洗茶碗和拿茶叶的工序，缩短了时间。显然，第二种安排比第一种安排科学。

统筹法在建筑工程上的运用，就其基本原理而言，就是对施工过程作出图解，即应用网络图形和数学运算来表达工作计划编排的一种科学管理方法。统筹图（或称网络图）能够全面反映施工流程、工程计划内各施工项目之间的相互联系和关系；可以帮助人们通过网络图的图解，找出完成工程计划内的关键工程所在，以便于缩短关键工序，提前工期。

二、统筹法计算工程量的基本原理

运用统筹法计算工程量，就是分析工程量计算中，各分项工程量计算之间的固有规律和相互之间的依赖关系，运用统筹法原理和统筹图图解来合理安排工程量的计算程序，以达到节约时间，简化计算、提高工效、为及时准确地编制工程预算提供科学数据的目的。

例如槽沟挖土、基础垫层、基础砌筑、墙体砌筑、地圈梁等分项工程，按工程量计算规则都要计算外墙中心线，内墙净长线和断面面积；又如外墙勾缝、外墙抹灰、散水、勒脚等分项工程的计算，都与外墙外边线长度有关系；平整场地，房心回填土、防潮层、找平层、楼地面面层、顶棚等分项工程的计算都与底层建筑面积有关。

总之，从分析上述工程量计算中可以看出，在计算某些分项工程量时，都离不开外墙中心线、内墙净长线、外墙外边线长度和底层建筑面积。如果不考虑这些分项工程之间的内在联系和相互依赖关系，在工程量计算中，这些"线"和"面"的数字就要进行多次重复计算。运用统筹法原理，根据"线"和"面"的运算规律总结出"三线、一面、一册"工程量计算统筹图。

三线是指在建筑施工图上所表示的外墙中心线、外墙外边线和内墙净长线长度，分别用 $L_中$、$L_外$、$L_内$ 来表示。

一面是指建筑施工图上所表示的底层建筑面积，用 S_1 来表示。

一册是指为了扩大统筹法计算工程量的范围，有些地区或单位还将在工程量计算中经常使用的数据、系数和标准构配件工程量预先计算编册、以供使用时便于查找。

三、统筹法计算工程量的基本要点

运用统筹法计算工程量的基本要点是：统筹程序，合理安排；利用基数，连续计算；一次算出，多次使用；结合实际，灵活机动。

（一）统筹程序，合理安排

工程量计算程序安排得是否合理，关系到预算编制效率的高低，进度的快慢。工程量计算按以往的计算程序，一般是以施工顺序或定额顺序进行计算。

例如，室内地面工程中的房心回填土，地面垫层、地面面层、按施工顺序计算工程量，计算顺序可按图4-99所示计算程序进行。

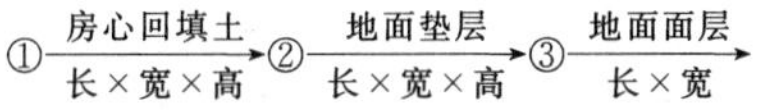

$$① \underset{长×宽×高}{\overset{房心回填土}{\longrightarrow}} ② \underset{长×宽×高}{\overset{地面垫层}{\longrightarrow}} ③ \underset{长×宽}{\overset{地面面层}{\longrightarrow}}$$

图 4-99　室内地面工程量计算程序示意图

从图 4-99 室内地面工程量计算程序示意图中可以看出，重复计算三次长乘宽，浪费了时间，影响了工程量计算速度。

运用统筹法原理，根据分项工程量计算规律，先主后次，统筹安排。把地面面层工程量计算放在前面，用它得出的数据供计算房心回填土、地面垫层工程量使用，这样就可以避免重复计算。其工程量可按图 4-100 所示程序进行计算。

从图 4-100 室内地面工程量统筹法计算程序示意图中可以看出，由于把过去①→②→③的计算程序调整为③→②→①，即把地面面层放在前面，长×宽只计算一次就把其他几道工序的工程量带算出一部分。所以统筹程序、合理安排，能够减少重复计算和简化计算公式，提高工程量计算速度。

图 4-100　室内地面工程量统筹法计算程序示意图

（二）利用基数、连续计算

所谓基数，就是前面讲过的"三线"长度和"一面"的面积，它是许多分项工程量计算的依据。

利用基数，连续计算，就是根据施工图预先计算基数"三线"和"一面"的长度和面积，在计算相关工程量时利用这些基数，以减少重复劳动。利用基数计算时，还要考虑计算项目的计算顺序，使前面项目的计算结果能运用于后面的计算中，尽量减少重复计算。

【例 4-22】 以外墙中心线长度为基数，连续计算图 4-52 所示与它有关的地槽挖土、基础垫层、基础砌砖、基础防潮层、钢筋混凝土地圈梁等分项工程量。

【解】

外墙中心线长 $L_{中} = (11.4 + 0.12 + 9.9 + 0.12) \times 2$

$$= 43.08\text{m}$$

外墙地槽挖土体积 $V = L_{中} \times a \times H \times K$

$$= 43.08 \times 1.04 \times 1.5 \times 1.27$$

$$= 85.35\text{m}^3$$

外墙基础垫层体积 $V = L_{中} \times 垫层断面积$

$$= 43.08 \times 1.04 \times 0.2$$

$$= 8.96\text{m}^3$$

外墙地圈梁体积 $V = L_{中} \times 地圈梁断面积$

$$= 43.08 \times 0.36 \times 0.24$$

$$= 3.72\text{m}^3$$

外墙基础体积 $V = L_{中} \times 基础断面积 - 地圈梁体积$

$$= 43.08 \times 0.365 \times (1.72 + 0.259) - 3.72$$

$$= 27.39\text{m}^3$$

外墙基础防潮层面积 $S = L_{中} \times 基础宽度$

$$= 43.08 \times 0.36$$

$$= 15.51\text{m}^2$$

【例 4-23】 以内墙净长线长度为基数，连续计算图 4-52 所示与它有关的基础砌砖、基础防潮层、钢筋混凝土地梁等分项工程量。

【解】

内墙净长线 $L_{内} = (4.8 - 0.24) \times 4 (9.9 - 0.24) \times 2$

$$= 37.56\text{m}$$

内墙地圈梁体积 $V = L_{内} \times 地圈梁断面积$

$$= 37.56 \times 0.24 \times 0.24$$

$$= 2.16\text{m}^3$$

内墙基础砖体积 $V = L_{内} \times 基础断面积 - 地梁体积$

$$= 37.56 \times 0.24 \times (1.72 + 0.394) - 2.16$$

$$= 16.90\text{m}^3$$

内墙基础防潮层面积 $S = L_{内} \times 基础宽度$

$$= 37.56 \times 0.24$$

$$= 9.01\text{m}^2$$

【例 4-24】 以首层建筑面积为基数，连续计算图 4-52 所示与它有关的内平整场地、房心回填土、地面垫层、地面面层等分项工程量。

【解】

底层建筑面积 $S_1 = (11.4+0.24\times2)\times(9.9+0.24\times2)$

$= 123.31\text{m}^2$

平整场地面积 $S_平 = (11.4+0.24\times2+4)\times(9.9+0.24\times2+4)$

$= 228.35\text{m}^2$

地面面层面积 $S = S_1 -$ 防潮层面积

$= 123.31 - (15.51+9.01)$

$= 98.79\text{m}^2$

地面垫层体积 $V =$ 地面面层面积 $\times$ 垫层厚

$= 98.79\times0.15$

$= 14.82\text{m}^3$

房心回填土体积 $V =$ 地面面层面积 $\times$ 回填土高度

$= 98.79\times0.27$

$= 26.68\text{m}^3$

如果施工图中基础埋深、墙身厚度、楼层建筑面积不同,则"线"和"面"的基数还必须按实际情况划分为若干个。例如,当外墙基础有几个不同剖面,计算基础有关项目工程量时,外墙中心线长度应按基础不同剖面分成若干段,即 $L_中 = L_{中①} + L_{中②} + L_{中③} + \cdots\cdots + L_{中⑪}$。又如,建筑面积各楼层不相同时,则"面"的基数也应分成若干个,即 $S = S_1 + S_2 + S_3 + \cdots\cdots + S_n$。

(三)一次算出,多次应用

把各种定型门窗、钢筋混凝土预制构件等分项工程,按个、根、榀、块等计量单位,预先计算出它们的工程量,编入手册。例如,条形砖基础大放脚折加高度计算表、条形砖基础砌体每延长米体积表(表4-26、表4-27)等等。

条形砖基础(等高式)砌体每延长米体积表　　　　　表4-26

单位:m³/每延长米

墙厚 (cm)	大放脚层数	砖基底宽 (cm)	砖 基 底 深 度 (cm)													
			40	50	60	70	80	90	100	110	120	130	140	150	160	170
24	一	36.5	0.11	0.13	0.16	0.18	0.21	0.23	0.25	0.28	0.30	0.33	0.35	0.37	0.40	0.42
	二	49	0.14	0.17	0.19	0.22	0.24	0.26	0.29	0.31	0.33	0.36	0.38	0.41	0.43	0.45
	三	61.5	—	—	0.24	0.26	0.28	0.31	0.33	0.36	0.38	0.40	0.43	0.45	0.48	0.50
	四	74	—	—	—	0.32	0.34	0.37	0.39	0.42	0.44	0.46	0.49	0.51	0.54	0.56
	五	86.5	—	—	—	—	0.42	0.44	0.47	0.49	0.51	0.54	0.56	0.59	0.61	0.63
	六	99	—	—	—	—	0.53	0.55	0.58	0.60	0.63	0.65	0.67	0.70	0.72
36.5	一	49	0.16	0.20	0.29	0.27	0.31	0.34	0.38	0.42	0.45	0.49	0.53	0.56	0.60	0.64
	二	61.5	0.19	0.23	0.26	0.30	0.34	0.37	0.41	0.45	0.48	0.52	0.56	0.59	0.63	0.66
	三	74	—	—	0.31	0.35	0.38	0.42	0.46	0.49	0.53	0.57	0.60	0.64	0.68	0.71
	四	86.5	—	—	—	0.41	0.44	0.48	0.52	0.55	0.59	0.62	0.66	0.70	0.73	0.77
	五	99	—	—	—	—	0.52	0.56	0.59	0.63	0.66	0.70	0.74	0.77	0.81	0.85
	六	111.5	—	—	—	—	—	0.64	0.68	0.72	0.75	0.79	0.83	0.86	0.90	0.93

墙厚(cm)	大放脚层数	砖基底宽(cm)	砖 基 底 深 度 (cm)													
			40	50	60	70	80	90	100	110	120	130	140	150	160	170
49	一	61.5	0.21	0.27	0.32	0.36	0.41	0.46	0.51	0.55	0.60	0.66	0.70	0.75	0.80	0.85
	二	74	0.24	0.29	0.34	0.39	0.44	0.49	0.53	0.58	0.63	0.68	0.73	0.78	0.83	0.88
	三	86.5	—	—	0.38	0.43	0.48	0.53	0.58	0.63	0.68	0.73	0.77	0.82	0.87	0.92
	四	99	—	—	—	0.50	0.54	0.59	0.64	0.69	0.74	0.79	0.84	0.89	0.94	0.99
	五	111.5	—	—	—	—	0.62	0.67	0.72	0.76	0.81	0.86	0.91	0.92	1.01	1.06
	六	124	—	—	—	—	—	0.76	0.80	0.85	0.90	0.95	1.00	1.05	1.10	1.15

注：1．"等高式"砖大放脚每层均 2 皮砖，每层高度 12.6cm；

2．表中"砖基底宽"系指砖大放脚最下层的宽度（不是垫层宽度）；

3．表中"砖基底深度"系指自室内地坪±0.00 算至砖大放脚底的高度（不包括垫层）。砖基底深度每增减 5cm 时，每延长米 24 墙基增减 0.012m³、36.5 墙基增减 0.018m³、49 墙基增减 0.025m³。

条形砖基础（不等高式）砌体每延长米体积表   表 4-27

单位：m³/每延长米

墙厚(cm)	大放脚层数	砖基底宽(cm)	砖 基 底 深 度 (cm)													
			40	50	60	70	80	90	100	110	120	130	140	150	160	170
24	一	36.5	0.11	0.14	0.16	0.18	0.21	0.23	0.26	0.28	0.30	0.33	0.35	0.38	0.40	0.42
	二	49	0.14	0.16	0.18	0.21	0.23	0.26	0.28	0.30	0.33	0.35	0.38	0.40	0.42	0.45
	三	61.5	—	0.20	0.22	0.25	0.27	0.29	0.32	0.34	0.37	0.39	0.41	0.44	0.46	0.49
	四	74	—	—	0.27	0.29	0.32	0.34	0.37	0.39	0.41	0.44	0.46	0.49	0.51	0.53
	五	86.5	—	—	—	0.36	0.38	0.40	0.43	0.45	0.48	0.50	0.52	0.55	0.57	0.59
	六	99	—	—	—	—	0.45	0.48	0.50	0.52	0.55	0.57	0.59	0.62	0.64	0.67
36.5	一	49	0.16	0.20	0.23	0.27	0.31	0.34	0.38	0.42	0.45	0.49	0.53	0.56	0.60	0.64
	二	61.5	0.19	0.22	0.26	0.29	0.33	0.37	0.40	0.44	0.48	0.51	0.55	0.59	0.62	0.66
	三	74	—	0.27	0.30	0.33	0.37	0.41	0.44	0.48	0.52	0.55	0.59	0.63	0.66	0.70
	四	86.5	—	—	0.34	0.38	0.42	0.45	0.49	0.53	0.56	0.60	0.64	0.67	0.71	0.75
	五	99	—	—	—	0.44	0.48	0.52	0.55	0.59	0.63	0.66	0.70	0.74	0.77	0.81
	六	111.5	—	—	—	—	0.55	0.59	0.62	0.66	0.70	0.73	0.77	0.81	0.84	0.88
49	一	61.5	0.21	0.27	0.32	0.36	0.41	0.46	0.51	0.55	0.60	0.66	0.70	0.75	0.80	0.85
	二	74	0.24	0.29	0.34	0.39	0.43	0.48	0.53	0.58	0.63	0.68	0.73	0.77	0.82	0.87
	三	86.5	—	0.33	0.38	0.43	0.47	0.52	0.57	0.62	0.67	0.72	0.76	0.81	0.86	0.91
	四	99	—	—	0.43	0.48	0.52	0.57	0.63	0.66	0.71	0.76	0.81	0.86	0.91	0.96
	五	111.5	—	—	—	0.54	0.58	0.63	0.68	0.73	0.78	0.82	0.87	0.92	0.97	1.02
	六	124	—	—	—	—	0.65	0.70	0.75	0.80	0.85	0.89	1.94	0.99	1.04	1.09

　　预算人员根据计算出的工程量基数或构件数量，分别乘以预算手册中的有关系数或工程量，即得出所需要计算的分项工程量。

【例 4-25】　用表 4-26 计算图 4-101 工程外墙砖基础工程量。$L_{中} = 156.80$m。

【解】

查表 4-26，一砖墙三层等高大放脚砖基础，当砖基础深度为 170cm 时，每延长米砖基础体积为 0.5m³。根据表 4-26 附注说明，砖基础深度超过 170cm 时，砖基础每增加 5cm，则延长米一砖墙基础加 0.012m³。当砖基础深度为 194cm 时，每延长米砖基础体积为：$0.5 + \dfrac{194 - 170}{5} \times 0.012 = 0.558$m³

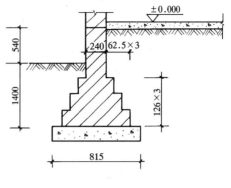

图 4-101　砖基础剖面图

外墙砖基础体积 $= L_{中} \times$ 条形基础每延长米体积

$$= 156.80 \times 0.558$$
$$= 87.49 \text{m}^3$$

（四）结合实际，灵活机动

运用统筹法计算工程量是一种简捷的方法，在一般工程上完全可以应用。但由于工程设计很不一致，所以，必须具体问题，具体分析，结合具体实际情况，灵活机动地进行计算。

现将一般常遇到的几种情况与采用的方法介绍如下：

1．分段计算方法

如果某工程基础断面尺寸、基础埋深不同，则在计算基础工程各分项工程量时，应按不同的设计剖面分段计算。

2．分层计算方法

多层建筑物，当各楼层的建筑面积、墙厚砂浆等级不同时，可分层计算。

3．补加计算法

把主要的比较方便的计算部分一次算出，然后再加上多出的部分。例如带壁柱的外墙，可先算出外墙体积，然后再加上砖柱体积。

4．补减法

如某建筑物每层楼地面面积相同，地面构造除一楼门厅为大理石地面，其余均为预制水磨石地面。计算工程量时，可先按每层都没有大理石地面计算各楼层的预制水磨石地面工程量，然后减去门厅大理石地面面积。

四、统筹图的编制

建筑工程计算程序统筹图简称统筹图。它是根据运用统筹法原理计算建筑工程量的基本原理和要点，由箭杆和节点组成的指示工程量计算的程序图。

统筹图一般应由各地区主管部门，根据本地区现行预算定额工程量计算规则统一设计，施工企业、设计部门和建设单位共同使用，各地区由于工程量计算规则不尽相同，所以统筹图也有区别。

（一）统筹图主要内容

统筹图主要由计算工程量的主要程序线、次要程序线、计算基数、分项工程量计算式及计量单位组成。如图 4-102 所示。

（1）统筹图中主要程序线用粗线表示，是指在"线"，"面"基数上连续计算的主要分项工程量，在统筹图中用㊀、㊁、㊂……标号表示。

（2）统筹图中次要程序线用细线表示，是指在一个分项工程项目上又连续计算的另一分项工程量。

（3）统筹图中㊀、㊁、㊂……及①、②、③……等标号，是表示计算分项工程量的先后顺序，标线（箭杆）的长短没有意义。一个标号加一条标线，表示一个计算项目的计算过程

（4）统筹图的画法采用水平标线与垂直标线，水平标线的上方表示计算项目的名称、计量单位，下方为该项目的工程量计算式。垂直标线为零线。

（5）统筹图中㊀~㊅标号是表示计算基数的应首先算出。

（二）统筹图中计算程序的统筹安排

在统筹图中分项工程计算程序的计算还应考虑下列三条原则：

1．个性分别处理，共性合在一起

分项工程量计算程序的安排，是根据分项工程之间个性与共性的关系，采取个性分别处理、共性合在一起的处理方法。

个性分别处理，是指把外墙外边线、外墙中心线、内墙净长线、底层建筑面积等相互没有共性关系的四个基数分作四条程序线，即"三线"、"一面"单独存在。

共性结合在一起，是指把与上面四条程序线中有关的分项工程，按照统筹图分别归于各自的程序系统中。

2．先主后次、统筹安排

用统筹法计算各分项工程量是从"线"、"面"的基数上开始的，计算顺序必须本着先主后次原则统筹安排，才能达到连续计算的目的。先算的项目要为后算的项目创造条件，后算的项目就能利用先算项目的数据。

3．独立性项目单独处理

混凝土构件以及零星砌砖、零星抹灰等与墙长和楼地面无关的项目的工程量计算，进行单独处理。

五、计算工程量统筹表

为了具体应用统筹法计算分项工程量，应当在统筹图设计完成后，根据统筹图的内容设计"计算工程量统筹表"（以下简称统筹表）。在统筹表中应该包括"线"、"面"计算基数，统筹图号、分项名称、计量单位、分项工程量计算式等内容，以便直接按照统筹表中的计算项目、计算程序，逐一的计算分项工程量。

统筹表的设计依据，主要内容，计算程序以及分项工程量计算式等均与统筹图是一致的，区别在于，统筹图中的计算项目，计算式都是基本的，一般的，而统筹表则是根据建筑物的建筑特点的工程量计算的需要设计的，它更具体、更细些。从两者的关系来看，统筹表是统筹图在预算工程量中的具体应用。

统筹表可根据统筹图内容及工程量计算程序设计成多种表格。各地区由于统筹图的内容有所不同，所以使用的统筹表的格式和内容也有所差别。

表 4-28，表 4-29 是根据图 4-102 设计的统筹表中的两种表格形式。

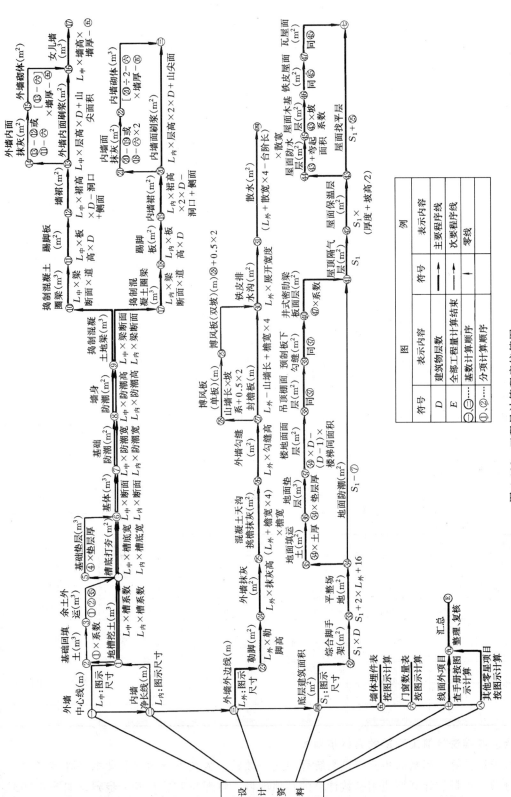

图 4-102　工程量计算程序统筹图

$L_{中}$ 总基数						(m)
外墙基剖面						
每段长						
$L_{内}$ 总基数						(m)
内墙基剖面						
每段长						
统筹图号		①	②	③	④	⑤
分项名称		地槽挖土	地槽回填土	余土外运	地槽底夯实	墙基垫层
计量单位		(m³)	(m³)	(m³)	(m³)	(m³)
计算式		$L_{中}×$槽系数 $L_{内}×$槽系数	=①×系数	=①-②-㉟	$L_{中}×$槽底宽 $L_{内}×$槽底宽	=④×层厚
统筹图号		⑥	⑦	⑧	⑨	
分项名称		墙基体	墙基防潮	墙身防潮	地梁混凝土	
计量单位		(m³)	(m²)	(m²)	(m³)	
计算式		$L_{中}×$基断面 $L_{内}×$基断面	$L_{中}×$防潮宽 $L_{内}×$防潮宽	$L_{中}×$防潮高 $L_{内}×$防潮高	$L_{中}×$梁断面 $L_{内}×$梁断面	
统筹图号	定额号	分项名称	计 算 式		单位	工程
	单 价					

注：混凝土是指捣制的。

$L_{外}$ 总基数						(m)
S_1 总数						(m²)
统筹图号		㉜	㉝	㉞	㉟	㊱
分项名称		综合脚手架	平整场地	地面防潮	地面填运土	地面垫层
计量单位		(m²)	(m²)	(m²)	(m³)	(m³)
计算式		$S_1×D$	$S_1+2×L_{外}+16$	$S_1-⑦$	㉞×土厚	㉞×垫层厚
统筹图号	定额号	分项名称	计 算 式		单位	工程
	单 价					

六、统筹法计算工程量的具体步骤

统筹法计算工程量的步骤应该与统筹图是一致的，大致可分为熟悉图纸、计算基数、计算分项工程量、计算不能用基数计算的其他项目、整理与汇总等五个步骤，如图4-103所示。

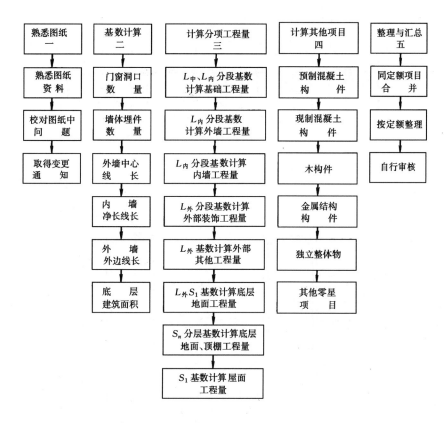

图 4-103 工程量计算步骤图

运用统筹法原理，按工程量计算步骤，将全部工程量计算完毕后，必须进行汇总工作。

工程量的汇总通常按以下两个方法进行：

1）套用相同定额的分项工程量合并。如外墙内面刷浆与内墙面刷浆，外墙内面抹灰与内墙抹灰合并等。

2）按预算定额顺序整理。如挖土方工程、桩基础工程、脚手架工程、砖石工程、混凝土及钢筋混凝土工程等。

复习思考题

1. 什么叫建筑面积？为什么要计算建筑面积？

2. 不计算建筑面积的范围有哪些？

3. 基础工程量包括哪些项目？

4. 砖基础工程量怎样计算？

5. 脚手架是怎样分项的？

6. 钢筋混凝土柱高和梁长怎么确定？

7. 雨篷的工程量如何计算？

8. 钢筋的工程量怎样计算？

9. 计算下图中钢筋的工程量，③，④号钢筋的弯起角度为 45°，ϕ 表中示Ⅰ级钢筋。

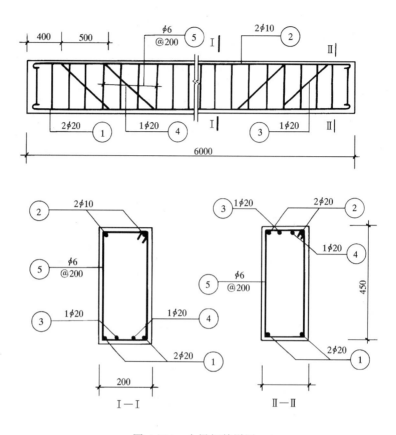

图 4-104　大梁钢筋详图

10．金属结构工程量计算规则有哪些？

11．怎样计算屋面工程量？

12．装饰工程墙柱面的计算规则有哪些？

13．什么是工程量计算统筹图？

14．统筹法计算工程量有哪些要点？

第五章 施 工 预 算

第一节 施 工 预 算 的 编 制

一、施工预算的编制依据及作用

（一）施工预算的编制依据

1．经过会审的施工图纸和有关技术资料。

2．现行的施工定额和有关说明。

3．施工组织设计或施工方案。

施工预算所选用的施工机具和施工方法有着密切的关系。如构件是现场预制还是在加工厂生产；土方开挖的机具选择；运距的确定；人工与机械施工的划分；吊装的方法和起吊机械的确定等等，这些问题在施工组织设计或施工方案中都有明确的规定。所以施工组织设计或施工方案是编制施工预算不可缺少的依据。

4．地区人工工资单价（或企业平均单价）、地区材料预算价格（或材料的实际采购价）和机械台班单价。

5．施工图预算。借用部分施工图预算中的某些工程量，可以减少重复计算，提高编制速度，所以施工图预算不仅是两算对比的资料也是编制施工预算的重要依据。

6．施工现场的有关实际勘察资料。如地下水的排除方法；材料堆放与二次搬运等。

（二）施工预算的作用

施工预算是施工企业加强企业内部管理，提高经济效益的重要工具，按照施工预算的内容控制施工生产中各项指标的消耗，将对施工企业产生积极的效果，它的主要作用：

1．是施工队向班组下达施工任务单和限额领用材料的依据。在具体的施工过程中，相应的人、材、机的消耗指标都是由施工预算提供的。

2．是施工计划部门安排和组织施工作业、编制施工进度计划的依据。

3．是劳动工资部门安排劳动力计划和进场时间的依据，它为劳动部门计算超额奖和计件工资、推行奖励制度、实行按劳分配提供了定量依据。

4．是材料供应部门提供材料计划、进行材料准备和组织材料进场的依据。

5．是财务部门定期编制计划成本，核算实际成本的依据。

6．是企业进行施工图预算和施工预算进行对比的依据。

7．是企业经营决策机构进行工程经济比较，确定投标标底、预测企业经济效益的重要依据。

二、施工预算的内容及编制方法

（一）施工预算的内容

施工预算是施工企业为了加强企业内部的经济核算，在施工图预算的控制下，计算出相应单位工程所需的工料、机具需用量及有关的人工费、材料费、机械费和其他直接费，用于指导施工生产的技术经济文件。

施工预算由施工单位编制。它由说明书和表格两大部分组成。

1．说明书部分

（1）编制依据。主要叙述采用的施工定额名称、施工图纸和施工组织设计中的有关内容与要求。

（2）工程范围、地点、类型，主要建筑结构特点。

（3）图纸会审资料和现场勘察资料，建设单位和施工企业的各自责任与分工。

（4）施工期限与平面布置。

（5）施工中采用的主要技术措施：如新工艺、新技术的采用；土方调配与施工方法；施工中可能出现的特殊情况及其相应的处理措施，主要质量安全保证措施。

（6）施工中采取的降低工程成本的措施：如节约三大主材的技术措施，充分利用劳动工时的方法，合理组织施工和材料的消耗控制等。

（7）其他问题。

2．表格部分

施工预算的表格应根据工程难易的具体情况而定，表格的内容与形式没有统一的规定，当前各地在编制施工预算时，主要采用的表格有：

（1）工程量计算表。这种表格和施工图预算中的工程量计算表完全一样。

（2）施工预算的工、料、机械分析表。这种表是施工预算的基本表格，它是工程量乘以施工定额的工、料、机消耗量而计算编制的。

（3）施工预算的工、料、机消耗量汇总表。

（4）施工预算表。它是根据前面汇总的工料和机械消耗量为依据，计算出各部分的人工费、材料费和机械费，再由此计算出直接费和其他直接费。这是进行施工预算与施工图预算对比的基础资料。

（5）施工预算与施工图预算的"两算"对比表。

（6）其他表格。如钢筋混凝土预制构件加工表、门窗加工表、钢筋铁件加工表等。

（二）施工预算的编制方法

1．施工预算编制的步骤

施工预算的编制步骤与施工图预算大致相同。如图5-1所示。

（1）熟悉图纸，了解现场情况及施工组织设计（施工方案）情况。

（2）根据图纸、施工定额及现场情况列出工程项目，计算工程量，套用施工定额，认真分析人工工日、材料和机械台班数量，编制工料分析表及汇总表。

（3）计算施工预算的人工费、材料费、机械使用费。如果采用的是施工定额，则用工料汇总表的人工、材料、机械台班数量分别乘以相应单价即可求得；若采用的是"施工定额估价表"，则可直接用工程量乘定额单价求得。

（4）编写编制说明及计算其他表格（门窗加工表、钢筋混凝土预制构件加工表等）。

（5）进行"两算"对比，编制"两算"对比表。

2．施工预算编制的基本方法

施工预算的编制方法主要有"实物法"和"实物金额法"两种。

（1）实物法

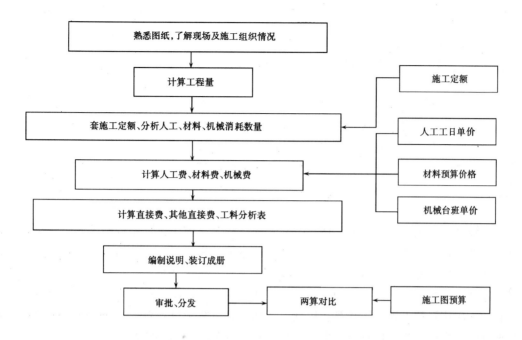

图 5-1　施工预算编制步骤示意图

是根据施工图纸和施工定额计算出工程量，套用施工定额，计算并分析出人工工日、材料和机械台班数量。

（2）实物金额法

主要有两种：

1）根据"实物法"计算出的人工工日、材料数量、机械台班消耗量后，分别乘以当地的人工工资标准、材料预算价格、机械台班单价，从而获得该工程的人工费、材料费和机械费。

2）根据施工定额的规定来计算工程量，套用预算定额估价表，计算出人工费、材料费、机械费，在此基础上计算出直接费，其他直接费来。

无论是"实物化"还是"实物金额法"来编制施工预算，都必须按当地现行施工定额规定的工程量计算规则、定额有关说明和项目划分方法，结合施工现场管理和要求来计算工程量、进行工料分析和计算人工费、机械费、材料费和其他直接费。

第二节　"两算"对比

一、"两算"对比的内容

（一）人工工日、材料消耗量的对比

将施工预算的人工工日、材料消耗量与施工图预算的人工工日、材料消耗量进行对比。

人工工日对比时，应先将施工预算中的人工等级折合为预算定额中的平均人工等级，或将施工预算、施工图预算的人工工日都折合成一级工工日等级。材料消耗量进行对比时，将主要材料消耗量进行对比，次要材料不作对比。

（二）直接费的对比

1. 人工费的对比

一般施工图预算的人工费应高于施工预算 10%～15%。因为施工预算与施工图预算人工定额计算基础和包括内容不一致。

2. 材料费对比

施工预算的材料消耗量一般应低于施工图预算的材料消耗量。目前各地区执行的预算定额消耗水平不一致，有些项目会出现施工预算材料消耗量超过施工图预算材料消耗量的情况。如果出现这种情况，可根据本地区的实际情况调整施工预算材料用量，然后再进行对比。

3. 机械台班费对比

机械台班数量及台班费的"两算"对比比较困难。施工预算是依照施工组织设计规定的实际进场施工机械的种类、型号、工期等因素来计算机械台班使用费的，而施工图预算是根据定额合理配备综合考虑的，同施工现场实际发生的情况不一定相符。其次，中小型机械台班在预算定额中往往不列出，而以定额分项列入预算定额相应章节或以占直接费的比率，一次计算列入施工图预算。因此，无法以台班数量进行对比，只能以施工预算与施工图预算"两算"的机械费金额对比，以分析工程节约或超支的原因。

4. 脚手架费用

施工预算是根据施工组织设计规定或实际需要搭设的脚手架内容来计算其费用的，而施工图预算是按综合脚手架考虑的，即根据建筑面积计算脚手架费用。故"两算"对比时只能按金额对比。

5. 其他直接费的"两算"对比也都以金额对比。

"两算"的具体对比内容，可结合本地区各施工单位的具体情况考虑。

二、"两算"对比的方法

（一）工料对比法

工料对比是指以施工预算的人工、材料消耗数量与施工图预算的人工、材料消耗数量进行对比。

（二）"实物金额"对比法

实物金额对比是指以施工预算的人工、材料、机械台班消耗数量分别乘以单价，汇总成人工费、材料费和机械费，与施工图预算的人工费、材料费和机械费相对比。也可将施工预算的直接费与施工图预算的直接费相对比。

在进行"两算"对比时，上述两种对比方法通常用一种表格表示。如表 5-1 所示。

"两 算"对 比 表　　　　　　　　　　　　表 5-1

序号	项目名称	单位	施工图预算			施工预算			数量差			金额差（元）		
			数量	单价（元）	合价（元）	数量	单价（元）	合价（元）	节约	超支	%	节约	超支	%
一	直接费对比	元			176575.13			167271.64				9303.49		5.3
	其中													
	折合一级工	工日	11323.54		19250.02	10404.08		17686.94	919.46		8.1	1563.08		8.1
	材料费	元			142578.40			134023.70				8554.70		6

序号	项目名称	单位	施工图预算			施工预算			数量差			金额差（元）		
			数量	单价（元）	合价（元）	数量	单价（元）	合价（元）	节约	超支	%	节约	超支	%
	机械费	元			14746.71			15561.00				814.29		5.5
二	分部工程对比													
	土方工程	元			3349.85			2947.88				401.97		12
	脚手架工程	元			3209.72			3049.23				160.49		5
	砖石工程	元			49572.49			46768.76				2803.73		5.7
	……													
三	单项材料对比													
	板、方材	m³	35.280	349.00	12312.72	34.570	349.00	12064.93	0.71		2	247.79		2
	φ10以内钢筋	t	9.400	79.00	6382.60	9.118	679.00	6191.12	0.282		3	191.48		3
	……		……		……		……		……			……		……

"两算"费用对比计算表，格式参见表5-2。

单位工程名称：　　　　　　　**"两算"费用对比计算表**　　　　　　　表5-2

序号	工程名称	两算费用对比（元）											
		直接费			人工费			材料费			机械费		
		施工图预算	施工预算	差额	施工图预算	施工预算	差额	施工图预算	施工预算	差额	施工图预算	施工预算	差额
1	土石方工程												
2	砖石工程												
3	脚手架工程												
4	钢筋混凝土工程												
5	木结构工程												
6	……												

审核：　　　　　　制表：

"两算"对比分析表，格式参见表5-3。

单位工程名称：　　　　　　　**"两算"对比分析表**　　　　　　　表5-3

序　号	费　用　名　称		预算费用（元）		差　额		备　注
			施工图预算	施工预算	节约（+）超支（-）	±%	
1		直接费					
	其中	人工费					
		材料费					
		机械费					
		其他直接费					

| 序 号 | 费 用 名 称 | 预算费用（元） | | 差 额 | | 备 注 |
		施工图预算	施工预算	节约（＋）超支（－）	±%	
2	按系数材料调价额					
3	单调材料价额					
4	其他调整					
5	合　计					

"两算"对比中人工、材料、机械台班消耗量对比分析表略。

复 习 思 考 题

1. 什么是施工预算？

2. 施工预算包括哪些内容？

3. 施工预算有几种编制方法？

4. 施工预算编制步骤怎样？

5. 什么是"两算"对比？"两算"对比的内容是什么？

第六章　工程竣工结算和竣工决算

第一节　工程预付款和工程进度款

一、工程预付款

施工企业在生产经营活动中，经常发生各项应收应付账款的结算业务，建立各种债权、债务的结算关系。往来结算主要有施工企业同发包建设单位、总包单位和分包单位之间的工程款往来；企业同供销单位之间的购销款往来；企业同其他单位、内部单位及职工的其他经济往来等业务。建筑安装工程施工图预算和工程竣工结算为这种经济往来提供了重要的依据。

在工程开工前（或施工过程的某一个阶段），根据施工合同的规定，建设单位（或总包单位）向施工单位（或分包单位）提供一定的预先支付的工程款，以满足施工工程的正常合理进行，这种预先支付的工程款叫做工程预付款。显然，这种工程预付款对于施工单位（或分包单位）来讲，又叫做预收工程款。

预收工程款主要是由预收备料款和其他预收工程款所组成。

预收备料款——施工企业(核算企业)按照工程合同的规定向发包建设单位或分包向总包单位预收的备料款和备料款的扣还,施工企业(或分包单位)不向银行借入备料周转金。

其他预收工程款——施工企业（核算单位）按照工程合同的规定向发包建设单位或分包向总包单位预收的其他工程款，施工企业（或分包单位）不向银行借入在建工程金额。

工程款预收与扣还的主要依据是建筑安装工程施工图预算。工程款预收与扣还的主要内容是备料款的预收与扣还。

（一）工程备料款的预收

在工程开工前，根据合同规定，施工单位向建设单位收取工程备料款。备料款是以形成工程实体的材料的需用量和材料储备时间的长短来计算的。公式为：

$$\frac{\text{工程备料款}}{\text{的预收数额}} = \frac{\text{工程建安工作量（元）} \times \text{主要材料比重（\%）}}{\text{合同施工日历天数}} \times \frac{\text{材料储}}{\text{备天数}}$$

式中材料储备天数，可根据当地材料供应情况而确定。材料包括结构构件等。也可按下式近似计算：

$$\frac{\text{某材料}}{\text{储备天数}} = \frac{\text{某材料经常储备量} + \text{安全储备量} + \text{季节性储备量}}{\text{每天平均需用量}}$$

材料储备天数取各种材料储备天数中的最大值。

在实际工作中，为简化计算也常采用下面公式计算：

$$\frac{\text{工程备料款}}{\text{的预收数额}} = \frac{\text{工程建安}}{\text{工作量（元）}} \times \frac{\text{工程备料}}{\text{款额度}}$$

式中工程备料款额度，是根据各地区工程类型、施工工期、供应条件等因素来确定的，一般建筑工程不应超过当年建筑工作量（包括水、暖、电）的 30%；安装工程不应超过年安装工程量的 10%；材料占比重多的安装工程按年计划产值的 15% 左右拨付。

（二）工程备料款的扣还

在一般情况下，预收备料款是以当年承包工程总价作为计算基数，所以，当工程施工进行到一定阶段，需要的材料储备随之减少，预收备料款就应当陆续在月度工程进度款结算中扣还给建设单位，在工程竣工结算前全部扣完。起扣时间，应以未完工程所需主要材料、结构构件耗用量与备料款数额相等为准。计算公式为：

$$\begin{array}{l}\text{预收备料款起扣时的}\\ \text{工程进度（起扣点）（\%）}\end{array} = \left(1 - \frac{\text{预收备料款额度（\%）}}{\text{材料比重\%}}\right) \times 100\%$$

或：

$$\text{预收备料款起扣时的工程造价（元）}$$
$$= \frac{\text{工程造价} \times \text{材料比重（\%）} - \text{备料款数额}}{\text{材料比重（\%）}}$$
$$= \text{工程造价} - \text{备料款数额/材料比重（\%）}$$

假设某工程主要材料占建安工作量的比重为 62.5%，预收备料款额度为 25%，则预收备料款起扣时的工程进度为 $60\% = \left(1 - \frac{25\%}{62.5\%}\right) \times 100\%$。这时，未完工程还有 40%，它所需要的主要材料款占工程总造价的 $25\% = 40\% \times 62.5\%$。显然，未完工程所需的主要材料耗用额与备料款数额相等。于是，月度工程结算开始抵扣预收备料款。

应扣还预收备料款的数额 =（本期已完工程造价 - 起扣点数额）× 材料比重（%）

【例 6-1】 某工程造价为 180 万元，工程备料款额度为 25%，主要材料款占工程总造价的 63%，上月止累计已完工程造价为 110 万元，本月已完工程造价 20 万元。试计算：

1）工程备料款的预收金额（元）；

2）预收备料款起扣时的工程进度（%）；

3）预收备料款起扣时的工程造价（元）；

4）本月应扣备料款数额（元）。

【解】 ①工程备料款的预收金额（元）

$= 1800000 \times 25\% = 450000$ 元

②预收备料款起扣时的工程进度（%）

$= \left(1 - \frac{25\%}{63\%}\right) \times 100\% = 60.3\%$

③预收备料款起扣时的工程造价（元）

$= \frac{1800000 \times 63\% - 450000}{63\%} = 1085714$ 元

④本月应扣备料款数额（元）

$= [(1100000 + 200000) - 1085714] \times 63\% = 135000$ 元

二、工程进度款

工程进度款是发包单位根据施工进度，即已完工作量，依据合同的规定拨付给承包单位的工程价款。

计算已完工程的工作量是以期末（月末）的工程调整预算（或工程结算）为依据的。

目前，工程进度款的收取主要有三种方式：

（一）按月完成工作量收取

工程进度款的收取，一般是月初（期初）收取上月（上期）完成的工程进度款，这时，当工程进度达到预收备料款的起扣点时，就要从工程进度款中减去应扣的数额。公式为：

本期收取的工程进度款 = 本期（月末）完成的工作量 - 应扣还的预收备料款

例如：上题内容，本月已完工程工作量 200000 元，本月应扣还的预收备料款 135000 元，则本月末（或下月初）应向建设单位收取的进度款为：

$$200000 - 135000 = 65000 元$$

（二）按工程分段完成工作量收取工程进度款

依据工程合同，分段验收后，按分段完成的工作量收取工程进度款。

工程分段的方法各地不完全一致。目前通常采用按施工顺序结合分部工程划分进行分段。以一般土建工程为例，常划分为基础工程、主体工程（主体内也需再划分为主体结构工程、门窗等）、装饰装修工程和水、电安装工程等。

（三）按逐月累计完成工作量收取工程进度款

具体作法是：

1. 发包人（业主）不支付承包商（施工单位）工程备料款，工程所需的备料款（资金）全部由承包人自己负责筹集垫付。

2. 承包商进入施工现场的材料、构配件和设备均可报入当月的工程进度款（单列材料、构配件、设备的数量、单价与合计金额），由发包人负责支付。

3. 工程进度款逐月（或逐期）累计合约总金额倒扣的支付方法。这样作，不会出现超支工程款现象，因为如果上月累计多支付，则可在下月累计量中扣回，即少支付。

4. 在支付工程进度款同时，扣除合同规定的保留金，一般为工程合同造价的 5%，大的工程在合同中规定一个固定的保留金额度。

其计算公式为：

累计完成工程量 = 本月完成工程量 + 上月累计完成工程量

未完工程量 = 合约（合同）工程量 - 本月止累计完成的工程量

累计完成工作量 = 本月完成工作量 + 上月累计完成的工作量

未完工作量 = 合约（合同）总金额 - 本月止累计完成的工作量

【例 6-2】 假定某一建筑承包工程的结算价款总额为 500 万元，预付备料款占工程价款的 25%，主要材料和结构件金额占工程价款的 62.5%，每月实际完成工作量和合同价款调整增加额如下表所示。求预付备料款、每月结算工程款、竣工结算工程款各为多少？

某工程逐月完成工作量和价款调整额（单位：万元）

月 份	1月	2月	3月	4月	5月	6月	合同价调整增加额
完成工作量金额	25	50	100	200	75	50	50

【解】 1）预付备料款 $= 500 \times 25\% = 125$ 万元

预付备料款的起扣点 $= \left(500 - \dfrac{125}{62.5\%}\right) = 300$ 万元

即：当累计结算工程价款为 300 万元时，开始扣备料款。

2）一月份应结算工程款为 25 万元，累计拨款额为 25 万元。

3）二月份应结算工程款为 50 万元，累计拨款额为 75 万元。

4）三月份应结算工程款为 100 万元，累计拨款额为 175 万元。

5）四月份完成工作量为 200 万元，因为：

200 万元 + 175 万元 = 375 万元 > 300 万元，且 375 元 - 300 万元 = 75 万元，所以应从四月份的 75 万元工程价款扣除预付备料款。因此，四月份应结算工程款为：

$$[（200 - 75） + 75 × （1 - 62.5\%）] = 153.125 \text{ 万元}$$

四月份累计拨款额为 328.125 万元。

6）五月份应结算工程款为：

$$[75 × （1 - 62.5\%）] \text{ 万元} = 28.125 \text{ 万元}$$

五月份累计拨款额为 356.25 万元。

7）六月份应结算工程款为：

$$50 × （1 - 62.5\%） = 18.75 \text{ 万元}$$

六月份累计拨款额为 375 万元，加上预付备料款 125 万元，共拨 500 万元。经调整合同价款增加 50 万元，总计结算款为 550 万元。

第二节　工程竣工结算

一、工程竣工结算的作用

一个单位工程完工并经过建设单位及有关部门验收点交后，由施工单位提出，并经过建设单位审核签认的，用以表达该项工程造价为主要内容，并作为结算工程价款依据的经济文件，称为单位工程竣工结算书。

将各个专业的单位工程竣工结算按单项工程归并汇总，即可获得某个单项工程的综合结算书。将各个单项工程综合结算书汇总即可成为整个建设项目的工程竣工结算书。

从施工图预算生效起到工程交工办理竣工结算为止的整个过程都是在实施施工图预算。在这个阶段中，由于设计图纸的变更、修改以及发生在施工现场的各种经济签证必然会引起施工图预算的变更与调整，从而及时准确地反映工程的真实造价。到工程竣工时，最后一次施工图调整预算则为竣工结算。平时的调整预算只是竣工结算的过渡阶段，只有竣工结算才是确定工程造价的最后阶段。

工程竣工结算书，一般是以施工单位为主编制的，经建设单位审核同意后，按合同规定，签章认可。最后，通过经办拨款的银行办理工程价款的结算。

竣工结算的主要作用是：

（一）工程竣工结算生效后，使施工单位的计划部门能提出与核定生产成果完成的统计报表，财务部门可以进行单位工程的成本核算；材料部门进行单位工程的材料设备核算；劳资部门可以进行劳动力耗用的核算，从而使施工企业的经济管理和经营成果有了准确而可靠的数据。

（二）工程竣工结算生效后，施工单位与建设单位可以通过经办拨款的银行进行结算，以完成双方的合同关系和经济责任。

（三）工程竣工结算生效后，使建设单位编制与核算工程建设费用有了可靠的依据，尽快使投资形成固定资产，发挥生产效益。

（四）工程竣工结算生效后，国家或上级主管部门可以据以调整和核定工程的投资限额。

二、工程竣工结算的方式

目前，承包工程的结算方式通常有以下三种：

（一）施工图预算加签证结算方式

这种结算方式，是把经过审定的原施工图预算作为竣工结算的依据。凡原施工图预算未包括的，在施工过程中发生的历次工程变更所增减的费用、各种材料（构配件）预算价格和实际价格的差价等，经设计、建设单位签证后，与原施工图预算一起在竣工结算中进行调整。

这种结算方式，难以预先估计总的费用变化幅度，往往造成追加工程投资的现象。

（二）预算包干结算方式

预算包干结算，也称施工图预算加系数包干结算。即在编制施工图预算的同时，另外计取预算外包干费。

预算外包干费＝施工图预算造价×包干系数

则　　　　　　　结算工程价款＝施工图预算造价×（1＋包干系数）

式中包干系数是由施工单位、建设单位双方商定，经有关部门审批而确定。也有的在费用定额中明确规定。

在签定合同条款时，预算外包干费要明确包干范围。包干费通常不包括下列费用：

1. 建筑工程中的钢材、木材、水泥、砖瓦、石子、石灰、砂等以及安装工程中的管线材、配件材料等材料差价。

2. 因工程设计变更（结构变更、工程设计标准提高、建筑面积扩大以及工艺流程的改变等）而增加的费用。

此种方式，可以减少双方在签证方面的扯皮现象，可以预先估计总的工程造价。

（三）平方米造价包干的结算方式

房屋建筑一般采用这种结算方式。它是双方根据一定的工程资料，事先协商好每平方米造价指标，然后再按建筑面积汇总造价，确定应付的工程价款。

本书主要介绍用施工图预算加签证结算方式，编制工程竣工结算的内容和方法。

三、竣工结算的编制原则和依据

（一）竣工结算的编制原则

编制工程竣工结算是一项细致的工作，既要做到正确地反映建筑安装工人创造的工程价值，又要正确地贯彻执行国家有关部门的各项规定。因此，编制竣工结算要遵循以下原则：

1. 贯彻"实事求是"原则。应对办理竣工结算的工程项目的内容进行全面清点。诸如分部分项工程数量，历次工程增减变更，现场洽商记录和工程质量等方面，都必须符合设计要求和施工及验收规范的规定。对未完工程不能办理竣工结算。工程质量不合格的，应返工，质量合格后才能结算。返工消耗的工料费用，不能列入竣工结算。

工程竣工结算一般是在施工图预算的基础上，按照施工中的更改变动后的情况编制的。所以，在竣工结算中要实事求是，该调增的调增，该调减的调减，做到既合理又合法，正确地确定工程结算价款。

2．严格遵守国家和地区的各项有关规定，以保证工程结算方式的统一。

（二）竣工结算的编制依据

编制竣工结算，通常需要以下技术资料为依据：

1．工程竣工报告和工程竣工验收单。

2．经审批的原施工图预算和施工合同，或甲乙双方协议书。

3．设计变更通知单和施工现场工程变更洽商记录。

4．现行预算定额、地区人工工资标准、材料预算价格以及各项费用指标等资料。

5．其他有关技术资料及现场签证记录。

四、工程竣工结算的编制内容和方法

（一）竣工结算的编制内容

工程竣工结算的编制内容与施工图预算基本相同。其费用构成，仍然由直接费、间接费、计划利润和税金四部分组成。竣工结算的编制方法与施工图预算也基本相同，只是结合施工中历次设计变更、材料差价等实际变动情况，在施工图预算的基础上作部分增减调整。

编制竣工结算的具体内容，有以下几个方面：

1．工程量差

工程量差，是指施工图预算所列分项工程量与实际完成的分项工程量不相符而需要增加或减少的工程量。这部分量差，一般是由以下几个原因造成的：

（1）建设单位提出的设计变更。工程开工后，由于某种原因，建设单位提出要求改变某些施工作法，增减某些具体工程项目等。经与施工单位研究并征求设计单位同意后，填写设计变更洽商记录。经三方（甲、乙方和设计单位）签认后，作为结算增减工程量的依据。

（2）施工中遇到需要处理的问题而引起的设计变更。施工单位在施工过程中，遇到一些原设计未料到的具体情况，需要进行处理。例如，基础开挖时遇到古墓、废井、废弃人防工程等，经设计单位、建设单位、施工单位研究，认为必须进行换土、局部增加垫层厚度或增设地梁等办法，进行具体处理的，其设计变更的洽商记录，经三方签证认可后，可作为增减工程量的依据。

（3）施工单位提出的设计变更。这是指施工单位在施工中，由于施工方面的原因，例如：由于某种建筑材料一时供应不上，需要改用其他材料代替，或者因施工现场要求改变某些工程项目的具体设计而需变更设计时，除较大者需经设计单位同意外，一般只需建设单位同意并在洽商记录上签证，即可作为增减工程量的依据。

（4）施工图预算分项工程量不准确。在编制竣工结算前，应结合工程竣工验收，核对实际完成的分项工程量。如发现与施工图预算所列分项工程量不符时，应按实调整。

计算分项工程增减工程量的直接费，通常可用本地区规定的表格进行。例如表6-1是某地区计算增减工程量直接费规定的格式。

××工程设计变更

洽商记录编号	定额编号	工程或费用名称	单位	增加部分					减少部分				
				数量	工料单价（元）	工料合价（元）	其中		数量	工料单价（元）	工料合价（元）	其中	
							人工单价（元）	人工合价（元）				人工单价（元）	人工合价（元）

编制人：　　　　　　　　　　　　　　　　　　　　　　审核人：

2. 各种材料差价的调整

材料差价，包括因材料代用发生的价格差额和材料实际价格与预算价格存在的价差。材料差价在工程结算中通常做如下调整：

（1）对材料暂估价格的调整。暂估价一般是指现行《建设工程材料预算价格》、《建设工程单位估价汇总表》中未包括的材料或设备单价，在编制工程预算时，以暂定价格列入工程预算。

暂估价格的调整可用下式表示：

材料调整差额＝∑［定额材料用量×（补充预算价格－暂估价格）］

暂估价格的调整，应在工程结算时进行，结算时宜采用材料暂估价格差价计算表形式，逐次调整材料价差（详见表 6-2）。调整后的材料增减价合价，纳入工程结算费用明细表中。

（2）对材料参考价格差价的调整。材料参考价格是指《建设工程材料预算价格》中编列的带有特殊符号表示的预算价格（如北京地区材料参考价格带有※符号表示），以及《建设工程单位估价汇总表》中选编的参考预算价格。

根据有关规定，凡材料参考价格的调整，通常仅调整其材料供应价格的差额，而中间环节费用，如材料市内运费、采购保管费等不再调整。

材料参考价格的调整可用下式表示：

材料调整差额＝∑［定额材料用量×（实际供应价格－预算参考供应价格）］

参考价格的调整，通常采用材料参考价格差额计算表形式进行，详见表 6-3。调整后的材料增减价合计，纳入工程结算费用明细表中。

（3）进口材料差价的调整。凡指定使用进口材料（不含钢材、木材、水泥）的承包工程，其进口材料均按暂估价格编制工程预算。工程结算时，应根据进口材料（设备）到口岸时的外汇价格折算人民币价格，另加至本地的外埠运输、装卸及其他项杂费、市内运费、采购保管费等费用，计算该项进口材料的预算价格；其与原预算的暂估价格之差，即为该项进口材料的调整差价，列入工程结算费用。

进口材料差价的调整可用下式表示：

材料调整差额 = ∑［定额材料用量×（材料实际测算预算价格－暂估价格）］

进口材料差价的调整，宜采用进口材料价格差价计算表形式计算，详见表6-4。

（4）由施工单位采购的材料，其实际价格与预算价格差价的调整办法，可用下式计算：

材料调整差额 = ∑［定额材料用量×（材料实际价格－定额材料预算价格）］

（5）由建设单位供应的材料，应按当地主管部门规定的《基本建设材料预算价格调整表》中规定的时间和相应的实际数量调整其差价，并从收取的材料调价费用中退还给建设单位。在工程竣工结算时也不调整由建设单位供应的材料差价，其材料差价由建设单位单独计算，在编制工程竣工决算时摊入工程成本。

在工程结算中，材料差价的调整范围、方法，应按当地主管部门颁布的有关规定办理；不允许调整材料差价的不得调整。

【例6-3】 某工程根据合同工期竣工。经双方签订的合同协议文件规定，材料应在工程竣工结算中予以调整差价的项目有：

中空茶色玻璃 192.4m² （预算定额用量）暂估价格为 125 元/m²，实际采购供应价格为 196 元/m²。市内运费费率 4%，材料采购及保管费费率 2%。

厚 25mm 大理石墙裙板 232.6m² （预算定额用量），预算定额选价为参考供应价格 137.63 元/m²，实际采购供应价格为 162.5 元/m²。

进口铝合金自由门 78m² （预算定额用量），暂估价格为 714.2 元/m²，到货预算价格为 946.8 元/m²（铝合金自由门预算价格测算从略）。

试求上述三种材料工程结算时的调整差价。

【解】 1）中空茶色玻璃差价计算：

预算价格 = 供应价格 + 市内运费 + 材料采购及保管费

= 供应价格×（1＋市区运费费率）×（1＋采购及保管费费率）

式中 实际采购供应价格 = 196 元/m²

市内运费费率 = 4%

采购及保管费费率 = 2%

实际采购预算价格 = 196×（1＋4%）×（1＋2%）= 207.92 元/m²

中空茶色玻璃暂估价格调整差价为：

（207.92－125）×192.4 = 15953.81 元

2）大理石墙裙板参考供应价格 137.63 元/m²

大理石墙裙板实际采购供应价格 162.5 元/m²

大理石墙裙板参考价格调整差价为：

（162.5－137.63）×232.6 = 5784.76 元

3）进口铝合金自由门差价计算

进口铝合金自由门到货预算价格为 946.8 元/m²

暂估价格为 714.2 元/m²

进口铝合金自由门调整差价为：

$$（946.8－714.2）\times 78＝18142.8 元$$

上述三种材料差价通常采用差价计算表格的形式进行计算，参见表 6-2、6-3、6-4 所示。

材料暂估价格调整差价计算表　　　　　　　　　　　表 6-2

建设单位_____

工程名称_____

序　号	材料名称	规格	单位	定额用量	预算价格差价（元）		单价差计算式
					单价差	合计	
1	中空茶色玻璃		m²	192.4	82.92	15953.81	207.92－125＝82.92 元/m²
	合　计					15953.81	
实际采购的材料 预算价格计算		196×1.04×1.02＝207.92 元/m² （暂估价为 125 元/m²）					

材料参考价格调整差价计算表　　　　　　　　　　　表 6-3

建设单位_____

工程名称_____

序　号	材料名称	规格	单位	定额用量	供应价格（元）		单价差计算式
					单价差	合计	
1	大理石墙裙板	25mm	m²	232.6	24.87	5784.76	162.5－137.63＝24.87 元/m²

进口材料价格差价计算表　　　　　　　　　　　表 6-4

建设单位_____

工程名称_____

序　号	材料名称	规格	单位	定额用量	单价差（元）	合计（元）	单价差计算式
1	铝合金自由门		m²	78	232.6	18142.8	946.8－714.2＝232.6 元/m²
铝合金自由门到货预算价格计算		946.8 元/m²（计算过程略）					

3．各项费用的调整

间接费、计划利润和税金是以直接费（或定额人工费总额）为基数计取的，工程量的增减变化，也会影响到这些费用的计取。所以，间接费、计划利润和税金也应作相应的调整。

按国家有关规定，工程结算时，材料预算价格与市场价格或实际价格的价差不得计取各项费用，但应列入工程预算成本。

其他费用，如因建设单位原因发生的窝工、停工费用等，应一次结清，分摊到结算的相应工程项目中去。施工现场使用建设单位水、电、运输车辆、通讯等费用，施工单位应在竣工结算时，按当地的有关规定，退还给建设单位。

工程竣工结算一般是在施工图预算的基础上，按照施工中的更改变动后的情况编制的。由于变更项目繁多，在结算时容易发生差错。因此，在工程竣工结算时，各地区一般按照主管部门规定的《建筑安装工程竣工结算费用计取程序表》计算工程结算费用。如表6-5所示。

（二）单位（单项）工程竣工结算书的编制

目前，竣工结算书没有统一规定的表格，有的用预算表代用，有的根据工程特点和实际需要，自行设计表格。

竣工结算书通常包括编制说明、工程竣工结算费用计取程序表（参见表6-5）、工程设计变更直接费计算明细表（详见表6-1）、各种材料差价明细表以及原施工图预算等。

土建工程竣工结算费用计取程序表 表6-5

工程名称：

序 号	费 用 项 目	费率（％）	金 额（元）	说 明
1	原预算直接费		176575.13	详见原施工图预算
2	历次工程设计变更直接费		4444.71	详见附表（表6-1）
3	竣工直接费小计		181019.84	（3）＝（1）＋（2）
4	施工管理费	12.4	22446.46	（4）＝（3）×12.4%
5	小计		203466.30	（5）＝（3）＋（4）
6	临时设施费	2.5	4525.50	（6）＝（3）×2.5%
7	冬雨季施工费	1.8	3258.36	（7）＝（3）×1.8%
8	远郊施工增加费	1.4	2534.28	（8）＝（3）×1.4%
9	材料调价费		52456.72	详见附表（略）
10	小计		261715.66	（10）＝（5）＋（7）＋（8）＋（9）
11	计划利润	7	18320.1	（11）＝（10）×7%
12	劳保支出	2	5234.31	（12）＝（10）×2%
13	资金利息	0.8	2093.73	（13）＝（10）×0.8%
14	税金	3.34	8741.3	（14）＝（10）×3.34%
15	工程造价		305864.91	（15）＝（6）＋（10）＋（11）＋（12）＋（13）＋（14）

第三节 索赔的计算

我国加入 WTO 后，工程造价管理中索赔问题将会越来越多的出现。

索赔是工程承包合同履行过程中，当事人一方由于另一方未履行合同所规定的义务而遭受损失时，向另一方提出索赔要求的行为。恪守合同，是签订合同双方共同的义务，索赔是双方各自享有的权利。只有坚持双方共同守约，才能保证合同的正常执行。

为了顺利地进行索赔工作，提出索赔一方必须有充分的证据，同时必须谨慎地选择证实损失的最佳方法，并应根据合同规定，及时地提出索赔要求。如超过索赔期限，遭受损失一方无权提出索赔要求。

一、处理索赔的一般原则

（一）必须以合同为依据

遇到索赔事件时，造价工程师必须以完全独立的裁判人的身份，站在客观公正的立场上，审查索赔要求的合理性。必须对合同条件、协议条款有详细了解，以合同为依据来公平处理合同双方的利益纠纷。

（二）必须注意资料的积累

积累一切可能涉及索赔论证的资料。同施工企业、建设单位研究的技术问题，进度问题和其他重大问题的会议应当做好文字记录，并争取会议参加者签字，作为正式文档资料。同时还应建立业务往来的文件编号档案等业务记录制度，做到处理索赔时以事实和数据为依据。

（三）及时、合理地处理索赔

索赔发生后必须依据合同的准则及时地对索赔进行处理。任何在中期付款期间将问题搁置下来留待以后处理的想法将会带来意想不到的后果。如果承包方合理的索赔要求长时间得不到解决，单项工程的索赔积累下来，有时可能会影响承包方的资金周转，使其不得不放缓速度，从而影响整个工程的进度。此外，在索赔的初期和中期，可能只是普通的信件往来，拖到后期综合索赔，将会使矛盾进一步复杂化，往往还牵扯到利息、预期利润补偿、工程结算以及责任的划分、质量的处理等，索赔文件及其根据说明材料连篇累牍，编纂审阅和评价都很费时费事，大大增加了处理综合索赔的困难。

二、施工索赔

在承包工程市场上，一般称工程承包方提出的索赔为施工索赔，即由于业主或其他方面的原因，致使承包者在项目施工中付出了额外的费用或造成了损失，承包方通过合法途径和程序，通过谈判、诉讼或仲裁，要求业主偿还其在施工中的费用损失。

（一）施工索赔的内容

1．不利的自然条件与人为障碍引起的索赔。不利的自然条件是指施工中遇到的实际自然条件比招标文件中所描述的更为困难和恶劣，这些不利的自然条件或人为障碍增加了施工的难度，导致承包方必须花费更多的时间和费用，在这种情况下，承包方可提出索赔要求。

（1）地质条件变化引起的索赔。这种索赔经常会引起争议。一般情况下，招标文件中的现场描述都介绍地质情况，有的还附有简单的地质钻孔资料。在有些合同条件中，往往写明承包方在投标前已确认现场的环境和性质，包括地表以下条件、水文和气候条件等，即要求承包方承认已检查和考察了现场及周围环境，承包方不得因误解或误释这些资料而提出索赔。如果在施工期间，承包方遇到不利的自然条件或人为障碍，而这些条件与障碍又是有经验的承包方也不能预见到的，承包方可提出索赔。

（2）工程中人为障碍引起的索赔。在挖方工程中，承包方发现地下构筑物或文物，只要是图纸上未说明的，如果这种处理方案导致工程费用增加，承包方即可提出索赔，由于地下构筑物和文物等，确属是有经验的承包人难以合理预见的人为障碍，这种索赔通常较易成立。

2．工期延长和延误的索赔。通常包括两方面：一是承包方要求延长工期，二是承包方要求偿付由于非承包方原因导致工程延误而造成的损失。一般这两方面的索赔报告要求分别编写，因为工期和费用的索赔并不一定同时成立。例如，由于特殊恶劣气候等原因，承包方可以要求延长工期，但不能要求赔偿；也有些延误时间并不影响关键程序线路的施工，承包方可能得不到延长工期的承诺，但是，如果承包方能提出证明其延误造成的损失，就可能有权获得这些损失的赔偿。有时两种索赔可能混在一起，既可以要求延长工期，又可以获得对其损失的赔偿。

可补偿的延误包括：场地条件的变更，建设文件的缺陷，由于业主或建筑师的原因造成的临时停工，处理不合理的施工图纸而造成的耽搁。由业主供应的设备和材料的推迟到货，该工程项目其他主要承包商的干扰，场地的准备工作不顺利，和业主或监理工程师取得一致意见的工程变更，业主、监理工程师关于工程施工方面的变更等。对以上延误，给承包商以要求费用补偿和工期适当延长的合法权力。至于因战争、罢工、异常恶劣气候等造成的工期拖延，应给承包商以适当推迟工期的权力，但一般不能给承包商以收回损失费的权力。

3．因施工中断和工效降低提出的施工索赔。由于业主和建筑师原因引起施工中断和工效降低，特别是根据业主不合理的指令压缩合同规定的工作制度，使工程比合同规定日期提前竣工，从而导致工程费用的增加，承包方可以提出以下索赔：

（1）人工费用的增加；

（2）设备费用的增加；

（3）材料费用的增加。

4．因工程终止或放弃提出的索赔。由于业主不正当地终止或非承包方原因而使工程终止，承包方有权提出以下施工索赔：

（1）盈利损失。其数额是该项工程合同价款与完成遗留工程所需花费的差额；

（2）补偿损失。包括承包方在被终止工程上的人工材料设备的全部支出，以及监督费、债券、保险费、各项管理费用的支出（减去已结算的工程款）。

5．关于支付方面的索赔。工程付款涉及价格、货币和支付方式三个方面的问题，由此引起的索赔也很常见。

（1）关于价格调整方面的索赔。在国际咨询工程师联合会（FIDIC）拟定的合同条件范本中规定：从投标的截止日期前 30 天起，由于任何法律、规定等变动而导致承包商的成本上升，则对于已施工的工程，经监理工程师审批认可，业主应予付款，价格应作相应的调整。在国际承包工程中，增价的计算方法有两种：一种是按承包商报送的实际成本的增加数加上一定比例的管理费和利润进行补偿；另一种是采用调值公式自动调整。如在动态结算中介绍的。根据中国的实际情况，目前可根据各省定额站颁发的材料预算价格调整系数及材料价差对合同价款进行调整，待材料价格指数逐步完善后，可采用动态结算中的公式进行自动调整。

（2）关于货币贬值导致的索赔。在一些外资或中外合资项目中，承包商不可能使用一种货币，而需使用两种、三种甚至更多货币从不同国家进口材料、设备和支付第三国雇员部分工资及补偿费用，因此，合同中一般有货币贬值补偿的条款。索赔数额按一般官方正式公布的汇率计算。

（3）拖延支付工程款的索赔。一般在合同中都有支付工程款的时间限制，如果业主不按时支付中期工程款，承包方可按合同条款向业主索赔利息。业主严重拖欠工程款，可能导致承包方资金周转困难，产生中止合同的严重后果。

（二）FIDIC合同条件中承包商可引用的索赔条款见下表。

FIDIC合同条件中承包商可引用的索赔条款

No	合同条款号	条款主要内容	可调整的事项
1	5.2	合同论述含糊	工期调整 T + 成本调整 C
2	6.3&6.4	施工图纸拖期交付	T + C
3	12.2	不利的自然条件	T + C
4	17.1	因工程师数据差错，放线错误	C + 利润调整 P
5	18.1	工程师指令钻孔勘探	C + P
6	20.0	业主的风险及修复	C + P
7	27.1	发现化石、古迹等建筑物	T + C
8	31.2	为其他承包商提供服务	C + P
9	36.5	进行实验	T + C
10	38.2	指示剥露或凿开	C
11	40.2	中途暂停施工	T + C
12	42.2	业主未能提供现场	T + C
13	49.3	要求进行修理	C + P
14	50.1	要求检查缺陷	C
15	51.1	工程变更	C + P
16	52.1&52.2	变更指令付款	C + P
17	52.3	合同额增减超过15%	± C
18	65.3	特殊风险引起的工程破坏	C + P
19	65.5	特殊风险引起的其他开支	C
20	65.8	终止合同	C + P
21	69	业主违约	T + C
22	70.1	成本的增减	按调价公式
23	70.2	法规变化	± C
24	71	货币及汇率变化	C + P

（三）索赔费用的计算

1．索赔费用的组成。按国际惯例，索赔费用的主要组成部分同工程造价的构成类似，一般包括直接费、间接费、利润等。这些费用包括以下项目：

（1）人工费。包括生产工人基本工资、工资性质的津贴、加班费、奖金等。对于索赔费用中的人工费部分而言，人工费是指完成合同之外的额外工作所花费的人工费用；由于非承包商责任的工效降低所增加的人工费用；法定的人工费增长以及非承包方责任工程延误导致的人员窝工费和工资上涨费等。

（2）材料费。材料费的索赔包括：1）由于索赔事项的材料实际用量超过计划用量而增加的材料费用；2）由于客观原因材料价格大幅度上涨；3）由于非承包商责任工程延误导致的材料价格上涨和材料超期储存费用。

（3）施工机械使用费。施工机械使用费的索赔包括：1）由于完成额外工作增加的机械使用费；2）非承包商责任的工效降低增加的机械使用费；3）由于业主或监理工程师原因导致机械停工的窝工费。窝工费的计算，如系租赁设备，一般按实际租金和调进调出费的分摊计算；如系承包商自有设备，一般按台班折旧费计算，而不能按台班费计算，因台班费中包括了设备使用费。

（4）分包费用。其索赔指的是分包商的索赔费，一般也包括人工、材料、机械使用费的索赔。分包商的索赔应如数列入总承包商的索赔款总额以内。

（5）工地管理费。索赔款中的工地管理费指承包商完成额外工程、索赔事项工作以及工期延长期间的工地管理费，包括管理人员工资、办公费等。但如果对部分工人窝工损失索赔时，因其他工程仍在进行，可以不予计算工地管理费。

（6）利息。在索赔款额的计算中，经常包括利息。利息的索赔通常发生于下列情况：1）拖期付款的利息；2）由于工程变更和工期延误增加投资的利息；3）索赔款的利息；4）错误扣款的利息。至于这些利息的具体利率是多少，在实践中可采用不同的标准，主要有这样几种规定：1）按当时的银行贷款利率；2）按当时的银行透支利率；3）按合同双方协议的利率。

（7）总部管理费。索赔款中的总部管理费主要指的是工期延误期间所增加的管理费。这项索赔款的计算，目前没有统一的方法，在国际工程索赔中总部管理费的计算有以下几种：

1）按照投标书中总部管理费的比例（3%～8%）计算：

总部管理费＝合同中总部管理费比率（%）

×（直接费索赔款额＋工地管理费索赔款额等）

2）按照公司总部统一规定的管理费比率计算：

总部管理费＝公司管理费比率（%）×（直接费索赔款额＋工地管理费索赔款额等）

3）以工期延误的总天数为基数，计算总部管理费的索赔，计算步骤如下：

对某工程提取的管理费＝同期内公司的总管理费×该工程的合同额

÷同期内公司的总合同额

该工程的每日管理费＝该工程向总部上缴的管理费÷合同实施天数

索赔的总部管理费＝该工程的每日管理费×工程延期的天数

（8）利润。一般来说由于工程范围的变更和施工条件变化引起的索赔，承包商是可以列入利润的。但对于工程延误的索赔，由于利润通常包括在每项实施的工程内容的价格之内，而延误工期并未影响削减某些项目的实施，从而导致利润减少，所以，一般监理工程师很难同意在延误的费用索赔中加进利润损失。

索赔利润的款额计算通常是与原报价单中的利润百分率保持一致，即在直接工程费的基础上，增加原报价单中的利润率，作为该项索赔款的利润。

2．索赔费用的计算方法

（1）总费用法。即总成本法，就是当发生多次索赔事件以后，重新计算该工程的实际总费用，实际总费用减去投标价时的估算总费用，即为索赔金额，即：

索赔金额＝实际总费用－投标报价估算总费用

不少人对采用该方法计算索赔费用持批评态度，因为实际发生的总费用中可能包括了承包商的原因如施工组织不善而增加的费用，同时，投标报价估算的总费用却因为想中标而过低，所以这种方法只有在难以计算实际费用时才应用。

（2）修正的总费用法。是对总费用法的改进，即在总费用计算的原则上，去掉一些不合理的因素，使其更合理。修正的内容如下：

1）将计算索赔款的时段局限于受到外界影响的时间，而不是整个施工期；

2）只计算受影响时段内的某项工作所受影响的损失，而不计算该时段内所有施工工作所受的损失；

3）与该项工作无关的费用不列入总费用中；

4）对投标报价费用重新进行核算。受影响时段内该项工作的实际单价，乘以实际完成的该项工作的工程量，得出调整后的报价费用。

按修正后的总费用计算索赔金额的公式如下：

索赔金额＝某项工作调整后的实际总费用－该项工作的报价费用

修正的总费用法与总费用法相比，有了实质性的改进，它的准确程度已接近于实际费用。

（3）分项法。是按每个索赔事件所引起损失的费用项目分别分析计算索赔值的一种方法。

在实际中，绝大多数工程的索赔都采用分项法计算。

分项法计算通常分三步：

1）分析每个或每类索赔事件所影响的费用项目，不得有遗漏。这些费用项目通常应与合同报价中的费用项目一致；

2）计算每个费用项目受索赔事件影响后的数值，通过与合同价中的费用值进行比较即可得到该项费用的索赔值；

3）将各项费用项目的索赔值汇总，得到总费用索赔值。分项法中索赔费用主要包括该项工程施工过程中所发生的额外人工费、材料费、施工机械使用费、相应的管理费，以及应得的间接费和利润等。由于分项法所依据的是实际发生的成本记录或单据，所以施工过程中，对第一手资料的收集整理就显得非常重要了。

三、业主反索赔

业主反索赔是指业主向承包商提出的索赔，由于承包商不履行合同，或者由于承包商的行为使业主受到损失时，业主向承包商提出的索赔。

（一）常见的反索赔内容

1．工期延误索赔。在工程项目的施工过程中，由于多方面的原因，往往使竣工日期拖后，影响到业主对该工程的使用，给业主带来经济损失，按国际惯例，业主有权对承包商进行索赔，即由承包商支付延期竣工违约金。承包商支付这项违约金的前提是：这一工期延误的责任属于承包商方面。土木工程施工合同中的误期违约金，通常是由业主在招标文件中确定的。业主在确定违约金的费率时，一般要考虑以下因素：

（1）业主盈利损失；

（2）由于工期延长而引起的贷款利息增加；

（3）工程拖期带来的附加监理费；

（4）由于本工程拖期竣工不能使用，租用其他建筑物时的租赁费。

至于违约金的计算方法，在每个合同文件中均有具体规定。一般按每延误一天赔偿一定的款额计算，累计赔偿额一般不超过合同总额的10%。

2．施工缺陷索赔。当承包商的施工质量不符合施工技术规程的要求，或使用的设备和材料不符合合同规定，或在保修期未满以前未完成应该负责修补的工程时，业主有权向承包商追究责任。如果承包商未在规定的期限内完成修补工作，业主有权雇用他人来完成工作，发生的费用由承包商负担。

3．承包商未履行的保险费用索赔。如果承包商未能按照合同条款指定的项目投保，并保证保险有效，业主可以投保并保证保险有效，业主所支付的必要的保险费可在应支付给承包商的款项中扣除。

4．对超额利润的索赔。如果工程量增加很多（超过有效合同价的15%），使承包商预期的收入增大，因工程量增加承包商并不增加任何固定成本，合同价应由双方讨论调整，收回部分超额利润。

由于法规的变化导致承包商在工程实施中降低了成本，产生了超额利润，应重新调整合同价格，收回部分超额利润。

5．对指定分包商的付款索赔。在工程承包商未能提供已向指定分包商付款的合理证明时，业主可以直接按照监理工程师的证明书，将承包商未付给指定分包商的所有款项（扣除保留金）付给这个分包商，并从应付给承包商的任何款项中如数扣回。

6．业主合理终止合同或承包商不正当地放弃工程的索赔。如果业主合理地终止承包商的承包，或者承包商不合理地放弃工程，则业主有权从承包商手中收回由新的承包商完成剩余工程所需的工程款与原合同未付部分的差额。

（二）FIDIC合同条件中业主可引用的索赔条款见下表。

FIDIC合同条件中业主可引用的索赔条款

条　款	回收应收款项的基础	回收的权力	业主须否通知	回收款项的办法
25	承包商未能递交表明按合同要求保险有效的证明	业主为得到所要求的保险，已经支付了必要的保险费	不需要	1．从现在或将来付给承包商的任何款项中扣除此项费用 2．视为一项债务予以收回

条　款	回收应收款项的基础	回收的权力	业主须否通知	回收款项的办法
30（3）	由于承包商未遵守履行30（1）和30（2）款中规定的责任，在运输施工装备、机械等使通往现场的公路或桥梁损坏	工程师已证明，其中一部分是承包商的失误而付的款项	不需要	承包商应付给业主
39（2）	承包商未能履行工程师的命令，移走或调换不合格的材料，或重新做好工程	业主雇用别人移走材料或重做工程，并付了款	不需要	按第25条处理
47（1）	承包商未能在相应的时间内完成工程	产生了合同规定的拖期罚款	46	按47（1）处理
49（4）	承包商未能完成工程师要求的落实第49条的某些工作，工程师认为，按合同规定，这是商包商应当用自己的费用去完成的	业主雇用其他人实施了这些工作并支付了费用	49（2）	按第25条处理
52（1），（2）	工程师认为，按52（1）工程减少了，同时，工程增减的性质和数量关系到整个工程或任何一部分工程的单价和价格，变得不合理或不适用	工程师变更单价	52（2）b	调整合同或价格
53（3）	按完工证明，发现工程总增加量超过接受标价函件中总价15%	工程增加量很多（15%）使承包商预期的收入增大	不需要	工程量增大，承包商并不增加任何固定成本而在总款额中增加了超额收入（利润），合同价应由双方讨论调整
59（5）	承包商未能提供已向指定的分包商付款的合理证据	业主已直接付给指定的分包商	59（5）	从应付给承包商的款项中扣除
63	承包商违约，导致被驱出工地	工程施工维修费，拖延工期的损失赔偿及其他费用总计超过了可付给承包商的总款（按603），业主可拍卖其施工设备等	按63（2）和63（3）的证明	承包商对业主的债务应予偿还，将所有承包商的收款用于偿还债务；从现在或将来应付承包商的任何款项中扣除此数，作为承包商的债务收回
70（1）	根据合同中专用条款第70条，按劳务和材料价格下降及其他影响工程成本价格的因素调整合同的价格	发生了成本降低	不需要	调整合同价格
70（2）	法规的变化，导致承包商在工程实施中降低成本	法令法规等在投标截止期前28天以后，已有改变	按70（2）提出证明	调整合同价格

无论是施工索赔，还是业主反索赔，索赔的计算结果都要反映在工程竣工结算中。

第四节　工程竣工决算

工程竣工决算是在建设项目或单项工程完工后，由建设单位财务及有关部门，以竣工结算等资料为基础进行编制的。竣工决算全面反映了竣工项目从筹建到竣工投产全过程中各项资金的使用情况和设计概（预）算执行的结果。它是考核建设成本的重要依据。

竣工决算应包括竣工项目从筹建到竣工投产全过程的全部实际支出费用，即建筑工程费用、安装工程费用、设备购置费、工器具购置费用和其他工程费用。

一、竣工决算的作用

工程竣工后，及时编制工程竣工决算，主要有以下几方面作用：

（一）全面反映竣工项目的实际建设情况和财务情况

竣工决算反映竣工项目的实际建设规模、建设时间和建设成本，以及办理验收交接手续时的全部财务情况。

（二）有利于节约基建投资

及时编制竣工决算，办理新增固定资产移交转账手续，是缩短建设周期、节约基建投资的重要因素。例如，有些已具备交付条件或可以投产使用的工程项目，如不及时办理移交手续，不仅不能提取固定资产折旧费，而且所发生的维修费、更新费、工人工资等，都要继续在基建投资中开支。这样，既增加了基本建设支出，也不利于企业管理。

（三）有利于经济核算

及时编制竣工决算，办理交付手续，生产企业可以正确地计算已经投入使用的固定资产折旧费，合理计算产品成本、促进企业的经营管理。

（四）考核竣工项目设计概算的执行情况

竣工决算同概算进行比较，可以看出设计概算的执行情况。通过对比分析，可以肯定成绩、总结经验教训，为今后修订概算定额、改进设计、推广先进技术、制定基本建设计划、努力降低建设成本、提高投资效益，提供了参考资料。

二、竣工决算的内容和编制方法

根据国家有关规定，竣工决算分大、中型建设项目和小型建设项目进行编制。

工程竣工决算文件通常包括文字说明、建设项目竣工验收报告和财务决算报表三部分内容。

（一）文字说明

主要包括：工程概况，设计概算和基本建设计划的执行情况，各项技术经济指标完成情况，各项拨款使用情况，工程建设工期，工程建设成本，投资效果和基建结余资金的分析，以及建设过程中的主要经验、问题和各项建议等内容。

（二）建设项目竣工验收报告

（三）竣工决算报表

按照有关规定，应根据建设项目的规模，分别编制大、中型建设项目竣工决算表和小型建设项目竣工决算表。

1. 大、中型建设项目竣工决算表

包括：竣工工程概况表、竣工财务决算表和交付使用财产明细表。

（1）竣工工程概况表。该表是用设计概算所确定的主要指标来和实际完成的各项主要指标进行对比，以说明大、中型建设项目的概况。该表具体填列内容详见表6-6。

竣 工 工 程 概 况 表　　　　　　　　　　　　　表 6-6

建设项目名称	×× 农机厂				项　目	概　算（元）	实　际（元）	主要事项说明
建设地址	×× 省×× 市	占地面积	设计	实际	建安工程	5137700	5452491	
			18公顷	17公顷	设备、工具、器具	8626200	9154738	
新增生产能力	能力或效益名称		设计	实际	其他基本建设	1576200	1543246	
	年产×4105柴油机		5000台/30万马力	5000台/30万马力	应核销其他支出	×	129525	
建设时间	计划	从1977年2月开工至1980年12月竣工						
	实际	从1977年4月开工至1981年1月竣工						
初步设计和概算批准机关、日期、文号					合　计	15340100	16280000	
完成主要工程量	名称	单位	数量设计	数量实际	主要材料消耗 名称	单位	概算	实际
	建筑面积	m²	35900	35968	钢材	t		
	设备	台/t	627/315	615/304	木材	m³		
	⋮	⋮	⋮	⋮	水泥	t		
	⋮	⋮	⋮	⋮	主要技术经济指标 项目		概算	实际
					每马力投资（元）		51.13	54.27

（2）竣工财务决算表。该表反映竣工的大、中型建设项目的全部资金来源和资金运用情况。采用基建资金来源合计等于基建资金运用合计的平衡表形式。该表具体填列内容见表6-7。

竣 工 财 务 决 算 表　　　　　　　　　　　　　表 6-7

资 金 来 源	金额（元）	资 金 运 用	金额（元）
一、基建预算拨款	16348610	一、交付使用财产	16150475
二、基建其他拨款		二、应核销投资支出	
其中：自筹资金		1. 拨付其他单位基建款	
三、应付款	26492	2. 移交其他单位未完工程	
四、固定资金		3. 报废工程损失	
五、欠交折旧基金		三、应核销其他支出	129525
六、欠交基建收入		1. 器材处理亏损	129525
七、专用基金		2. 器材折价损失	
		3. 设备盘亏及毁损	

资　金　来　源	金额 （元）	资　金　运　用	金额 （元）
		四、在建工程	
		五、器材	80452
		1.设备	24265
		2.材料	56187
		六、银行存款及现金	
		七、预付及应收款	14650
		八、固定资产净值	
		九、专用基金资产	
合计	16375102	合计	16375102

（3）交付使用财产明细表。该表反映竣工交付使用固定资产的详细内容，适用于大、中、小型建设项目。该表具体填列内容见表6-8，表6-9。

交付使用财产明细表（甲式）　　　　　　　　　　　　　表6-8
（适用于房屋建筑物）

单项工程：××车间　　　　　　　　　　　　　　　　　　　　　　第　页

交付使用 财产名称	结　构	工程量			概算 （元）	实　　际（元）			备　注
		单位	设计	实际		建安工程投资	其他基建投资	合　计	
主厂房	钢筋混凝土	m³	8000	8000	1280000	1300000	13000	1313000	

移交单位：　　　　　　　　　　　　　接受单位：

年　月　日　　　　　　　　　　　　　　　　　　　　年　月　日

交付使用财产明细表（乙式）　　　　　　　　　　　　　表6-9
（适用于需安装设备）
第　页

单项工程：××车间

交付使用 财产名称	规格型号	单位	数量	概算 （元）	实　　际（元）				备　注
					设备投资	建安工程投资	其他基建投资	合　计	
牛头刨床		台	1	16000	15810	230	160	16200	

移交单位：　　　　　　　　　　　　　接受单位：

年　月　日　　　　　　　　　　　　　　　　　　　　年　月　日

　2.小型建设项目的竣工决算表

　包括：竣工决算总表和交付使用财产明细表。

　（1）竣工决算总表。该表反映竣工小型建设项目的概况和它的全部资金来源和资金运用情况。表格的内容，基本上与竣工工程概况表和竣工财务决算表相同，详见表6-9。

　（2）交付使用财产明细表。该表填列内容同表6-8，表6-9

　竣工决算在上报主管部门的同时，还应抄送有关设计单位和开户建设银行。

　竣工决算必须内容完整，核对准确，真实可靠。

竣 工 决 算 总 表

表 6-10

建设项目名称						项 目	金额（元）	主要事项说明
建设地址			占地面积	设计		资金来源	1.基建预算 拨款	
				实际			2.基建其他 拨款 其中： 自筹资金	
新增生产能力	能力（或效益）名称	设计	实际	初步设计或概算批准机关、日期			3.应付款	
							合 计	
建设时间	计划	从 年 月开工至 年 月竣工				资金运用	1.交付使用财产	
	实际	从 年 月开工至 年 月竣工					2.应核销投资支出	
建设成本	项 目	概算（元）	实际（元）				3.应核销其他支出	
	建筑安装工程						4.在建工程	
	设备、工具、器具						5.设备	
	其他基本建设						6.材料	
	应核销其他支出						7.银行存款及现金	
							8.预付及应收款	
合计						合计		

复 习 思 考 题

1．什么是工程预付款？

2．工程备料款的计算方法有哪些？

3．预收备料款起扣时的工程进度（起扣点）与起扣时的工程造价（元）的计算公式是什么？

4．什么是工程进度款？工程进度款的三种主要收取方式是什么？

5．什么是工程竣工结算？工程竣工结算通常有几种结算方式？

6．施工图预算与工程竣工结算有什么不同？

7．工程竣工结算的编制内容包括哪些？

8．处理索赔的一般原则有哪些？

9．什么是施工索赔？施工索赔的内容有哪些？索赔费用的组成有哪些？

10．什么是业主反索赔？常见的反索赔内容有哪些？

11．什么是工程竣工决算？竣工决算编制内容包括哪些？

第七章 土建施工图预算示例

第一节 土建施工图纸及设计说明

项目	使用部位	各部分构造做法
屋面	全部屋面	隔离结构层： ☑（1）现浇钢筋混凝土板。 □（2）预制钢筋混凝土大型屋面板，板缝用C20细石混凝土填塞密实。 各种做法均需将混凝土板面清洗干净，纵横各扫水泥浆一道。 防水层： ☑（1）20厚1:2.5水泥砂浆找平，随加水泥粉抹光。 □（2）40厚（最薄处）C20细石混凝土找坡层，随加水泥粉抹光。 □（3）20厚1:2.5水泥砂浆找平。 □（4）上述（ ）项上做乳化沥青。 □（5）上述（ ）项上做柔性防水材料（2厚聚氨酯防水涂料）。 □（6）上述（ ）项上用50厚（ ）隔热层，15厚（ ）水泥砂浆找平，上做柔性防水材料（ ）。 □（7）上述（ ）项上做30厚1:2.5水泥砂浆保护层。

项目	各部分构造做法	使用部位
屋面	覆盖层： ☑（1）15厚M5水泥石灰砂浆坐砌寸方大阶砖（陶粒隔热砖、珍珠岩隔热块），1:2.5水泥砂浆填缝，纯水泥浆抹平缝。 □（2）M25水泥石灰砂浆砌120×120×180砖墩（成五点支承），上铺寸半方大阶砖（或C20细石混凝土预制块），1:2.5水泥砂浆填缝，纯水泥浆抹平缝。 □（3）15厚1:2.5水泥砂浆坐砌___色防滑砖，纯水泥浆抹平缝。 □（4）斜屋顶上挂瓦___屋面瓦，纯水泥浆抹平缝。	
勒脚	□（1）15厚1:1:6水泥石灰砂浆底，5厚1:2.5水泥砂浆面，高___。 □（2）水刷石勒脚做法与外墙同，高___。	

**设计院	*开发公司	设计号	
建设单位		图号	J-1
工程名称 工业区宿舍楼	建筑构造说明	日期	

左表

项目	各部分构造做法	使用部位

楼地面	**基层：**
	☑ (1) 素土分层淋水夯实，每层夯实厚度不大于200。
	结构层：
	☑ (1) 现浇钢筋混凝土板。
	□ (2) 预制钢筋混凝土板，板缝用C20细石混凝土填塞密实。
	☑ (3) 上述 (2) 项面捣C20细石混凝土30厚，随加1:2.5水泥砂浆抹光。
	□ (4) 上述 (2) 项面捣C20细石钢筋混凝土（φ4中距200纵横）。
	☑ (5) 100厚C20混凝土。
	覆盖层：
	☑ (1) 20厚1:2.5水泥砂浆面，随加水泥粉抹光。
	☑ (2) 20厚1:2.5水泥砂浆找平，3厚1:1水泥细砂浆贴块料面层，白水泥浆抹平缝。
	  a. ＿色拼块陶瓷锦砖。
	  b. ＿米黄色耐磨砖400×400×9.5。
	  c. ＿色玻化砖。
	  d. ＿浅棕色防滑砖200×200×9.5。
	□ (3) 15厚1:2.5水泥砂浆找平，10厚1:1.5水泥石子浆，用3厚玻璃（铜条）分格缝，方格尺寸＿×＿白色水磨石，随铺25厚＿色花岗岩，缝密。
	□ (4) 20厚1:2.5水泥砂浆找平，随铺25厚＿色花岗岩块，缝密。
	☑ (5) 上述 (1) 项面贴＿色地毯。
	  a. ＿色＿。
	  b. ＿木地板。
		首层地面
		
		全部楼面
		
		首层地面
		
		楼梯间
		
		厅、房、阳台、厨、厕

右表（续表）

项目	各部分构造做法	使用部位

外墙面	□ (1) 15厚1:1:6水泥石灰砂浆底，5厚1:1:4水泥石灰砂浆面，面喷涂＿外墙漆。
	□ (2) 15厚1:0.5:3水泥石灰砂浆底，10厚1:1.5水泥石子浆（加15%福粉）水刷面，分格回缝10×10，颜色与分缝详立面图。
	☑ (3) 15厚1:1:6水泥石灰砂浆面，分两次抹平，纯水泥青贴块料面层。
	  a. ＿色玻璃陶瓷锦砖，白水泥浆缝。
	  b. ＿米白色条型砖，白水泥青填平缝，缝宽10。
	□ (4) 砖墙面（15厚1:1:4水泥石灰砂浆面抹平），混凝土墙柱外面扫乌烟，面做玻璃幕墙（做法另详装修设计）＿色花岗岩墙面。
	□ (5) 25厚1:2.5水泥砂浆挂贴＿色花岗岩。
	□ (6) 不锈钢扣件吊挂＿色花岗岩墙面（做法另详装修设计）。
	□ (7) 不锈钢扣件吊挂＿色组合外墙铝扣板（做法另详装修设计）。
		全部外墙面

内墙面	**基层：** □ (1) 10厚1:2:8水泥石灰砂浆底，5厚1:2:8水泥石灰砂浆面。 ☑ (2) 15厚1:2:8水泥石灰砂浆底，5厚1:1:6水泥石灰砂浆面。 □ (3) 10厚1:2.5水泥石灰砂浆底，5厚1:2.5水泥石灰砂浆面。 5厚1:0.5:3水泥石灰砂浆底，5厚1:2.5水泥砂浆面。 □ (4) 10厚1:2.5水泥石灰砂浆底，5厚1:2.5水泥砂浆面。	全部内墙面

			设计号	
**设计院			图号	J-1
建设单位	**开发公司	建筑构造说明	日期	
工程名称	工业区宿舍楼			

项目	各部分构造做法	使用部位
内墙面	面层： □(1) 扫＿＿色饰灰水浆两道。 □(2) 扫＿＿色内墙涂料两道。 ☑(3) 刮白白胶腻子，扫白色乳胶漆两道。 □(4) 刮＿＿色墙纸。 □(5) 面贴＿＿色墙纸。 □(6) 1:1水泥砂浆贴＿＿色瓷片，白灰砂浆贴。 □(7) 20厚1:2.5水泥细砂浆挂贴20厚＿＿色镜面花岗岩（大理石）板，白灰砂浆填缝。 □(8) 20厚1:0.5:3水泥石灰砂浆底，分两次走贴＿＿色形砖（竖贴），原色水泥细砂浆（加3%108胶）贴面，＿＿色条形砖（水平缝10宽竖缝5宽）。	除厨卫以外的全部内墙
墙裙	□(1) 10厚1:2.5水泥砂浆底，5厚1:2.5水泥砂浆面。 ☑(2) 15厚1:1:6水泥石灰砂浆底，分两次抹平，纯水泥浆抹面，面扫＿＿色青，面扫＿＿次粉刷，满铺到顶。 □(3) 20厚1:2.5水泥细砂浆挂贴20厚＿＿色高镜面花岗岩（大理石）板，高＿＿。 □(4) 木龙骨，面钉9厚木夹板，高＿＿。 □(5) 15厚1:2.5水泥砂浆贴＿＿色抛光耐磨砖面，高＿＿。	厨、厕
踢脚线	☑(1) 10厚1:2.5水泥砂浆底，5厚1:2.5水泥砂浆面与地面一致的材料，高100。 ☑(2) 10厚水泥砂浆底，1:1水泥细砂浆贴20厚＿＿色镜面花岗岩（大理石）板，1:1水泥细砂浆抹贴20厚＿＿色抛光耐磨砖，缝密，高100。 □(3) 10厚1:2.5水泥砂浆抹平，白水泥浆擦平缝，＿＿色镜面花岗岩（大理石）板，1:1水泥细砂浆贴与地面一致，高100。 □(4) 10厚1:2.5水泥砂浆底，面钉10厚硬木踢脚线板，＿＿色，高＿＿。	梯间、厅、房
天花板	☑(1) 15厚1:2:8水泥灰砂浆底，5厚1:1:6水泥石灰砂浆面，面扫白色乳胶漆两道（白色乳胶漆两道）。 □(2) 10厚1:3:9水泥石灰砂浆底，面扫白色乳胶漆两道（白色素灰），5厚纸筋灰（3厚木质纤维素灰）罩面。 □(3) 钢筋混凝土板脱模后，去"鸡钉"，用1:1:4水泥石灰砂浆抹平，扫白灰水两道。 □(4) 钢筋混凝土板脱模后，去"鸡钉"，下吊天花（铝扣板，铝角石膏板，去"鸡钉"，下吊"艺术"天花）。 □(5) 钢筋混凝土板脱模后，去"鸡钉"，下吊"艺术"天花（做法另详修设计）。	全部天花
门	□(1) 杉木门窗油＿＿色油漆，一色油漆，一底二度。 ☑(2) 硬木门，胶合板门按指定颜色先刷底色粉料，再用土叻打底，叻浆罩面。	
窗	☑(3) 银白色铝合金门窗白色玻璃。 ☑(4) 门窗预埋件应作防腐（木）防锈（铁）处理。	

门表

编号	宽	高	数量	备注
C1	1500	1700		铝合金推拉窗
C2	1200	1700		铝合金推拉窗
C3	600	1700		铝合金平开窗
C4	1000	1700		铝合金推拉窗
M1	900	2100		胶合板门
M2	700	2100		胶合板门
MC1	1500（C） 900（M）	1700（C） 2600（M）		铝合金推拉窗 铝合金平开门

建设单位	＊＊开发公司	＊＊设计院	设计号	
工程名称	工业区宿舍楼	建筑构造说明	图号	J-1
			日期	

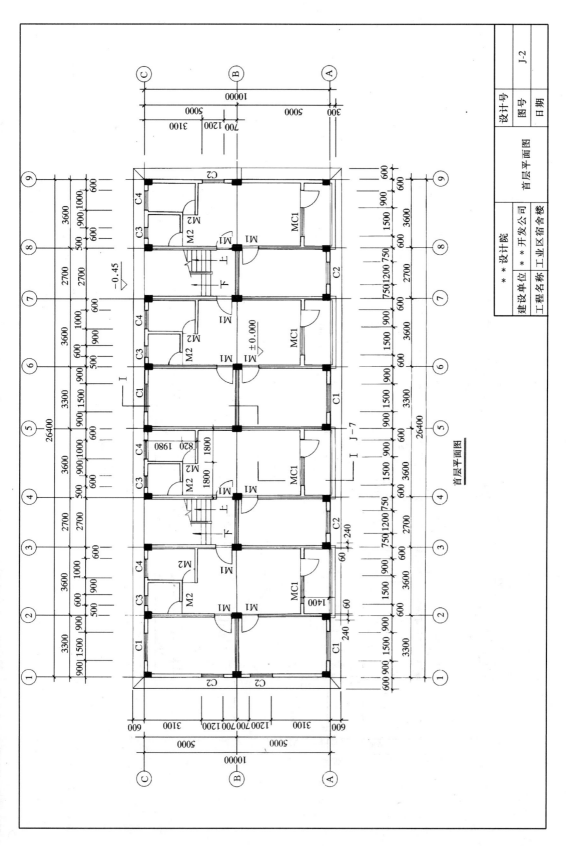

首层平面图

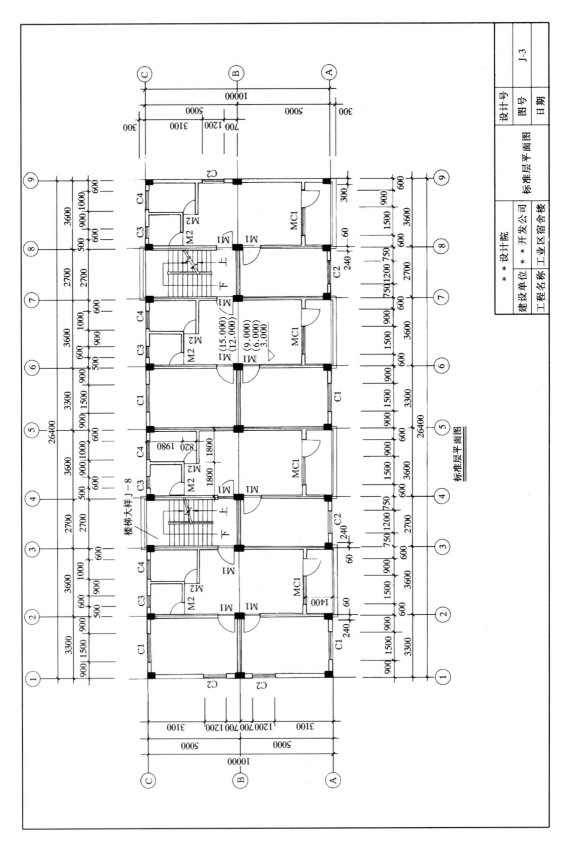

标准层平面图

设计院	* * 设计院	设计号	
开发公司	建设单位 * * 开发公司	图号	J-3
工业区宿舍楼	工程名称 工业区宿舍楼 标准层平面图	日期	

208

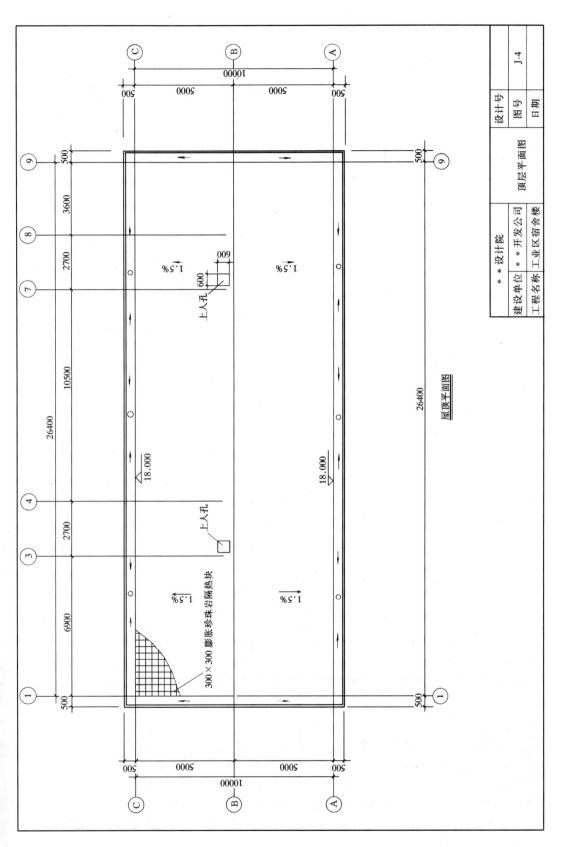

屋顶平面图

						设计号	
			* * 设计院		顶层平面图	图号	J-4
			建设单位	* * 开发公司		日期	
			工程名称	工业区宿舍楼			

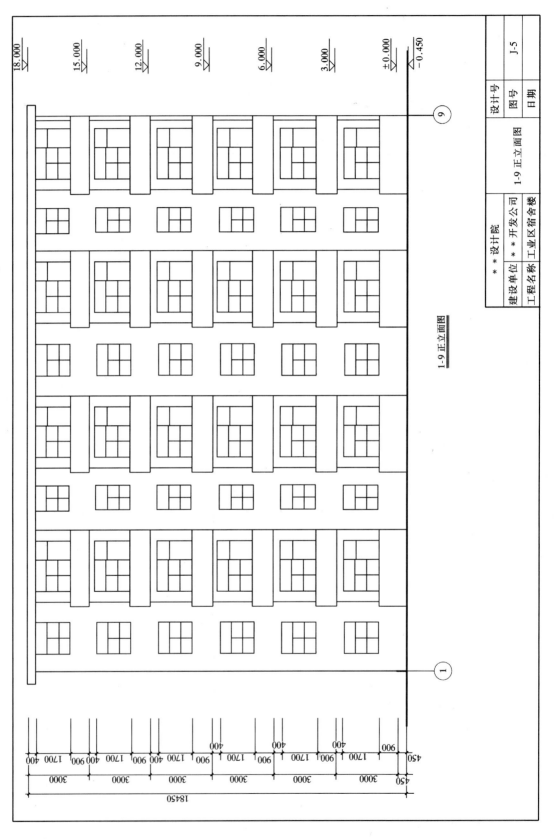

1-9正立面图

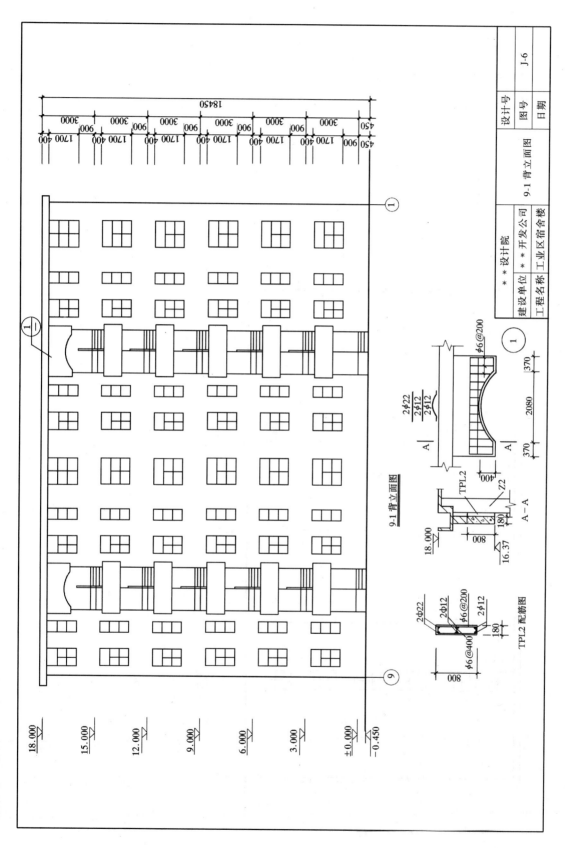

9-1 背立面图

TPL2 配筋图

A—A

设计号

图号 J-6

日期

建设单位 ＊＊开发公司

工程名称 工业区宿舍楼

＊＊设计院

9-1 背立面图

211

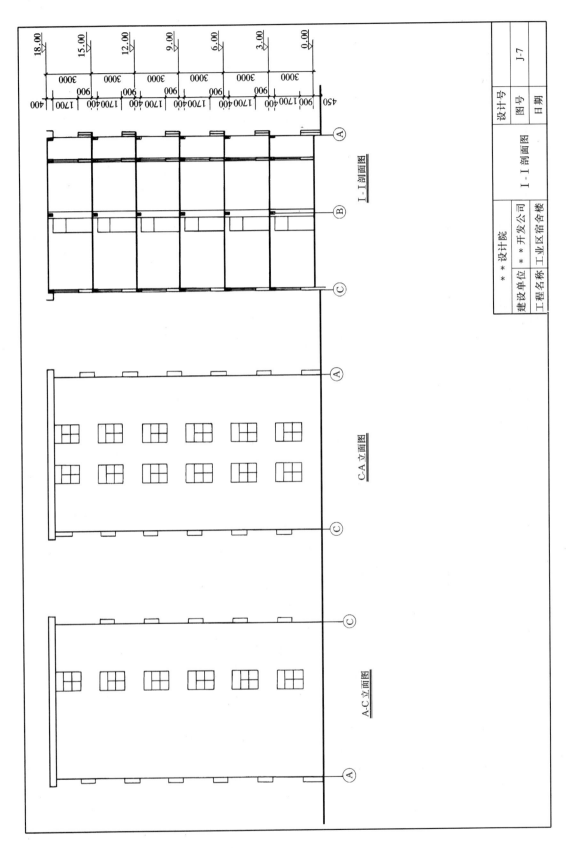

I-I剖面图

C-A立面图

A-C立面图

18.00
15.00
12.00
9.00
6.00
3.00
0.00

3000
3000
3000
3000
3000
3000

450
900
1700
400
900
1700
400
900
1700
400
900
1700
400
900
1700
400

A
B
C

＊＊设计院

建设单位	＊＊开发公司	设计号	
工程名称	工业区宿舍楼	图号	J-7
	I-I剖面图	日期	

212

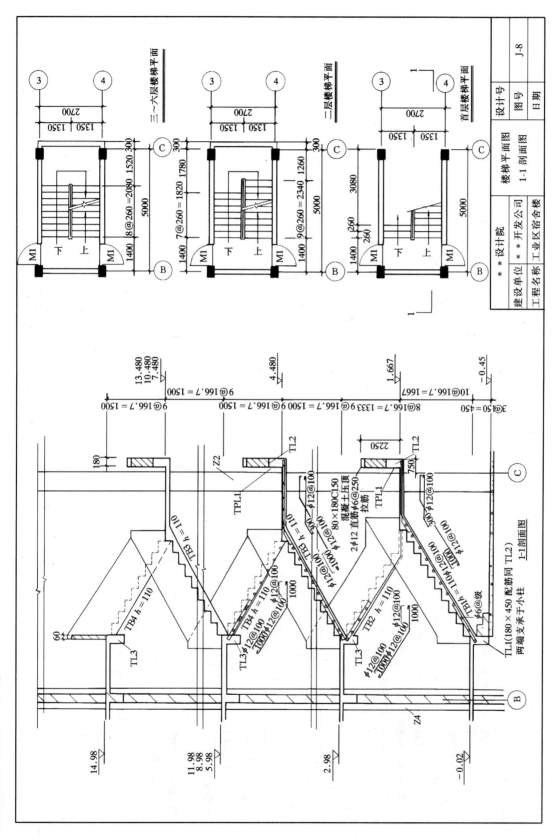

结构总说明

一、一般说明：

1. 本工程为现浇钢筋混凝土框架结构，烧结粉煤灰砖砌体填充墙。容重19kN/m³。
2. 本工程施工应遵照现行有关施工规范及规程。
3. 本工程设计所依据的工程地质资料为：南海市自管市自备供电所工程地质勘察报告，由广东佛山地质工程勘察院2001年8月20日提供。
4. 本工程按抗震设防烈度七度进行抗震设计。抗震等级为三级。
5. 图示尺寸以计量单位为mm，标高为m。
6. 图中所注标高均为建筑物完成面标高。结构面实际标高应减去建筑面层厚。图中标高±0.00相当于绝对标高。

二、材料：

1. 混凝土：

结构部件	桩	承台（基础）	基础梁	柱	梁板	屋面	屋面水池
混凝土强度等级	C20	C20	C20	C20	C20	C20	C20

2. 钢筋：I级钢（Φ）$f_y=210\text{N/mm}^2$
II级钢（Φ）$f_y=310\text{N/mm}^2$

3. 砌体：

本工程墙体均为非承重隔墙。砖砌体用料，统一作以下规定：
① 外墙及楼梯间隔墙厚度为180mm，用MU10砖M5混合砂浆砌筑。
② 内隔墙厚度为120mm，用MU7.5砖，M5混合砂浆砌筑。
③ 楼梯及阳台栏板厚度均为120mm，用MU7.5砖，M10混合砂浆砌筑。
④ 上列墙体室内地面以下部分砌筑砂浆应用与室内地面以上同一强度等级的水泥砂浆。

三、混凝土保护层：

1. 除特别注明者外，受力钢筋混凝土保护层按下表规定，且不应小于受力钢筋直径。

构件类别	桩		基础		承台板	梁	墙	柱
	$D{\leq}600$	$D{\geq}600$	有垫层	无垫层				
保护层厚度（mm）	50	70	35	70	50	50	15	25

2. 凡地下室外侧（与土接触部分）以及露天的板墙、梁、柱受力钢筋混凝土保护层厚度均为上表数值加10mm。

四、纵向受力钢筋锚固长度 L_a、L_{aE}、L_{as}

1. 非抗震结构纵向受拉钢筋最小锚固长度 L_a 按下表取值，并不小于250mm。

钢筋类别		混凝土强度等级			
		C15	C20	C25	≥C30
I级		40d	30d	25d	20d
II级	螺纹	45d	35d	30d	25d
	月牙纹	50d	40d	35d	30d

表中II级钢筋当 $d>25$mm 时，L_a 应增加 $5d$。

2. 抗震结构的受力钢筋最小锚固长度为 L_{aE}。抗震等级一级、二级 $L_{aE}=L_a+10d$，三、四级 $L_{aE}=L_a$。
3. 次梁（不与柱或剪力墙连接的梁）及楼板底钢筋最小锚固长度 L_{as} 均为15d。

五、钢筋接头：

1. 受力钢筋接头宜优先采用焊接接头，焊接接头的类型和质量应符合国家现行标准的要求。
2. 当受力钢筋接头采用搭接接头时，搭接长度 L_d 按以下规定采用：
① 非抗震结构：$L_d=1.2L_a$，并不小于300mm。
② 抗震结构：抗震等级一级、二级 $L_d=1.2L_a+5d$，抗震等级三级 $L_d=1.2L_a$。

** 设计院		设计号	
建设单位	** 开发公司	图号	G-1
工程名称	工业区宿舍楼	结构总说明	日期

③非受力钢筋（板分布筋，次梁架立筋）$L_d=15d$，且不小于150mm。

六、地基基础

1. 地基基础

①本工程采用天然地基，钢筋混凝土基础。

②根据本工程地质勘察资料，基础持力层定为 层，地基设计承载力为 kPa，基础底面埋置深度应位于该土层顶面以下不小于300mm。

③基坑开挖后，如发现地基土与勘察资料不符，或局部有软弱土层，洞穴暗沟等情况，应即通知设计单位，商量处理办法。

④基坑经检验后，应及时浇捣混凝土垫层，避免浸水泡软，影响地基承载力。

2. 桩基础

①本工程采用人工挖孔桩，桩及承台大样详大样。

②本工程采用锤击式沉管灌注桩，完成桩径 。桩尖要求进入 层，不小于 m。设计桩长为 m。单桩设计承载力为 kN，锤重 t，落锤高度 m。最后三阵锤（每阵锤十击）每阵锤击的总贯入度均不大于 cm，施工时应控制拔管速度，在软土层中不超过 0.8m/分，在其他土层中不超过 1.0m/分。

七、钢筋混凝土主体结构

1. 梁、柱、墙的结构说明详梁、柱及地下室墙体大样，剪力墙大样。

2. 跨度大于 4m 的梁，板或跨度大于 2m 的悬臂梁，板跨中或悬臂端应起拱，除图中注明者外，起拱高度可按跨度的 2/1000。

3. 框架梁与柱混凝土强度等级超过 5MPa 时，节点的混凝土强度等级应取其中较高者施工。

4. 楼梯应其柱 TZ 除另有大样者外，均按 $b \times h=180 \times 180$，配筋 4Φ12，箍筋 φ6@250，纵筋锚入支承梁 450。

---

5. 楼屋面板

①本工程各层楼面板的分布筋配筋图中注明者外，楼面均为 φ6@250，屋面及其他外露部分均为 φ6@200。

②各层结构平面布置图中板配筋的简化方法说明如下：

凡注有 "K" 字样者代表配筋 φ@200

凡注有 "G" 字样者代表配筋 φ8@200

凡注有 "K10" 字样者代表配筋 φ10@200

③双向板底配筋，短向钢筋放在板底，长向钢筋放在短向钢筋之上。

④板面钢筋放置在板面，短向钢筋均采用 φ8@1000 梅花形布置。形式可用 Ω 形。

⑤凡注有 "@" 字样的楼面板角处，应设置长度为 1/4 短向板跨，直径为 φ8 且不小于板小于板面受力钢筋，间距为 100 的正交钢筋网片。

⑥凡屋面结构及楼面卫生间等同等建筑有斜坡排水要求的地方，施工时均须按建筑平面图所示要求的坡度施工。

⑦楼屋面板上开洞，凡圆孔直径 D 及矩形孔宽度 B，小于 300 时，受力钢筋绕过洞边，不应切断，洞口不设附加钢筋。凡大于以上尺寸的洞口，受力筋切断时，应按洞口大样配置附加钢筋。

⑧板跨内通长受力钢筋需搭接时，支座面筋应在跨中 1/3L_0（L_0 为板净跨）区段内搭接，跨中底筋应在距支座 1/3L_0 区段内搭接，搭接长度详前述，1 级搭接钢筋末端应做弯钩，钢筋接头互应相互错开。有搭接长度区段内，有接头受力钢筋截面面积占受力钢筋截面面积的百分率不大于 25%。

⑨凡直接承受墙重量的楼板，均在板底增配钢筋 2Φ12，锚入梁内 15d。

⑩凡未注明的边支座面钢筋均按图二配筋。

八、填充墙的构造措施

1. 框架柱与填充墙交接处，沿高度每隔 500，用 2φ6 钢筋与柱拉结。拉筋锚入柱或剪力墙内 200，伸入填充墙长度为 500，若填充墙长度不足上述长度，则拉结筋应伸满墙全长，末端应弯直钩。

2. 屋面砌体女儿墙及阳台砌体栏杆应与主体结构拉结，均应与主体结构拉结（大样图中构造柱间距≤4m）。

** 设计院		设计号	
建设单位	** 开发公司	结构总说明	图号	G-1
工程名称	工业区宿舍楼		日期	

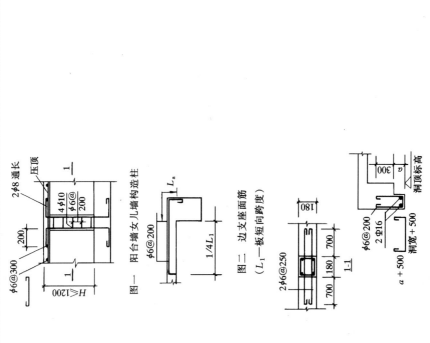

图一 阳台墙女儿墙构造柱

图二 边支座面筋（L_1—板短向跨度）

图三 过梁与主体梁整浇

3. 凡墙净高大于4m的180厚墙，及墙净高大于3m的120厚墙，均应在墙高中部或门洞上口标高处设置一道钢筋混凝土配筋带，配纵筋3φ8。该纵筋应与框架柱之墙端预留插筋搭接，洞口处之截面应按配过梁要求。

4. 当墙长度大于5m时，应在墙长的中部加设构造柱GZ，GZ长宽同墙厚。混凝土强度等级为C15，配4φ12纵筋，箍筋φ6@250。GZ两端纵向钢筋需与主体墙砌埋之同直径钢筋搭接。施工时应先砌墙后浇柱。GZ纵向钢筋应同框架柱拉结筋与墙之间的拉结筋，拉结筋应在砌墙时预埋。

5. 墙体端部未与主体柱、墙及其他墙相接时，须在端部设GZ与墙体连结。

九、门窗洞及设备预留洞过梁
洞口顶面及设备预留洞过梁底距离满足过梁高度要求者，梁高为洞宽的1/4，且不小于自钩，保护层用M10水泥砂浆30，梁两端伸入支座长370，钢筋规格为：

以下规定设置过梁：

1. 洞口净宽 $L_0 \leq 1500$ 时均设钢筋砖过梁，高240。
$L_0 \leq 1200$ 时配 3φ8
$1200 < L_0 \leq 1500$ 时配 3φ10

2. $1500 < L_0 \leq 1800$ 设钢筋混凝土过梁，过梁宽同墙厚，高240，混凝土强度等级C20，配2φ12底筋，2φ8架立筋φ6@200箍筋，过梁支承长度为240。

3. 洞口净宽大于1800钢筋混凝土过梁另详大样。

4. 当洞顶与主体梁底距离不足上述过梁高度时，过梁应与主体梁整体浇筑，做法详图三。

			设计号		
			图号	G-1
** 设计院	** 开发公司	工业区宿舍楼	结构总说明	日期	
建设单位		工程名称			

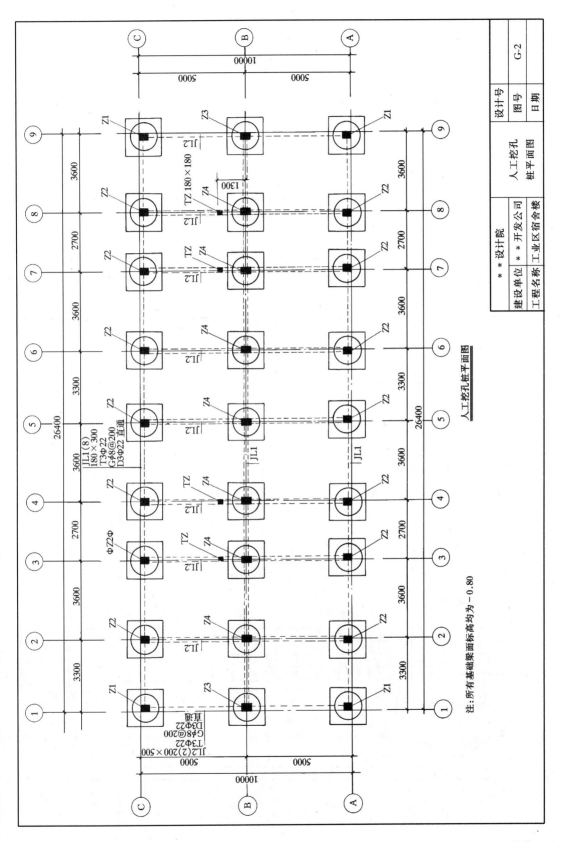

人工挖孔桩平面图

注：所有基础梁面标高均为 -0.80

设计号	
图号	G-2
日期	

* * 设计院	人工挖孔 桩平面图
建设单位 * * 开发公司	
工程名称 工业区宿舍楼	

217

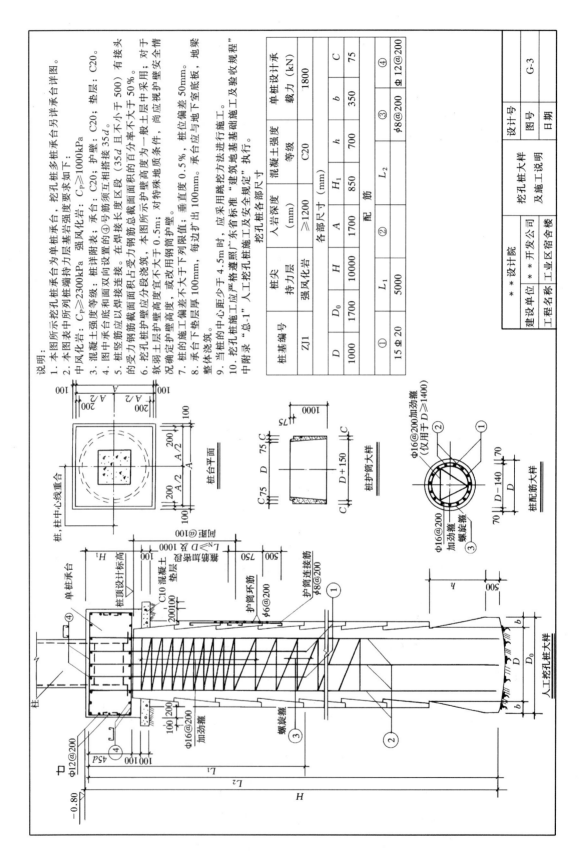

说明：

1. 本图所示挖孔桩承台为单桩承台，挖孔桩为多桩台承台另详承台详图。

2. 本图表中所列桩端持力层基岩强度要求如下：
中风化岩：强度等级基岩 $C_P \geq 1200kPa$；微风化岩：$C_P \geq 2300kPa$。

3. 混凝土强度等级见表；承台：C20；护壁：C20；垫层：C20。

4. 图中承台底面和面双向设置的④号筋须互相搭接（$35d$ 且不小于500）有接头。

5. 桩竖筋应以焊接连接。在焊接长度区段（$35d$ 相互搭接 $35d$）有接头，对于有接头的受力钢筋截面面积占受力钢筋总面积的百分率不大于50%。

6. 挖孔桩护壁厚度不大于0.5m，本图所示护壁高度为一般土层中采用；对于软弱地质情况应确定护壁高度，或改用钢筒简护壁。

7. 桩的施工偏差应不大于0.5%，桩位偏差 50mm。

8. 承台下垫层厚100mm，每边扩出100mm。承台应与特殊地下室底板，地梁整体浇筑。

9. 当桩的中心距小于4.5m时，应采用跳挖方法施工。

10. 人工挖孔桩施工应严格遵照广东省标准"建筑地基基础施工及验收规程"执行。

桩基编号	桩头持力层	入岩深度(mm)	混凝土强度等级	单桩设计承载力(kN)
ZJ1	强风化岩	≥1200	C20	1800

挖孔桩大样各部尺寸

D_0	H	A	H_1	h	b	C
1700	10000	1700	850	700	350	75

D	L_1	L_2			配 筋			
1000	5000			①	②	③	④
				15 Φ 20		φ8@200	Φ 12@200

建设单位 ** 设计院	**开发公司** ** 开发公司	
工程名称 工业区宿舍楼		
挖孔桩大样及施工说明	设计号	
	图号	G-3
	日期	

桩台平面

桩护筒大样

桩配筋大样

人工挖孔桩大样

Φ16@200 加劲箍（仅用于 $D \geq 1400$）

Φ16@200 加劲箍
螺旋箍

护筒环筋 φ6@200

护筒连接筋 φ8@200

C10混凝土垫层

单桩承台

桩顶设计标高

螺旋箍

Φ16@200 加劲箍

桩、柱中心线应重合

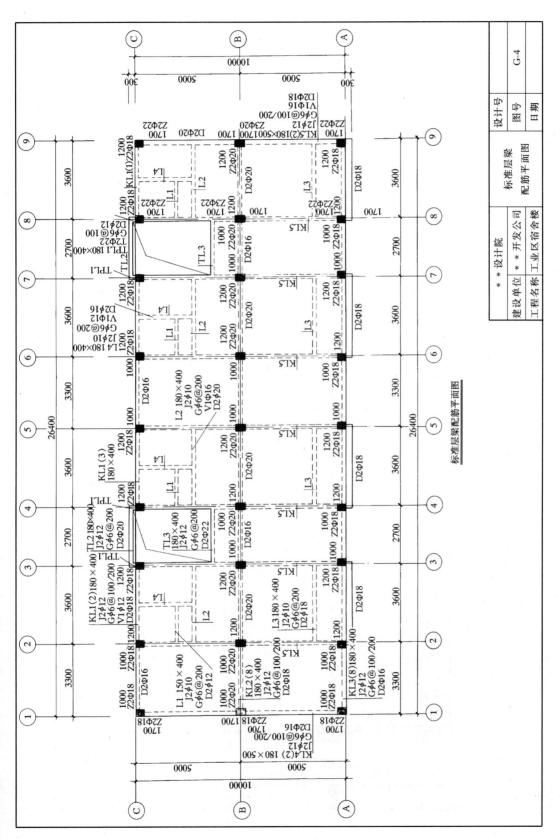

标准层梁配筋平面图

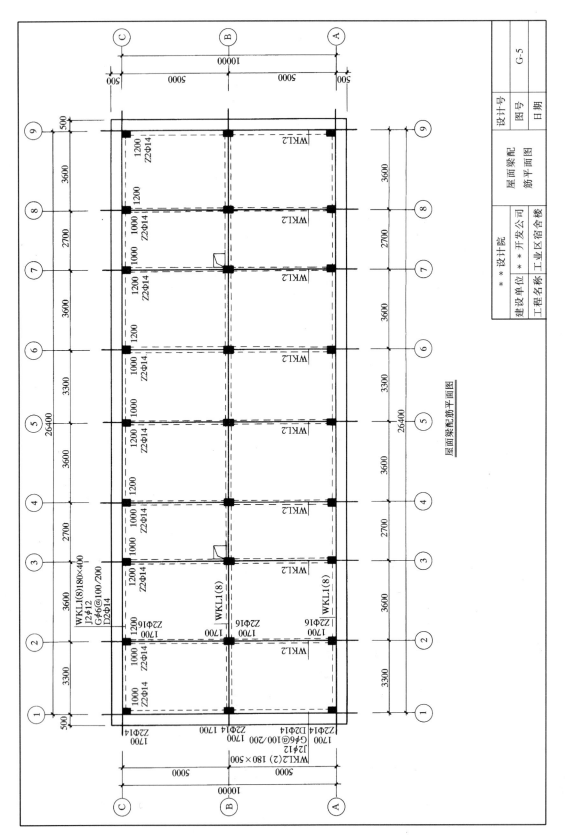

屋面梁配筋平面图

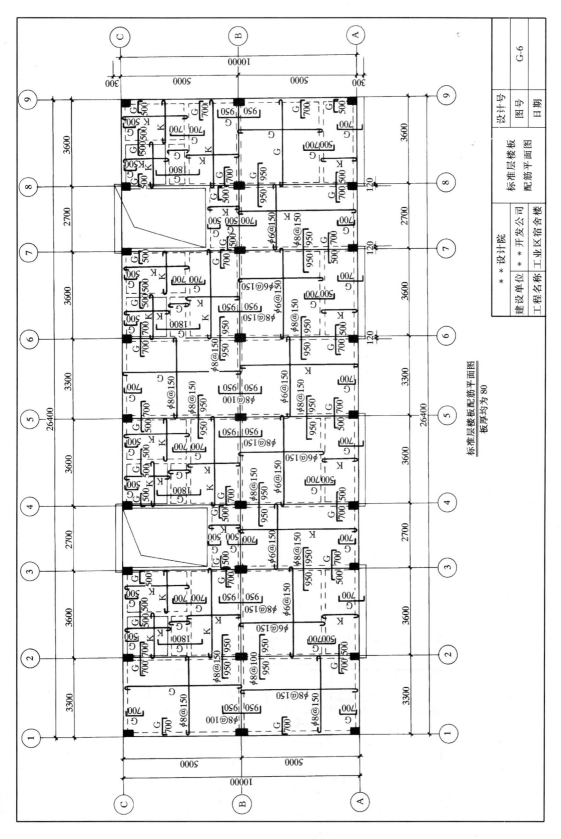

标准层楼板板配筋平面图
板厚均为80

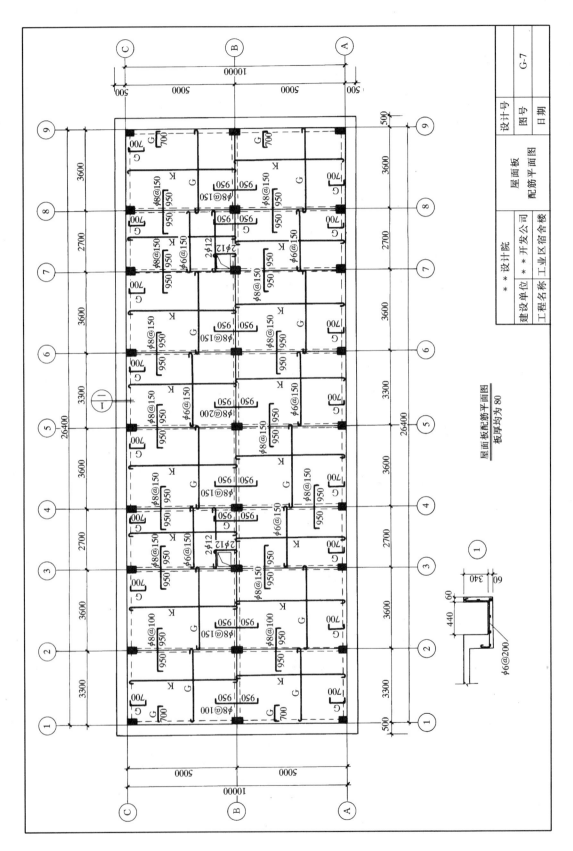

屋面板配筋平面图
板厚均为80

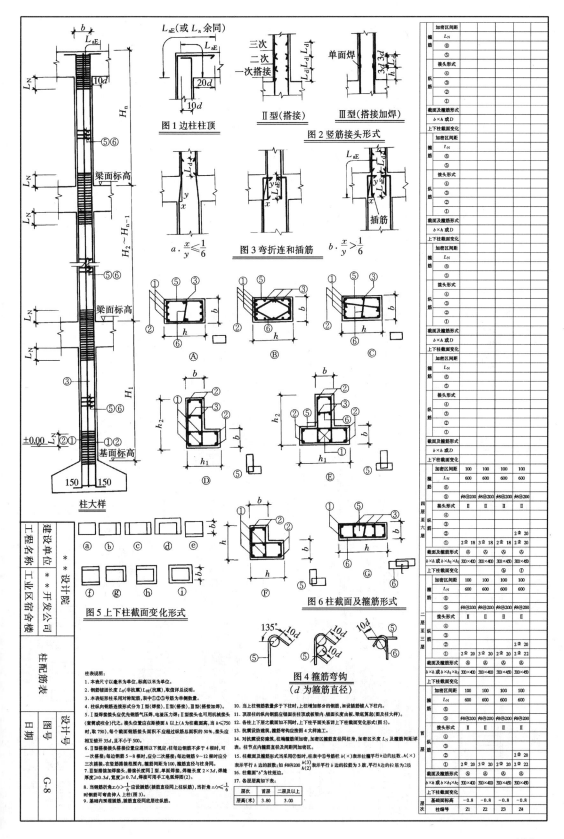

图1 边柱柱顶

L_{aE}(或 L_a 余同) L_{aE} $10d$ $20d$ $10d$

图2 竖筋接头形式

三次 二次 一次搭接 Ⅱ型(搭接) 单面焊 Ⅲ型(搭接加焊) $3d$ $3d$ d

图3 弯折连和插筋

$a.\ \dfrac{x}{y}\leqslant\dfrac{1}{6}$ $b.\ \dfrac{x}{y}>\dfrac{1}{6}$ 插筋 L_{aE}

A B C D E F ⓐ ⓑ ⓒ ⓓ ⓔ ⓕ ⓖ ⓗ ⓘ

图5 上下柱截面变化形式

图6 柱截面及箍筋形式

图4 箍筋弯钩（d 为箍筋直径）
$135°$ $10d$

柱大样 H_n $H_2\sim H_{n-1}$ H_1 梁面标高 基面标高 ±0.00 150 150 $10d$

柱表说明：
1. 本表尺寸以毫米为单位，标高以米为单位。
2. 钢筋锚固长度 L_a(非抗震)L_{aE}(抗震)，取值详说明书。
3. 本类框架柱采用对称配筋，表中①②③号筋为单侧数量。
4. 柱纵向钢筋连接形式分为Ⅰ型(焊接)，Ⅱ型(搭接)，Ⅲ型(搭接加焊)。
5. Ⅰ型焊接接头应优先采用钢筋气压焊，电渣压力焊；Ⅱ型接头也可用机械接头(套筒或冷挤合)代之。接头位置应在距地上楼面 A 以上(A 为柱截面高，当 A≤750 时，取 750)，每一截面钢筋接头面积不应超过总纵筋总面积的 50%，接头应相互错开 $35d$，且不小于 500。
6. Ⅱ型搭接接头搭接位置应遵照以下规定：柱每段钢筋不多于 4 根时，可一次搭接；每边钢筋 5～8 根时，应分二次搭接；每边钢筋 9～12 根时应分三次搭接。在竖筋搭接范围内，箍筋间距为 100，箍筋直径与柱身同。
7. Ⅲ型搭接加焊接头采用Ⅱ型同图，单面焊接，搭接长度为 $2\times3d$，焊缝厚度 $\geqslant0.3d$，宽度 $\geqslant0.7d$，焊接可用手工电弧焊图(2)。
8. 当钢筋折角 $x/y>\dfrac{1}{6}$ 应设置箍筋(箍筋直径同柱纵筋)，当折角 $x/y\leqslant\dfrac{1}{6}$ 时钢筋可弯曲伸入上柱(图3)。
9. 基础内埋插筋，插筋直径同底层柱筋。
10. 当上柱钢筋数量多于下柱时，上柱增加部分的钢筋，加设插筋锚入下柱内。
11. 顶层柱的纵向钢筋锚固在柱顶或板架内部，锚固长度由板、架底算起(图见大样)。
12. 各柱上下层之截面宽不同时，上下柱平移关系详上下柱截面变化形式(图5)。
13. 抗震设防建筑，箍筋构内应按图4大样施工。
14. 对抗震设防建筑，柱纵筋须加密以柱身，加密区箍筋直径同柱身，加密区长度 L_N 及箍筋间距详表。柱节点处箍筋直径及间距同加密区。
15. 柱截面及箍筋形式当采用⑥型时，柱表栏中①号筋 $b(\times)$ 表示拉筋平行于 b 边的肢数，$h(\times)$ 表示平行 h 边的肢数；如 $\#8@200\ \frac{b(3)}{h(2)}$ 表示平行于 b 边的拉筋为 3 肢，平行 h 边的拉筋为 2 段。
16. 柱截面"b"为柱短边。
17. 各层层高如下表：

层次	首层	二层及以上
层高(米)	3.80	3.00

		Z1	Z2	Z3	Z4
四层至六层	加密区间距	100	100	100	100
	L_N	600	600	600	600
	③	#8@200	#8@200	#8@200	#8@200
	接头形式	Ⅱ	Ⅱ	Ⅱ	Ⅱ
	④				
	②			2Φ20	
	①	2Φ18	3Φ18	2Φ18	2Φ20
	截面及箍筋形式 b×h 或 h1×h2	300×400	300×400	300×450	300×450
	上下柱截面变化				
二层至三层	加密区间距	100	100	100	100
	L_N	600	600	600	600
	③	#8@200	#8@200	#8@200	#8@200
	接头形式	Ⅱ	Ⅱ	Ⅱ	Ⅱ
	④				
	②			2Φ20	
	①	2Φ20	3Φ20	2Φ20	2Φ22
	截面及箍筋形式 b×h 或 h1×h2	300×400	300×400	300×450	300×450
	上下柱截面变化				
首层	加密区间距	100	100	100	100
	L_N	600	600	600	600
	③	#8@200	#8@200	#8@200	#8@200
	接头形式	Ⅱ	Ⅱ	Ⅱ	Ⅱ
	④				
	②			2Φ20	
	①	2Φ20	3Φ20	2Φ20	2Φ20
	截面形式 b×h 或 D	Ⓐ	Ⓑ	Ⓒ	Ⓐ
	柱截面 b×h 或 b1×h1	300×400	300×400	300×450	300×450
层次	基础面标高	-0.8	-0.8	-0.8	-0.8
	柱编号	Z1	Z2	Z3	Z4

建设单位 ＊＊开发公司
设计院 ＊＊设计院
工程名称 工业区宿舍楼
柱配筋表
设计号
图号 G-8
日期

223

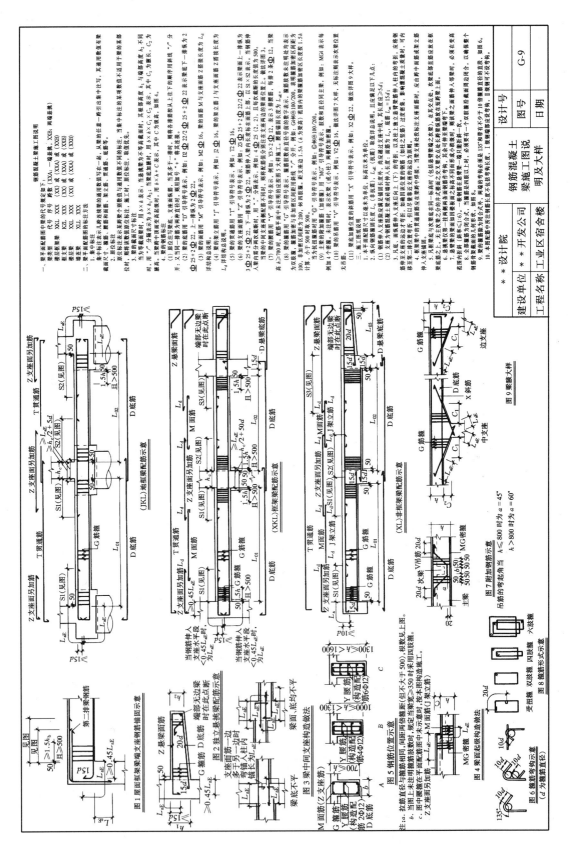

本土建施工图预算根据2001年《广东省建筑工程计价办法》，套用2001年《广东省建筑工程综合定额》，人工、材料单价已按广州地区2001年第四季度《建筑工程指导价格》进行调整。有关费用管理费，采用一类城市一类费用按四类工程计取。

本示例包括以下内容：

一、工程量计算表。二、钢筋材料明细表。三、钢筋统计表。四、材料分析表。五、材料汇总表。六、预算书封面。七、预算编制说明。八、工程总价表。九、分部工程费汇总表（预算）。十、分项工程费汇总表（预算）。十一、技术措施项目费汇总表（预算）。十二、分项工程费汇总表（技措项目）。十三、其他措施项目费汇总表（预算）。十四、人工、材料、机械价差表（预算）。

一、工程量计算表

序号	价格表编号	项目名称	轴线号	件数	长	宽	高	工程量	单位
1		建筑面积	A-C 1-9					1547.568	m²
				6	26.4	10		1584	
		扣减阳台		24	3.48	1.4	0.5	-58.464	
		加阳台挑出部分		24	3.72	0.3	0.5	13.392	
		加梯间挑出部分		10	2.88	0.3		8.64	
2	1-19	平整场地	A-C 1-9		30.4	14		425.6	m²
3	2-40	人工挖孔桩						429.221	m³
		桩身		27	3.14×1.3²×10.35/4			370.92	
		扩大头（圆台）		27	3.14×0.7×(1.7²+1²+1.7×1)/12			27.659	
		扩大头（圆柱）		27	3.14×1.7²×0.5/4			30.642	
4	2-59	人工挖孔桩入岩体积		27	序号3、人工挖孔桩扩大头			58.301	m³
5	3-100	桩空心部分混凝土		27	3.14×1.3²×1.1×0.746/4			29.408	m³
6	3-98	C20混凝土20石混凝土桩芯浇捣		27	429.221×0.746-29.408			290.791	m³
7		C20混凝土20石混凝土桩芯现场搅拌				1.01		293.226	m³
	17	C20混凝土基础梁浇捣（含量1.01）			7.605	1.01		7.68105	
	27	C20混凝土矩形柱浇捣（含量1.01）			61.934	1.01		62.553	
	29	C20混凝土连续梁浇捣（含量1.01）			71.531	1.01		72.246	
	32	C20混凝土拱梁浇捣（含量1.01）			0.503	1.01		0.509	
	34	C20混凝土有梁楼板浇捣（含量1.01）			119.223	1.01		120.416	
	36	C20混凝土挑檐浇捣（含量1.01）			4.770	1.01		4.818	
	38	C20混凝土板边反檐浇捣（屋面周边）（含量1.01）			1.562	1.01		1.577	
	39	C20混凝土直形楼梯浇捣（含量1.01）			19.768	1.01		19.966	
	43	C20混凝土台阶浇捣（含量1.01）			0.288	1.01		0.291	
	49	砖混凝土混合栏板高135（含量0.0248）			16.260	0.0248		0.403	
	50	砖混凝土混合栏板高90cm（含量0.0165）			81.300	0.0165		1.341	

续表

序号	价格表编号	项目名称	轴线号	件数	长	宽	高	工程量	单位
		51、砖混凝土混合栏板高61cm（含量0.0116）			30.600	0.0116		0.355	m^3
		52、砖混凝土混合栏板高90cm（含量0.0165）			64.820	0.0165		1.070	
8	3-98换	C20混凝土10石现场搅拌			129.646			129.646	m^3
		3、人工挖孔桩（护壁混凝土含量0.2790）			429.221	0.279		119.753	
		13、C20混凝土基础垫层浇捣（含量1.015）			9.747	1.015		9.893	
9	3-98换	C20混凝土40石现场搅拌						386.508	m^3
		6、C20混凝土桩芯浇捣（含量1.01）			290.791	1.01		293.699	
		15、C20混凝土基础浇捣（含量1.01）			66.326	1.01		66.989	
		41、C20混凝土10厚地坪浇捣（含量0.102）			248.675	0.102		25.365	
		42、C20混凝土散水坡浇捣（含量1.01）			0.451	1.01		0.456	
11	2-128	凿人工挖孔桩护壁		27	$3.14 \times 1.3^2 \times 1.3 \times 0.279/4$			12.998	m^3
12	1-5换	人工挖沟槽、基坑（桩间土）		27				224.861	m^3
		桩承台		27	2.5	2.5	1.3	219.375	
		扣挖孔桩		27	$3.14 \times 1.3^2 \times 1.3/4$			-46.589	
		JL2	1-9　A-C	9	5.8	0.8	0.85	35.496	m^3
		JL1	A-C　1-9	3	10.9	0.78	0.65	16.579	
13	3-155	C20混凝土基础垫层浇捣		27	1.9	1.9	0.1	9.747	m^3
14	3-7	基础垫层模板		27	7.6		0.1	20.52	m^2
15	3-102	C20混凝土基础浇捣		27	1.7	1.7	0.85	66.326	m^3
16	3-8	桩承台模板		27	6.8		0.85	156.06	m^2
17	3-108	C20混凝土基础梁浇捣						7.605	m^3
		JL1	A-C　1-9	3	12.5	0.18	0.3	2.025	
		JL2	1-9　A-C	9	6.2	0.2	0.5	5.58	
18	3-19	基础梁模板						78.3	m^2
		JL1	A-C　1-9	3	12.5		0.6	22.5	

序号	价格表编号	项目名称	轴线号	件数	长	宽	高	工程量	单位
19	4-1换	JL2	1-9 A-C	9	6.2		1	55.8	m³
		M5水泥砂浆砌烧结粉煤灰砖基础						14.427	
			A1-9	1	10.02	0.18	0.8	1.443	
			B1-9	1	10.65	0.12	0.8	1.022	
			C1-9	1	18.9	0.18	0.8	2.722	
			1、9 A-C	2	8.75	0.18	0.8	2.52	
			3、4、7、8 A-B	4	4.375	0.12	0.8	1.68	
			3、4、7、8 B-C	4	4.375	0.18	0.8	2.52	
			2、5、6 A-C	3	8.75	0.12	0.8	2.52	
20	1-15	回填土						173.110	m³
		12、人工挖沟槽、基坑						224.861	
		人工挖孔桩		27	3.14×1.3²×1.1/4			39.42	
		扣13、基础垫层						-9.747	
		扣15、基础						-66.326	
		扣17、基础梁						-7.605	
		扣砖基础（-0.45以下）	A1-9	1	10.02	0.18	0.35	-0.631	
			B1-9	1	10.65	0.12	0.35	-0.447	
			C1-9	1	18.9	0.18	0.35	-1.191	
			1、9 A-C	2	8.75	0.18	0.35	-1.103	
			3、4、7、8 A-B	4	4.375	0.12	0.35	-0.735	
			3、4、7、8 B-C	4	4.375	0.18	0.35	-1.103	
			2、5、6 A-C	3	8.75	0.12	0.35	-1.103	
		扣柱（-0.45以下）Z1、Z2		18	0.4	0.3	0.35	-0.756	
		Z3、Z4		9	0.45	0.3	0.35	-0.425	
21	1-24换	人力车运土方 200m内						397.971	m³

序号	价格表编号	项目名称	轴线号	件数	长	宽	高	工程量	单位
		12、人工挖沟槽、基坑						224.861	
		20、回填土						173.110	
22	1-24换	人力车运土方150m内						370.92	m³
		3、人工挖孔桩						429.221	
		扣4、人工挖孔桩入岩体积	11、凿护壁					-58.301	m³
23	1-69换	人力车运石方200m内						12.998	m³
24	1-69换	人力车运石方150m内						58.301	m³
25	1-100换	人工装汽车运土方10km	4、人工挖孔桩入岩体积					334.812	m³
		3、人工挖孔桩						429.221	
		扣4、人工挖孔桩入岩体积						-58.301	
		12、人工挖沟槽、基坑						224.861	
		扣20、回填土						-173.110	
26	1-102换	扣房心回填	A-C 1-9		26.04	9.64	0.35	-87.859	m³
		人工装汽车运石方10km						71.299	
		11、凿护壁						12.998	
		4、人工挖孔桩入岩体积						58.301	
27	3-105	C20混凝土矩形柱浇捣						61.934	m³
		(±)0.00以下						2.804	
		Z1、Z2		18	0.4	0.3	0.8	1.728	
		Z3、Z4		9	0.45	0.3	0.8	0.972	
		TZ		4	0.18	0.18	0.8	0.104	
		一~六层						59.13	
		Z1、Z2		108	0.4	0.3	2.92	37.843	
		Z3、Z4		54	0.45	0.3	2.92	21.287	
28	3-14	1.8m内矩形柱模板						714.448	m³
		(±)0.00以下						33.264	

序号	价格表编号	项目名称	轴线号	件数	长	宽	高	工程量	单位
		Z1、Z2		18	1.4		0.8	20.16	
		Z3、Z4		9	1.5		0.8	10.8	
		TZ		4	0.72		0.8	2.304	
		一~五层						568.18	
		Z1		20	1.4		2.92	81.76	
		Z1柱与板交接处		20	0.7		0.08	1.12	
		Z2		70	1.4		2.92	286.16	
		Z2柱与板交接处		70	0.3		0.08	1.68	
		Z3		10	1.5		2.92	43.8	
		Z3柱与板交接处		10	0.45		0.08	0.36	
		Z4		35	1.5		2.92	153.3	
		六层						113.004	
		Z1、Z2		18	1.4		2.92	73.584	
		Z3、Z4		9	1.5		2.92	39.42	
29	3-109	C20混凝土连续梁浇捣						71.531	m³
		二~六层						61.309	
		KL1	C 1-9	5	18.9	0.18	0.32	5.443	
		KL2、KL3	A、B 1-9	10	23.7	0.18	0.32	13.651	
		KL4、KL5	1-9 A-C	45	8.75	0.18	0.42	29.768	
		L1	B-C 2-9	20	1.65	0.15	0.32	1.584	
		L2	B-C 2-7	15	3.48	0.18	0.32	3.007	
		L2	B-C 8-9	5	3.36	0.18	0.32	0.968	
		L3	A-B 2-7	15	3.48	0.18	0.32	3.007	
		L3	A-B 8-9	5	3.36	0.18	0.32	0.968	
		L4	2-9 B-C	20	2.53	0.18	0.32	2.915	
		屋面						10.222	

序号	价格表编号	项目名称	轴线号	件数	长	宽	高	工程量	单位
		WKL1	A、B、C 1-9	3	23.7	0.18	0.32	4.095	
		WKL2	1-9 A-C	9	8.75	0.18	0.42	5.954	
		TPL2		4	0.3	0.18	0.8	0.173	
30	3-20	25 内连梁模板						1019.35	m²
		二～六层						877.865	
		KL1	C 1-9	5	18.9		0.9	85.05	
		KL2	B 1-9	5	23.7		0.82	97.17	
		KL3	A 1-9	5	23.7		0.82	97.17	
		KL3 梁板交接处	A 1-2	5	2.76		0.08	1.104	
		KL3 梁板交接处	A 3-4、7-8	10	2.22		0.08	1.776	
		KL3 梁板交接处	A 5-6	5	2.82		0.08	1.128	
		KL4、KL5	1、9 A-C	10	8.75		1.1	96.25	
		KL5	2-8 A-C	35	8.75		1.02	312.375	
		KL5 梁板交接处	3、4、7、8 B-C	20	3.2		0.08	5.12	
		L1	B-C 2-9	20	1.65		0.79	26.07	
		L2	B-C 2-7	15	3.48		0.82	42.804	
		L2	B-C 8-9	5	3.36		0.82	13.776	
		L3	A-B 2-7	15	3.48		0.82	42.804	
		L3	A-B 8-9	5	3.36		0.82	13.776	
		L4	2-9 B-C	20	2.53		0.82	41.492	
		屋面						141.485	
		WKL1	A、B 1-9	2	23.7		0.84	39.816	
		WKL1	C 1-9	1	23.7		0.82	19.434	
		WKL2	1、9 A-C	2	8.75		1.04	18.2	
		WKL2	2-8 A-C	7	8.75		1.02	62.475	
		TPL2 外侧		4	0.3		0.8	0.96	

序号	价格表编号	项目名称	轴线号	件数	长	宽	高	工程量	单位
		TPL2内侧		4	0.12		0.8	0.384	
		TPL2底面		4	0.3		0.18	0.216	
31	3-34	有梁板模板						1274.346	m²
		二~六层						1040.694	
		楼板	A-C 1-9	5	26.4	10		1320	
		扣 Z1、Z2		90	0.4	0.3		-10.8	
		扣 Z3、Z4		45	0.45	0.3		-6.075	
		扣 KL1	C 1-9	5	18.9	0.18		-17.01	
		扣 KL2、KL3	A、B 1-9	10	23.7	0.18		-42.66	
		扣 KL4、KL5	1-9 A-C	45	8.75	0.18		-70.875	
		扣 L1	B-C 2-9	20	1.65	0.15		-4.95	
		扣 L2	B-C 2-7	15	3.48	0.18		-9.396	
		扣 L2	B-C 8-9	5	3.36	0.18		-3.024	
		扣 L3	A-B 2-7	15	3.48	0.18		-9.396	
		扣 L3	A-B 8-9	5	3.36	0.18		-3.024	
		扣 L4	2-9 B-C	20	2.53	0.18		-9.108	
		扣梯间	B-C 3-4、7-8	10	3.78	2.46		-92.988	
		屋面						233.652	
		楼板	A-C 1-9	1	26.4	10		264	
		扣 Z1、Z2		18	0.4	0.3		-2.16	
		扣 Z3、Z4		9	0.45	0.3		-1.215	
		扣 WKL1	A、B、C 1-9	3	23.7	0.18		-12.798	
		扣 WKL2	1-9 A-C	9	8.75	0.18		-14.175	
32	3-110	C20混凝土拱梁浇捣		2	2.46	0.18		0.503	m³
							0.8	0.708	
		扣弓形部分		2	$0.18 \times [1.552 \times (2.276-2.08) + 2.08 \times 0.4]/2$			-0.205	

序号	价格表编号	项目名称	轴线号	件数	长	宽	高	工程量	单位
33	3-22	拱梁模板						7.132	m²
		内侧面		2	2.46		0.8	3.936	
		外侧面		2	2.82		0.8	4.512	
		扣弓形面积		2	$2\times[1.552\times(2.276-2.08)+2.08\times0.4]/2$			-2.272	
		底面水平段		2	0.38		0.18	0.137	
		底面弓形弧长		2	2.276		0.18	0.819	
34	3-112	C20混凝土有梁楼板浇捣						119.223	m³
		二~六层						98.161	
		楼板	A-C 1-9	5	26.4	10	0.08	105.6	
		扣楼梯	B-C 3-4、7-8	10	3.78	2.46	0.08	-7.439	
		屋面						21.062	
		楼板	A-C 1-9	1	26.4	10	0.08	21.12	
		扣上人孔		2	0.6	0.6	0.08	-0.058	
35	3-48	挑檐天沟模板						59.630	m²
		阳台	A 2-7	15	3.72	0.3	0.08	16.74	
		屋面周边（平面）	A 8-9	5	3.66	0.3	0.08	5.49	
				1	74.8	0.5		37.4	
36	3-123	C20混凝土挑檐浇捣						4.770	m³
		阳台	A 2-7	15	3.72	0.3	0.08	1.339	
		屋面周边	A 8-9	5	3.66	0.3	0.08	0.439	
				1	74.8	0.5	0.08	2.992	
37	3-47	板边反檐模板						56.669	m²
		屋面周边（立面外侧）		1	76.8		0.4	30.72	
		屋面周边（立面内侧）		1	76.32		0.34	25.949	
38	3-121	C20混凝土板边反檐浇捣（屋面周边）		1	76.56	0.06	0.34	1.562	m³
39	3-114	C20混凝土直形楼梯浇捣						19.768	m³

序号	价格表编号	项目名称	轴线号	件数	长	宽	高	工程量	单位
		TL1		2	2.46	0.18	0.45	0.399	
		TL2		10	2.46	0.18	0.29	1.284	
		TL3		10	2.46	0.18	0.29	1.284	
		TPL1		10	0.3	0.18	0.29	0.157	
		TB1斜板		2	3.089	1.23	0.11	0.836	
		TB1休息平台板		2	1.3	1.23	0.11	0.352	
		TB2斜板		2	2.162	1.23	0.11	0.585	
		TB2休息平台板		2	2.08	1.23	0.11	0.563	
		TB3斜板		8	2.78	1.23	0.11	3.009	
		TB3休息平台板		8	1.56	1.23	0.11	1.689	
		TB4斜板		8	2.471	1.23	0.11	2.675	
		TB4休息平台板		8	1.82	1.23	0.11	1.970	
		踏步		153	$0.26 \times 0.1667 \times 1.23/2$			4.967	
40	3-42	直形楼梯模板						101.448	m²
		室内		10	3.78	2.46		92.988	
		悬挑部分		10	0.3	2.82		8.46	
41	3-174换	C20混凝土10厚地坪浇捣						248.675	m²
			1-9 A-C	1	26.4	10		264	
		阳台		4	3.72	0.3		4.464	
		扣墙	A 1-9	1	10.02	0.18		-1.804	
			B 1-9	1	10.65	0.12		-1.278	
			C 1-9	1	18.9	0.18		-3.402	
			1、9 A-C	2	8.75	0.18		-3.15	
			3、4、7、8 A-B	4	4.375	0.12		-2.1	
			3、4、7、8 B-C	4	4.375	0.18		-3.15	
			2、5、6 A-C	3	8.75	0.12		-3.15	

序号	价格表编号	项目名称	轴线号	件数	长	宽	高	工程量	单位
		扣Z1、Z2		18	0.3	0.4		-2.16	
		扣Z3、Z4		9	0.3	0.45		-1.215	
		加门洞		10	0.9	0.18		1.62	
42	3-124	C20混凝土散水坡浇捣		1	75.2	0.6	0.01	0.451	m³
43	3-125	C20混凝土台阶浇捣		6	1.23	0.26	0.15	0.288	m³
44	3-46	台阶模板		2	1.23	0.52		1.279	m²
45	4-58换	M5水泥石灰砂浆砌3/4砖烧结粉煤灰砖外墙						626.317	m²
			A 1-9	6	10.02		2.6	156.312	
			C 1-9	6	18.9		2.6	294.84	
			1、9 A-C	12	8.75		2.5	262.5	
			1/A 2-7	18	3.48		2.6	162.864	
			1/A 8-9	6	3.36		2.6	52.416	
		顶层梯间反檐	C 3-4 7-8	2	2.82		0.43	2.425	
		扣减门窗洞口	MC1	24	0.9		2.6	-56.16	
			C1	24	1.5		1.7	-61.2	
			C2	24	1.5		1.7	-61.2	
			C3	30	1.2		1.7	-61.2	
			C4	24	0.6		1.7	-24.48	
				24	1		1.7	-40.8	
46	4-60换	M5水泥石灰砂浆砌3/4砖烧结粉煤灰砖内墙						217.14	m²
			3、4、7、8 B-C	24	4.375		2.5	262.5	
		扣减门窗洞口	M1	24	0.9		2.1	-45.36	
47	4-59换	M5水泥石灰砂浆砌1/2砖烧结粉煤灰砖内墙						1058.814	m²
			B 1-9	6	10.65		2.6	166.14	
			3、4、7、8 A-B	24	4.375		2.5	262.5	
			2、5、6 A-C	18	8.75		2.5	393.75	

序号	价格表编号	项目名称	轴线号	件数	长	宽	高	工程量	单位
			1/B 2-7	18	1.8		2.6	84.24	
			1/B 8-9	6	1.68		2.6	26.208	
			2/B 2-9	24	1.68		2.6	104.832	
			2-9 2/B-C	24	2.56		2.6	159.744	
		扣减门窗洞口 M1		36	0.9		2.1	-68.04	
		M2		48	0.7		2.1	-70.56	
48	4-91	水沟（蹲位）		24				24	个
49	4-103换	M5水泥石灰砂浆砌砖混凝土混合栏板高135cm						16.26	m
		首层阳台	A 2-7	3	4.08			12.24	
			A 8-9	1	4.02			4.02	
50	4-103	M5水泥石灰砂浆砌砖混凝土混合栏板高90cm						81.3	m
		二~六层阳台	A 2-7	15	4.08			61.2	
			A 8-9	5	4.02			20.1	
51	4-103换	M5水泥石灰砂浆砌砖混凝土混合栏板高61cm						30.6	m
		楼梯飘台	C 3-4 7-8	10	3.06			30.6	
52	4-103换	M10水泥石灰砂浆砌砖混凝土混合栏板高90cm						64.820	m
		TB1栏板		2	3.349			6.698	
		TB2栏板		2	3.511			7.022	
		TB3、TB4栏板		16	3.04			48.640	
		顶层楼面平台栏板		2	1.23			2.46	
53	5-17	杉木无纱胶合板门制作（无亮）						175.891	m^2
		M1		60	0.87		2.085	108.837	
		M2		48	0.67		2.085	67.054	
54	5-51	杉木无纱胶合板门安装（无亮）				53、杉木无纱胶合板门制作（无亮）		175.891	m^2
55	5-103	铝合金平开门安装 MC1		24	0.885		2.585	54.905	m^2
56	5-105	铝合金推拉窗安装						215.330	m^2

续表

序号	价格表编号	项目名称	轴线号	件数	长	宽	高	工程量	单位
		C1、MC1		48	1.47		1.67	117.835	
		C2		30	1.17		1.67	58.617	
		C4		24	0.97		1.67	38.878	
57	5-104	铝合金平开窗安装 C3		24	0.57		1.67	22.846	m²
58	5-230110	铝合金平开门制作		55	铝合金平开门安装			54.905	m²
59	5-230123	铝合金推拉窗制作		56	铝合金推拉窗安装			215.330	m²
60	5-230119	铝合金平开窗制作		57	铝合金平开窗安装			22.846	m²
61	6-336	M5 水泥石灰砂浆砌膨胀珍珠岩砌块天面隔热						264.72	m²
62	8-51 换	楼地面 1:1 水泥砂浆贴 200×200 防滑砖						170.543	m²
		扣上人孔	1-9 A-C	1	26.4	10		264	
				2	0.6	0.6		0.72	
		厨房	B-C 2-7	18	2.56	1.68		77.414	
		扣柱垛		18	0.22	0.09		−0.356	
		厨房	B-C 8-9	6	2.56	1.56		23.962	
		扣柱垛		6	0.22	0.12		−0.158	
		卫生间		24	1.74	1.68		70.157	
		扣柱垛		24	0.22	0.09		−0.475	
63	8-11	20 厚 1:2.5 水泥砂浆楼梯面层		6	40、直形楼梯模板			101.448	m²
64	8-12	20 厚 1:2.5 水泥砂浆台阶面层		6	44、台阶模板			1.279	m²
65	8-52 换	楼地面 1:1 水泥砂浆贴 400×400 耐磨砖						1136.041	m²
			1-9 A-C	6	26.4	10		1584	
		阳台	A 2-7	18	3.48	0.18		11.275	
			A 8-9	6	3.42	0.18		3.694	
		扣墙	A 1-9	6	10.02	0.18		−10.822	
			C 1-9	6	18.9	0.18		−20.412	
			1、9 A-C	12	8.75	0.18		−18.9	

序号	价格表编号	项目名称	轴线号	件数	长	宽	高	工程量	单位
			1/A 2-7	18	3.48	0.18		-11.275	
			1/A 8-9	6	3.36	0.18		-3.629	
			3、4、7、8 B-C	24	4.375	0.18		-18.9	
			B 1-9	6	10.65	0.12		-7.668	
			3、4、7、8 A-B	24	4.375	0.12		-12.6	
			2、5、6 A-C	18	8.75	0.12		-18.9	
			1/B 2-7	18	1.8	0.12		-3.888	
			1/B 8-9	6	1.68	0.12		-1.210	
			2/B 2-9	24	1.68	0.12		-4.838	
			2-9 2/B-C	24	2.56	0.12		-7.373	
		扣 Z1、Z2		108	0.4	0.3		-12.96	
		扣 Z3、Z4		54	0.45	0.3		-7.29	
		扣梯间		12	4.94	2.46		-145.829	
		加梯间柱珠	B 3、4、7、8	24	0.165	0.09		0.356	
		扣厨卫	62、楼地面 1:1 水泥砂浆贴 300×300 防滑砖					-170.543	
		加门洞 M1		36	0.9	0.18		5.832	
		MC1		24	0.9	0.18		3.888	
		M2		48	0.7	0.12		4.032	
66	8-1	20厚 1:2.5 水泥砂浆楼地面找平层	61、M5 水泥石灰砂浆砌膨胀珍珠岩砌块天面隔热					1571.304	m²
		62、楼地面 1:1 水泥砂浆贴 300×300 防滑砖						264.72	
		65、楼地面 1:1 水泥砂浆贴 400×400 耐磨砖						170.543	
								1136.041	
67	8-9	20厚 1:2.5 水泥砂浆楼地面面层						82.414	m²
		散水		1	75.2	0.6		45.12	
		梯间首层地面		2	4.94	2.46		24.305	
		扣台阶	64、20厚 1:2.5 水泥砂浆台阶面层	2				-1.279	

序号	价格表编号	项目名称	轴线号	件数	长	宽	高	工程量	单位
68	8-59换	二~六层梯平台（楼面标高处）		10	1.16	1.23		14.268	m²
		1:1水泥砂浆贴磨砖耐磨踢脚线100高						110.448	
		房	1-2 A-B、B-C	12	15.64		0.1	18.768	
			A-B 3-4、7-8	12	14.68		0.1	17.616	
			5-6 A-B、B-C	12	15.88		0.1	19.056	
		厅	A-C 2-7	18	19.72		0.1	35.496	
			A-C 8-9	6	19.48		0.1	11.688	
		阳台	A-C 2-7	18	10.12		0.1	18.216	
			A-C 8-9	6	9.88		0.1	5.928	
		扣M1、MC1		144	0.9		0.1	-12.96	
		扣M2		48	0.7		0.1	-3.36	
69	8-6换	10厚1:2.5水泥砂浆踢脚线找平层	68、1:1水泥砂浆贴磨砖耐磨踢脚线100高					110.448	m²
70	8-14换	10厚1:2.5水泥砂浆底、5厚1:2.5水泥砂面踢脚线100高						25.943	m²
		首层梯间		2	12.34		0.1	2.468	
		TB1		4	3.349		0.1	1.340	
		TB2		4	3.511		0.1	1.404	
		TB3、TB4		32	3.04		0.1	9.728	
		休息平台		10	5.74		0.1	5.74	
		楼面平台（楼面标高处）		10	5.14		0.1	5.14	
		顶层楼面平台栏板		1	1.23		0.1	0.123	
71	8-181	墙面水泥膏贴条砖白水泥膏勾缝						1283.666	m²
		正立面	A 1-9	1	26.4		18.05	476.52	
		首层阳台栏板	A 2-7	3	4.32		1.35	17.496	
			A 8-9	1	4.26		1.35	5.751	
		二层阳台栏板	A 2-7	15	4.32		0.98	63.504	
			A 8-9	5	4.26		0.98	20.874	

序号	价格表编号	项目名称	轴线号	件数	长	宽	高	工程量	单位
		阳台栏板压顶顶面	A2-7	15	4.08		0.12	7.344	
			A8-9	5	4.02		0.12	2.412	
		阳台两侧外墙		48	1.4		2.82	189.504	
		阳台正面外墙扣地台	A2-7	3	4.32		0.45	-5.832	
			A8-9	1	4.26		0.45	-1.917	
		阳台正面外墙扣楼板	A2-7	15	4.32		0.08	-5.184	
			A8-9	5	4.26		0.08	-1.704	
		背立面	C1-9	1	26.4		18.05	476.52	
		楼梯栏板外面		10	3.42		1.01	34.542	
		楼梯栏板压顶顶面		10	3.06		0.18	5.508	
		楼梯顶层反槛拱梁部分		2	2.82		0.8	4.512	
		扣弓形面积		2	$[1.552×(2.276-2.08)+2.08×0.4]/2$			-1.136	
		砖砌部分		2	2.82		0.4	2.256	
		TPL2外侧		4	0.3		0.8	0.960	
		扣梯间洞口首层		2	2.4		1.987	-9.538	
		扣梯间洞口二层		2	2.4		2.723	-13.070	
		扣梯间洞口三~五层		6	2.4		2.89	-41.616	
		侧立面	1、9 A-C	2	10		18.05	361	
		扣C1		24	1.5		1.7	-61.2	
		扣MC1		24	0.9		2.6	-56.16	
		扣C2		24	1.5		1.7	-61.2	
				30	1.2		1.7	-61.2	
		扣C3		24	0.6		1.7	-24.48	
		扣C4		24	1		1.7	-40.8	
		37、板边反槛模板（屋面周边立面外侧）							
72	8-183	水泥膏条贴白水泥膏勾缝零星装饰						30.72	m²
73	8-169	墙面水泥膏贴花瓷片						935.831	m²

序号	价格表编号	项目名称	轴线号	件数	长	宽	高	工程量	单位
		卫生间		24	6.84		2.92	479.347	
		梁底 L4		24	1.74	0.03		1.253	
		L1		24	1.65	0.015		0.594	
		厨房	B-C 2-7	18	8.48		2.92	445.709	
		梁底 L4		18	1.74	0.03		0.940	
		L2		18	1.65	0.03		0.891	
		厨房	B-C 8-9	6	8.24		2.92	144.365	
		梁底 L4		6	1.74	0.03		0.313	
		L2		6	1.53	0.03		0.275	
		扣 M2		48	0.72	2.1		−72.576	
		扣 C3		24	0.6	1.7		−24.480	
		扣 C4		24	1	1.7		−40.800	
74	8-102	墙面 1:1:6 水泥石灰砂浆抹灰底层厚						2219.497	m²
		71、墙面水泥膏贴条白水泥膏勾缝						1283.666	
		73、墙面水泥膏贴花瓷片						935.831	
75	8-104	零星装饰 1:1:6 水泥石灰砂浆抹灰底层厚　72、水泥膏贴条白水泥膏勾缝零星装饰						30.72	m²
76	8-83	1:2:8 水泥石灰砂浆底，1:1:6 水泥石灰砂浆底面墙面抹灰						2602.775	m²
		房	1-2 A-B、B-C	12	15.64		2.82	529.258	
			A-B 3-4、7-8	12	14.68		2.82	496.771	
			5-6 A-B、B-C	12	15.88		2.82	537.379	
		厅	A-C 2-7	18	19.72		2.82	1000.987	
			A-C 8-9	6	19.48		2.82	329.602	
		扣 M1		96	0.9		2	−172.800	
		扣 MC1		24	0.9		2.5	−54.000	
		扣 M2		48	0.7		2	−67.200	
		扣 C1、MC1		48	1.5		1.7	−122.400	

序号	价格表编号	项目名称	轴线号	件数	长	宽	高	工程量	单位
		扣 C2		30	1.2		1.7	-61.200	
		扣 C3		24	0.6		1.7	-24.480	
		扣 C4		24	1		1.7	-40.800	
		梯间		2	7.4		17.92	265.216	
		梯间室内地坪以外部分		2	3.6		0.45	3.24	
		扣梯间楼面平台		10	5.14		0.08	-4.112	
		扣 TB1 斜板		2	3.089		0.11	-0.680	
		扣 TB1 休息平台板		2	1.23		0.11	-0.271	
		扣 TB2 斜板		2	2.162		0.11	-0.476	
		扣 TB2 休息平台板		2	1.23		0.11	-0.271	
		扣 TB3 斜板		8	2.78		0.11	-2.446	
		扣 TB3 休息平台板		8	1.56		0.11	-1.373	
		扣 TB4 斜板		8	2.471		0.11	-2.174	
		扣 TB4 休息平台板		8	1.82		0.11	-1.602	
		扣踏步		153	0.26	0.1667	0.5	-3.316	
		扣台阶		4	0.26	0.15	0.5	-0.078	
77	8-94	1:2:8 水泥石灰砂浆底，1:1:6 水泥石灰砂浆底板栏面抹灰						202.224	m²
		阳台栏板	A 2-7	18	3.84		0.8	55.296	
			A 8-9	6	3.78		0.8	18.144	
		楼梯休息平台栏板		10	2.7		0.8	21.6	
		楼梯顶层休息平台反檐拱梁		2	2.46		0.8	3.936	
		扣反檐弓形部分		2	[1.552 × (2.276 − 2.08) + 2.08 × 0.4] /2			-1.136	
		反檐砖砌部分		2	2.46		0.4	1.968	
		楼梯顶层楼面平台栏板外侧		2	1.23		0.84	2.066	
		楼梯顶层楼面平台栏板内侧		2	1.23		0.74	1.820	
		TB1 栏板外侧		2	3.349		0.84	5.626	

241

序号	价格表编号	项目名称	轴线号	件数	长	宽	高	工程量	单位
		TB1栏板内侧		2	3.349		0.74	4.957	
		TB2栏板外侧		2	3.511		0.84	5.898	
		TB2栏板内侧		2	3.511		0.74	5.196	
		TB3、TB4栏板外侧		16	3.04		0.84	40.858	
		TB3、TB4栏板内侧		16	3.04		0.74	35.994	
78	8-91换	20厚1:2.5水泥砂浆零星装饰						99.768	m²
		屋面挑檐平面		1	74.56	0.44		32.806	
		屋面边梁外侧		1	72.8	0.34		24.752	
		屋面反檐内侧		1	76.32	0.34		25.949	
		屋面反檐上表面		1	76.56	0.06		4.594	
		楼梯顶层楼面平台板栏板压顶		2	1.23	0.18		0.443	
		TB1栏板压顶		2	3.349	0.18		1.206	
		TB2栏板压顶		2	3.511	0.18		1.264	
		TB3、TB4栏板压顶		16	3.04	0.18		8.755	
79	8-199换	1:2:8水泥石灰砂浆底，1:1:6水泥石灰砂浆面顶棚面抹灰						1675.910	m²
		室内	A-C1-9	6	26.04	9.64		1506.154	
		KL2、WKL1	B2-3、4-5、6-7	18	3.3		0.64	38.016	
		KL2、WKL1	B8-9	6	3.15		0.64	12.096	
		L2		20	1.65		0.64	21.12	
		扣梯间		10	3.78	2.46		-92.988	
		挑檐			35、挑檐天沟模板			59.630	
		楼梯（乘系数1.3）			40、直形楼梯模板（101.448）×1.3			131.882	
80	9-224	单层木门油漆底油一遍调合漆两遍			53、杉木无砂胶合板门制作（无亮）			175.891	m²
81	9-240	单层木门油漆罩面			53、杉木无砂胶合板门制作（无亮）			175.891	m²
82	9-302	墙柱面乳胶漆两遍						2804.999	m²
		76. 墙面抹灰						2602.775	
		77. 栏板面抹灰						202.224	
83	9-304	天棚面乳胶漆两遍			79、顶棚面抹灰			1675.910	m²
84	10-24	综合脚手架（竹木）高度20.5m以内		1	76.4		18.45	1409.58	m²
85	10-37	里脚手架（钢管）			1、建筑面积			1547.568	m²
86	10-62	靠脚手架安全挡板（竹）21.5m内		1	92.4		2	184.8	m²
87	11-10	建筑物20m以内垂直运输			1、建筑面积			1547.568	m²

二、钢 筋 材 料 明 细 表

工程名称：工业区宿舍楼

楼层编号：0　　　　编制日期

筋号	规格	钢筋图形	公　式	根数	总根数	单长 (m)	总长度 (m)	总重量 (kg)
构件名称：JL1		构件数量：3			本构件钢筋重：1789.7			
101	$\phi22$	605 ⌐ 26350 ⌐ 605	$25800+880+880$	3	9	30.728	276.552	825.25
102	$\phi22$	605 ⌐ 26350 ⌐ 605	$25800+880+880$	3	9	30.728	276.552	825.25
103	$\phi8$	250 130	$(180+300-100)$ $\times2+(2\times11.9+$ $8)\times d$	13	39	1.014	39.546	15.6
201	$\phi8$	250 130	$(180+300-100)$ $\times2+(2\times11.9+$ $8)\times d$	17	51	1.014	51.714	20.41
301	$\phi8$	250 130	$(180+300-100)$ $\times2+(2\times11.9+$ $8)\times d$	11	33	1.014	33.462	13.2
401	$\phi8$	250 130	$(180+300-100)$ $\times2+(2\times11.9+$ $8)\times d$	17	51	1.014	51.714	20.41
501	$\phi8$	250 130	$(180+300-100)$ $\times2+(2\times11.9+$ $8)\times d$	14	42	1.014	42.588	16.8
601	$\phi8$	250 130	$(180+300-100)$ $\times2+(2\times11.9+$ $8)\times d$	17	51	1.014	51.714	20.41
701	$\phi8$	250 130	$(180+300-100)$ $\times2+(2\times11.9+$ $8)\times d$	11	33	1.014	33.462	13.2
801	$\phi8$	250 130	$(180+300-100)$ $\times2+(2\times11.9+$ $8)\times d$	16	48	1.014	48.672	19.21

筋号	规格	钢筋图形	公 式	根数	总根数	单长(m)	总长度(m)	总重量(kg)
构件名称：JL2			构件数量：9		本构件钢筋重：2149.1			
101	$\phi22$	505 | 9975 | 455	$9175+880+880$	3	27	11.991	323.757	966.11
102	$\phi22$	505 | 9975 | 455	$9175+880+880$	3	27	11.991	323.757	966.11
103	$\phi8$	450 150	$(200+500-100)\times2+(2\times11.9+8)\times d$	21	189	1.454	274.806	108.43
201	$\phi8$	450 150	$(200+500-100)\times2+(2\times11.9+8)\times d$	21	189	1.454	274.806	108.43
构件名称：桩承台			构件数量：27		本构件钢筋重：3269.3			
101	$\phi12$	600 1630 600	$1630+600+600$	36	972	2.83	2750.76	2442.17
102	$\phi12$	1630	$4\times1630+8\times d+2\times11.9\times d$	5	135	6.9016	931.716	827.12
构件名称：挖孔桩			构件数量：27		本构件钢筋重：9656.8			
101	$\phi20$	5000	$900+4100$	15	405	5	2025	4993.97
105	$\phi8$	825	$825+2\times6.25\times d$	190	5130	0.925	4745.25	1872.41
加劲箍	$\phi16$	868 160	$868\times3.14+10\times d$	3	81	2.885	233.685	368.83
护壁箍	$\phi16$	1200 300	$P1\times(1200+2\times d)+300+2\times d+2\times13.25\times d$	60	1620	4.278	6930.36	1538.22
102	$\phi8$	4100 916 150 钢筋分1段	$82812.11+12.5\times d$	1	27	82.912	2238.624	883.33

筋号	规格	钢筋图形	公式	根数	总根数	单长 (m)	总长度 (m)	总重量 (kg)
构件名称：Z1		构件数量：4		本构件钢筋重：1390.91				
101	$\phi 20$	150 ⌐ 3335	$3335+150$	4	16	3.485	55.76	137.51
201	$\phi 20$	3960	3960	4	16	3.96	63.36	156.26
301	$\phi 20$	3960	3960	4	16	3.96	63.36	156.26
401	$\phi 20$	3960	3960	4	16	3.96	63.36	156.26
501	$\phi 18$	3864	3864	4	16	3.864	61.824	123.5
601	$\phi 18$	3864	3864	4	16	3.864	61.824	123.5
701	$\phi 18$	1025 ⌐ 2225	$1850+1400$	4	16	3.25	52	103.87
102	$\phi 8$	250 | 350 |	$(400+300-100)\times 2+(2\times 11.9+8)\times d$	10	40	1.454	58.16	22.95
202	$\phi 8$	250 | 350 |	$(400+300-100)\times 2+(2\times 11.9+8)\times d$	30	120	1.454	174.48	68.85
302	$\phi 8$	250 | 350 |	$(400+300-100)\times 2+(2\times 11.9+8)\times d$	30	120	1.454	174.48	68.85
402	$\phi 8$	250 | 350 |	$(400+300-100)\times 2+(2\times 11.9+8)\times d$	30	120	1.454	174.48	68.85
502	$\phi 8$	250 | 350 |	$(400+300-100)\times 2+(2\times 11.9+8)\times d$	30	120	1.454	174.48	68.85
602	$\phi 8$	250 | 350 |	$(400+300-100)\times 2+(2\times 11.9+8)\times d$	30	120	1.454	174.48	68.85
702	$\phi 8$	250 | 350 |	$(400+300-100)\times 2+(2\times 11.9+8)\times d$	29	116	1.454	168.664	66.55

筋号	规格	钢筋图形	公　式	根数	总根数	单长 (m)	总长度 (m)	总重量 (kg)
构件名称：Z2			构件数量：14		本构件钢筋重：6527.1			
101	ϕ20	150 ⌐——— 3335	3335 + 150	6	84	3.485	292.74	721.94
201	ϕ20	3960	3960	6	84	3.96	332.64	820.34
301	ϕ20	3960	3960	6	84	3.96	332.64	820.34
401	ϕ20	3960	3960	6	84	3.96	332.64	820.34
501	ϕ18	3864	3864	6	84	3.864	324.576	648.37
601	ϕ18	3864	3864	6	84	3.864	324.576	648.37
701	ϕ18	1025 ⌐——— 2225	1850 + 1400	6	84	3.25	273	545.34
102	ϕ8	250 [350]	$(400 + 300 - 100) \times 2 + (2 \times 11.9 + 8) \times d$	10	140	1.454	203.56	80.32
202	ϕ8	250 [350]	$(400 + 300 - 100) \times 2 + (2 \times 11.9 + 8) \times d$	30	420	1.454	610.68	240.97
302	ϕ8	250 [350]	$(400 + 300 - 100) \times 2 + (2 \times 11.9 + 8) \times d$	30	420	1.454	610.68	240.97
402	ϕ8	250 [350]	$(400 + 300 - 100) \times 2 + (2 \times 11.9 + 8) \times d$	30	420	1.454	610.68	240.97
502	ϕ8	250 [350]	$(400 + 300 - 100) \times 2 + (2 \times 11.9 + 8) \times d$	29	406	1.454	590.324	232.93
602	ϕ8	250 [350]	$(400 + 300 - 100) \times 2 + (2 \times 11.9 + 8) \times d$	29	406	1.454	590.324	232.93
702	ϕ8	250 [350]	$(400 + 300 - 100) \times 2 + (2 \times 11.9 + 8) \times d$	29	406	1.454	590.324	232.93

筋号	规格	钢筋图形	公　式	根数	总根数	单长 （m）	总长度 （m）	总重量 （kg）
构件名称：Z3			构件数量：2			本构件钢筋重：708.7		
101	φ20	150 ⌐———3335	3335 + 150	4	8	3.485	27.88	68.76
201	φ20	———3960———	3960	4	8	3.96	31.68	78.13
301	φ20	———3960———	3960	4	8	3.96	31.68	78.13
401	φ20	———3960———	3960	4	8	3.96	31.68	78.13
501	φ18	———3864———	3864	4	8	3.864	30.912	61.75
601	φ18	———3864———	3864	4	8	3.864	30.912	61.75
701	φ18	1075 ⌐———2225	1850 + 1450	4	8	3.3	26.4	52.74
102	φ8	250 ▢400	$(450 + 300 - 100) \times 2 + (2 \times 11.9 + 8) \times d$	10	20	1.554	31.08	12.26
202	φ8	250 ▢400	$(450 + 300 - 100) \times 2 + (2 \times 11.9 + 8) \times d$	30	60	1.554	93.24	36.79
302	φ8	250 ▢400	$(450 + 300 - 100) \times 2 + (2 \times 11.9 + 8) \times d$	30	60	1.554	93.24	36.79
402	φ8	250 ▢400	$(450 + 300 - 100) \times 2 + (2 \times 11.9 + 8) \times d$	30	60	1.554	93.24	36.79
502	φ8	250 ▢400	$(450 + 300 - 100) \times 2 + (2 \times 11.9 + 8) \times d$	29	58	1.554	90.132	35.56
602	φ8	250 ▢400	$(450 + 300 - 100) \times 2 + (2 \times 11.9 + 8) \times d$	29	58	1.554	90.132	35.56
702	φ8	250 ▢400	$(450 + 300 - 100) \times 2 + (2 \times 11.9 + 8) \times d$	29	58	1.554	90.132	35.56

筋号	规格	钢筋图形	公式	根数	总根数	单长 （m）	总长度 （m）	总重量 （kg）
构件名称：Z4			构件数量：7			本构件钢筋重：4487.1		
101	φ20	150 ⌐ 3335	3335 + 150	8	56	3.485	195.16	481.3
201	φ20	3960	3960	8	56	3.96	221.76	546.9
301	φ20	3960	3960	8	56	3.96	221.76	546.9
401	φ20	3960	3960	8	56	3.96	221.76	546.9
501	φ20	3960	3960	8	56	3.96	221.76	546.9
601	φ20	3960	3960	8	56	3.96	221.76	546.9
701	φ20	1075 ⌐ 2225	1850 + 1450	8	56	3.3	184.8	455.75
102	φ8	250 ▭ 400	$(450 + 300 - 100) \times 2 + (2 \times 11.9 + 8) \times d$	10	70	1.554	108.78	42.92
202	φ8	250 ▭ 400	$(450 + 300 - 100) \times 2 + (2 \times 11.9 + 8) \times d$	30	210	1.554	326.34	128.77
302	φ8	250 ▭ 400	$(450 + 300 - 100) \times 2 + (2 \times 11.9 + 8) \times d$	30	210	1.554	326.34	128.77
402	φ8	250 ▭ 400	$(450 + 300 - 100) \times 2 + (2 \times 11.9 + 8) \times d$	30	210	1.554	326.34	128.77
502	φ8	250 ▭ 400	$(450 + 300 - 100) \times 2 + (2 \times 11.9 + 8) \times d$	30	210	1.554	326.34	128.77
602	φ8	250 ▭ 400	$(450 + 300 - 100) \times 2 + (2 \times 11.9 + 8) \times d$	30	210	1.554	326.34	128.77
702	φ8	250 ▭ 400	$(450 + 300 - 100) \times 2 + (2 \times 11.9 + 8) \times d$	30	210	1.554	326.34	128.77

筋号	规格	钢筋图形	公　式	根数	总根数	单长 (m)	总长度 (m)	总重量 (kg)
构件名称：TZ			构件数量：4		本构件钢筋重：21.1			
101	φ12	5└ 1250 ┘55	350 + 960	4	16	1.31	20.96	18.61
102	φ6	130 □130	(180 + 180 − 100) × 2 + (2 × 11.9 + 8) × d	4	16	0.71	11.36	2.52
构件名称：TL1			构件数量：2		本构件钢筋重：55.56			
101	φ22	125└ 2770 ┘125	2460 + 330 + 330	2	4	3.12	12.48	37.24
102	φ12	25┌ 2770 ┐25	2460 + 180 + 180 + 12.5 × D	2	4	2.97	11.88	10.55
103	φ6	400 □130	(180 + 450 − 100) × 2 + (2 × 11.9 + 8) × d	14	28	1.25	35	7.77
构件名称：TL2			构件数量：10		本构件钢筋重：239.4			
101	φ20	25└ 3010 ┘25	2460 + 300 + 300	2	20	3.06	61.2	150.93
102	φ12	┌ 2820 ┐	2460 + 180 + 180 + 12.5 × D	2	20	2.97	59.4	52.74
103	φ6	350 □130	(180 + 400 − 100) × 2 + (2 × 11.9 + 8) × d	14	140	1.15	161	35.73
构件名称：TL3			构件数量：10		本构件钢筋重：274.62			
101	φ22	125└ 2770 ┘125	2460 + 330 + 330	2	20	3.12	62.4	186.2
102	φ12	25┌ 2770 ┐25	2460 + 180 + 180 + 12.5 × D	2	20	2.97	59.4	52.69
103	φ6	350 □130	(180 + 400 − 100) × 2 + (2 × 11.9 + 8) × d	14	140	1.15	161	35.73

筋号	规格	钢筋图形	公式	根数	总根数	单长 (m)	总长度 (m)	总重量 (kg)
构件名称：TPL1			构件数量：20			本构件钢筋重：352.4		
101	ϕ12	455	$300 + 180 - 25 + ' 12.5 \times D$	2	40	0.605	24.2	21.49
102	ϕ22	400 675 935 180 45 505	$300 + 1464.9 + 880$	2	40	2.644	105.76	315.59
103	ϕ6	350 130	$(180 + 400 - 100) \times 2 + (2 \times 11.9 + 8) \times d$	3	60	1.15	69	15.31
构件名称：TPL2			构件数量：4			本构件钢筋重：99.4		
101	ϕ12	455	$300 + 180 - 25 + ' 12.5 \times D$	2	8	0.605	4.84	4.3
102	ϕ22	800 675 1500 180 45 505	$300 + 2430.5 + 880$	2	8	3.61	28.88	86.18
104	ϕ12	455	455	2	8	0.455	3.64	3.23
103	ϕ6	750 130	$(180 + 800 - 100) \times 2 + (2 \times 11.9 + 8) \times d$	3	12	1.95	23.4	5.19
103.1	ϕ6	130	$180 - 50 + (2 \times 13.25 + 2) \times d$	2	8	0.301	2.408	0.53
构件名称：拱梁			构件数量：2			本构件钢筋重：74.5		
101	ϕ12	2770	$2770 + 2 \times 6.25 \times d$	2	4	2.92	11.68	10.37
102	ϕ20	2770	$2770 + 2 \times 6.25 \times d$	2	4	3.02	12.08	29.79
103	ϕ20	400 345 2080	$(2080^2 + 4 \times 400^2) / 2/400 \times AT$ $AN (2 \times 400/2080) + 2 \times 345$	2	4	2.96942	11.87768	29.29
104	ϕ6	750	750	4	8	0.75	6	1.33
105	ϕ6	600	600	14	28	0.6	16.8	3.73

筋号	规格	钢筋图形	公　式	根数	总根数	单长 (m)	总长度 (m)	总重量 (kg)
构件名称：TB1			构件数量：2			本构件钢筋重：209.3		
101	$\phi12$	3444　1480	$1480 + 3444 + 2 \times 6.25 \times d$	13	26	5.074	131.924	117.12
102	$\phi12$	95　1856	$300 + 1380 + 360 + 95 - 260 + 6.25 \times d$	13	26	1.95	50.7	45.01
103	$\phi12$	95　815　581　360	$360 + 95 + 1000 + 6.25 \times d$	13	26	1.53	39.78	35.32
104	$\phi6$	1200	$1200 + 2 \times 6.25 \times d$	14	28	1.275	35.7	7.92
105	$\phi6$	1200	$1200 + 2 \times 6.25 \times d$	7	14	1.275	17.85	3.96
构件名称：TB2			构件数量：2			本构件钢筋重：190.3		
101	$\phi12$	2341　2260	$2260 + 2341 + 2 \times 6.25 \times d$	13	26	4.751	123.526	109.67
102	$\phi12$	95　807　591　360	$360 + 95 + 1000 + 6.25 \times d$	13	26	1.53	39.78	35.32
103	$\phi12$	95　1000　205	$1000 + 95 + 205 + 1 \times 6.25 \times d$	13	26	1.375	35.75	31.74
104	$\phi6$	1200	$1200 + 2 \times 6.25 \times d$	14	28	1.275	35.7	7.92
105	$\phi6$	1200	$1200 + 2 \times 6.25 \times d$	10	20	1.275	25.5	5.66

筋号	规格	钢筋图形	公　式	根数	总根数	单长 （m）	总长度 （m）	总重量 （kg）
构件名称：TB3		构件数量：8			本构件钢筋重：868.2			
101	$\phi12$	3135 1740	$1740 + 3135 + 2 \times 6.25 \times d$	13	104	5.025	522.6	463.97
102	$\phi12$	95 2116	$300 + 1640 + 360 + 95 - 260 + 6.25 \times d$	13	104	2.21	229.84	204.06
103	$\phi12$	812 585 95 360	$360 + 95 + 1000 + 6.25 \times d$	13	104	1.53	159.12	141.27
104	$\phi6$	1200	$1200 + 2 \times 6.25 \times d$	13	104	1.275	132.6	29.43
105	$\phi6$	1200	$1200 + 2 \times 6.25 \times d$	13	104	1.275	132.6	29.43
构件名称：TB4		构件数量：8			本构件钢筋重：763.6			
101	$\phi12$	2651 2000	$2000 + 2651 + 2 \times 6.25 \times d$	13	104	4.801	499.304	443.29
102	$\phi12$	812 585 95 360	$360 + 95 + 1000 + 6.25 \times d$	13	104	1.53	159.12	141.27
103	$\phi12$	95 1000 205	$1000 + 95 + 205 + 1 \times 6.25 \times d$	13	104	1.375	143	126.96
104	$\phi6$	1200	$1200 + 2 \times 6.25 \times d$	13	104	1.275	132.6	29.43
105	$\phi6$	1200	$1200 + 2 \times 6.25 \times d$	10	80	1.275	102	22.64

252

筋号	规格	钢筋图形	公 式	根数	总根数	单长 （m）	总长度 （m）	总重量 （kg）
构件名称：小柱、压顶（阳台栏板）			构件数量：24				本构件钢筋重：457.7	
101	$\phi10$	200 ⌐‾‾‾‾‾‾‾‾‾⌐ 1250	$1250+2\times200+2\times$ $6.25\times d$	8	192	1.775	340.8	210.12
102	$\phi6$	70 ☐ 70	$2\times70+2\times70+8\times$ $d+2\times11.9\times d$	10	240	0.4708	112.992	25.04
103	$\phi6$	650 ⌐‾‾‾‾‾‾ 795	$795+650+2\times6.25$ $\times d$	16	384	1.52	583.68	129.55
104	$\phi8$	⊏‾‾‾‾‾‾‾ 4200 ‾‾‾‾‾‾‾⊐	$4200+2\times6.25\times d$	2	48	4.3	206.4	81.44
105	$\phi6$	⊏‾‾‾‾ 70 ‾‾‾‾⊐	$70+2\times6.25\times d$	15	360	0.145	52.2	11.59
构件名称：小柱、压顶（楼梯平台栏板）			构件数量：10				本构件钢筋重：130.6	
101	$\phi10$	200 ⌐‾‾‾‾‾‾⌐ 850	$850+2\times200+2\times$ $6.25\times d$	8	80	1.375	110	67.82
102	$\phi6$	130 ☐ 130	$2\times130+2\times130+8$ $\times d+2\times11.9\times d$	6	60	0.7108	42.648	9.46
103	$\phi6$	650 ⌐‾‾‾‾‾‾ 855	$855+650+2\times6.25$ $\times d$	6	60	1.58	94.8	21.04
104	$\phi8$	⊏‾‾‾‾‾ 3300 ‾‾‾‾‾⊐	$3300+2\times6.25\times d$	2	20	3.4	68	26.83
105	$\phi6$	⊏‾‾‾ 130 ‾‾‾⊐	$130+2\times6.25\times d$	12	120	0.205	24.6	5.46

筋号	规格	钢筋图形	公式	根数	总根数	单长(m)	总长度(m)	总重量(kg)
构件名称：楼梯栏板压顶		构件数量：1			本构件钢筋重：57.1			
101	φ6	70	$70+2\times6.25\times d$	213	213	0.145	30.885	6.86
101	φ8	63590	$63590+2\times6.25\times d$	2	2	63.69	127.38	50.26
构件名称：砌体加筋		构件数量：1			本构件钢筋重：100			
101	φ6	875 775	$775+875+2\times6.25\times d$	150	150	1.725	258.75	57.43
102	φ6	760 685	$685+760+2\times6.25\times d$	20	20	1.52	30.4	6.75
103	φ6	1450	$1450+2\times6.25\times d$	60	60	1.525	91.5	20.31
104	φ6	700	$700+2\times6.25\times d$	90	90	0.775	69.75	15.48
构件名称：钢筋砖过梁		构件数量：1			本构件钢筋重：20.4			
101	φ8	28 2990	$2990+2\times28$	12	12	3.046	36.552	14.42
102	φ8	28 1640	$1640+2\times28$	9	9	1.696	15.264	6.02
构件名称：KL1（1）		构件数量：5			本构件钢筋重：217.4			
101	φ18	445 3700 445	$3150+720+720$	2	10	4.59	45.9	91.69
102	φ18	445 1475	$1200+720$	2	10	1.92	19.2	38.35
103	φ18	445 1475	$1200+720$	2	10	1.92	19.2	38.35
104	φ12	350 240 280 45 45 240 350	$180+1469+100+12.5\times d$	1	5	1.899	9.495	8.43
105	φ12	1110	$1110+2\times6.25\times d$	2	10	1.26	12.6	11.19
106	φ6	350 130	$(180+400-100)\times2+(2\times11.9+8)\times d$	23	115	1.15	132.25	29.35

254

筋号	规格	钢筋图形	公式	根数	总根数	单长(m)	总长度(m)	总重量(kg)
构件名称：KL1（2）			构件数量：5			本构件钢筋重：364.4		
101	φ16	365 | 3765	2850＋640＋640	2	10	4.13	41.3	65.19
102	φ18	445 | 1275	1000＋720	2	10	1.72	17.2	34.36
103	φ12	1210	1210＋12.5×d	2	10	1.36	13.6	12.07
201	φ18	445 | 4295	3300＋720＋720	2	10	4.74	47.4	94.69
202	φ18	2200	2200	2	10	2.2	22	43.95
203	φ18	445 | 1475	1200＋720	2	10	1.92	19.2	38.35
204	φ12	1260	1260＋12.5×d	2	10	1.41	14.1	12.52
205	φ12	240 280 240 350/45 350	180＋1469＋100＋＋12.5×d	1	5	1.899	9.495	8.43
104	φ6	350 50	（100＋400－100）×2＋（2×11.9＋8）×d	22	110	0.99	108.9	24.17
206	φ6	350 130	（180＋400－100）×2＋（2×11.9＋8）×d	24	120	1.15	138	30.63
构件名称：KL1（3）			构件数量：5			本构件钢筋重：566.2		
101	φ18	445 | 4295	3300＋720＋720	2	10	4.74	47.4	94.69
102	φ18	445 | 1475	1200＋720	2	10	1.92	19.2	38.35
103	φ12	1260	1260＋12.5×d	2	10	1.41	14.1	12.52
105	φ12	240 280 240 350/45 350	180＋1469＋100＋＋12.5×d	1	5	1.899	9.495	8.43

筋号	规格	钢筋图形	公　式	根数	总根数	单长 (m)	总长度 (m)	总重量 (kg)
201	$\phi16$	4280	$3000+640+640$	2	10	4.28	42.8	67.55
202	$\phi18$	2200	2200	2	10	2.2	22	43.95
203	$\phi12$	1360	$1360+12.5\times d$	2	10	1.51	15.1	13.41
301	$\phi18$	445　4295	$3300+720+720$	2	10	4.74	47.4	94.69
302	$\phi18$	2200	2200	2	10	2.2	22	43.95
303	$\phi18$	445　1475	$1200+720$	2	10	1.92	19.2	38.35
304	$\phi12$	350　240　240　350 45　280　45	$180+1469+100+$ $+12.5\times d$	1	5	1.899	9.495	8.43
306	$\phi12$	1260	$1260+12.5\times d$	2	10	1.41	14.1	12.52
104	$\phi6$	350　130	$(180+400-100)$ $\times2+(2\times11.9+$ $8)\times d$	24	120	1.15	138	30.63
204	$\phi6$	350　130	$(180+400-100)$ $\times2+(2\times11.9+$ $8)\times d$	22	110	1.15	126.5	28.08
305	$\phi6$	350　130	$(180+400-100)$ $\times2+(2\times11.9+$ $8)\times d$	24	120	1.15	138	30.63
构件名称：KL2		构件数量：5		本构件钢筋重：1560.6				
101	$\phi18$	445　3845	$2850+720+720$	2	10	4.29	42.9	85.7
102	$\phi20$	525　1275	$1000+800$	2	10	1.8	18	44.39

筋号	规格	钢筋图形	公 式	根数	总根数	单长 (m)	总长度 (m)	总重量 (kg)
103	ϕ12	1210	$1210 + 12.5 \times d$	2	10	1.36	13.6	12.07
201	ϕ20	4900	$3300 + 800 + 800$	2	10	4.9	49	120.84
202	ϕ20	2200	2200	2	10	2.2	22	54.26
203	ϕ12	1320	$1320 + 12.5 \times d$	2	10	1.47	14.7	13.05
301	ϕ16	3680	$2400 + 640 + 640$	2	10	3.68	36.8	58.08
302	ϕ20	2200	2200	2	10	2.2	22	54.26
303	ϕ12	760	$760 + 12.5 \times d$	2	10	0.91	9.1	8.08
401	ϕ20	4900	$3300 + 800 + 800$	2	10	4.9	49	120.84
402	ϕ20	2200	2200	2	10	2.2	22	54.26
403	ϕ12	1260	$1260 + 12.5 \times d$	2	10	1.41	14.1	12.52
501	ϕ18	4440	$3000 + 720 + 720$	2	10	4.44	44.4	88.69
502	ϕ20	2200	2200	2	10	2.2	22	54.26
503	ϕ12	1360	$1360 + 12.5 \times d$	2	10	1.51	15.1	13.41
601	ϕ20	4900	$3300 + 800 + 800$	2	10	4.9	49	120.84
602	ϕ20	2200	2200	2	10	2.2	22	54.26

筋号	规格	钢筋图形	公 式	根数	总根数	单长 （m）	总长度 （m）	总重量 （kg）
603	$\phi12$	1260	$1260 + 12.5 \times d$	2	10	1.41	14.1	12.52
701	$\phi16$	3680	$2400 + 640 + 640$	2	10	3.68	36.8	58.08
702	$\phi20$	2200	2200	2	10	2.2	22	54.26
703	$\phi12$	760	$760 + 12.5 \times d$	2	10	0.91	9.1	8.08
801	$\phi20$	525　4225	$3150 + 800 + 800$	2	10	4.75	47.5	117.14
802	$\phi20$	2200	2200	2	10	2.2	22	54.26
803	$\phi20$	525　1475	$1200 + 800$	2	10	2	20	49.32
804	$\phi12$	1110	$1110 + 12.5 \times d$	2	10	1.26	12.6	11.19
104	$\phi6$	350　130	$(180 + 400 - 100) \times 2 + (2 \times 11.9 + 8) \times d$	22	110	1.15	126.5	28.08
204	$\phi6$	350　130	$(180 + 400 - 100) \times 2 + (2 \times 11.9 + 8) \times d$	24	120	1.15	138	30.63
304	$\phi6$	350　130	$(180 + 400 - 100) \times 2 + (2 \times 11.9 + 8) \times d$	19	95	1.15	109.25	24.25
404	$\phi6$	350　130	$(180 + 400 - 100) \times 2 + (2 \times 11.9 + 8) \times d$	24	120	1.15	138	30.63
504	$\phi6$	350　130	$(180 + 400 - 100) \times 2 + (2 \times 11.9 + 8) \times d$	22	110	1.15	126.5	28.08
604	$\phi6$	350　130	$(180 + 400 - 100) \times 2 + (2 \times 11.9 + 8) \times d$	24	120	1.15	138	30.63
704	$\phi6$	350　130	$(180 + 400 - 100) \times 2 + (2 \times 11.9 + 8) \times d$	19	95	1.15	109.25	24.25
805	$\phi6$	350　130	$(180 + 400 - 100) \times 2 + (2 \times 11.9 + 8) \times d$	23	115	1.15	132.25	29.35

筋号	规格	钢筋图形	公　式	根数	总根数	单长 (m)	总长度 (m)	总重量 (kg)
构件名称：KL3			构件数量：5			本构件钢筋重：1281.1		
101	$\phi16$	380 ⌐ 3660	$2760+640+640$	2	10	4.04	40.4	63.77
102	$\phi18$	460 ⌐ 1260	$1000+720$	2	10	1.72	17.2	34.36
103	$\phi12$	1120	$1120+12.5\times d$	2	10	1.27	12.7	11.28
201	$\phi18$	4920	$3480+720+720$	2	10	4.92	49.2	98.28
202	$\phi18$	2200	2200	2	10	2.2	22	43.95
203	$\phi12$	1440	$1440+12.5\times d$	2	10	1.59	15.9	14.12
301	$\phi16$	3500	$2220+640+640$	2	10	3.5	35	55.24
302	$\phi18$	2200	2200	2	10	2.2	22	43.95
303	$\phi12$	580	$580+12.5\times d$	2	10	0.73	7.3	6.48
401	$\phi18$	4920	$3480+720+720$	2	10	4.92	49.2	98.28
402	$\phi18$	2200	2200	2	10	2.2	22	43.95
403	$\phi12$	1440	$1440+12.5\times d$	2	10	1.59	15.9	14.12
501	$\phi16$	4100	$2820+640+640$	2	10	4.1	41	64.71
502	$\phi18$	2200	2200	2	10	2.2	22	43.95
503	$\phi12$	1180	$11800+12.5\times d$	2	10	1.33	13.3	11.81
601	$\phi18$	4920	$3480+720+720$	2	10	4.92	49.2	98.28
602	$\phi18$	2200	2200	2	10	2.2	22	43.95

筋号	规格	钢筋图形	公　式	根数	总根数	单长 (m)	总长度 (m)	总重量 (kg)
603	$\phi12$	1380	$1380+12.5\times d$	2	10	1.53	15.3	13.58
701	$\phi16$	3500	$2220+640+640$	2	10	3.5	35	55.24
702	$\phi18$	2200	2200	2	10	2.2	22	43.95
703	$\phi12$	580	$580+12.5\times d$	2	10	0.73	7.3	6.48
801	$\phi16$	380 4140	$3240+640+640$	2	10	4.52	45.2	71.34
802	$\phi18$	2200	2200	2	10	2.2	22	43.95
803	$\phi18$	460 1460	$1200+720$	2	10	1.92	19.2	38.35
804	$\phi12$	1200	$1200+12.5\times d$	2	10	1.35	13.5	11.99
104	$\phi6$	320 100	$(180+400-160)\times2+(2\times11.9+8)\times d$	21	105	1.03	108.15	24
204	$\phi6$	320 100	$(180+400-160)\times2+(2\times11.9+8)\times d$	25	125	1.03	128.75	28.58
304	$\phi6$	320 100	$(180+400-160)\times2+(2\times11.9+8)\times d$	19	95	1.03	97.85	21.72
404	$\phi6$	320 100	$(180+400-160)\times2+(2\times11.9+8)\times d$	25	125	1.03	128.75	28.58
504	$\phi6$	320 100	$(180+400-160)\times2+(2\times11.9+8)\times d$	22	110	1.03	113.3	25.15
604	$\phi6$	320 100	$(180+400-160)\times2+(2\times11.9+8)\times d$	25	125	1.03	128.75	28.58
704	$\phi6$	320 100	$(180+400-160)\times2+(2\times11.9+8)\times d$	19	95	1.03	97.85	21.72
805	$\phi6$	320 100	$(180+400-160)\times2+(2\times11.9+8)\times d$	24	120	1.03	123.6	27.43

筋号	规格	钢筋图形	公 式	根数	总根数	单长 (m)	总长度 (m)	总重量 (kg)
构件名称：KL4		构件数量：5			本构件钢筋重：459.4			
101	φ16	265 ⌐___5390___⌐	4375 + 640 + 640	2	10	5.655	56.55	89.26
102	φ18	345 ⌐___2075	1700 + 720	2	10	2.42	24.2	48.34
103	φ12	⊂___1335___⊃	1335 + 12.5 × d	2	10	1.485	14.85	13.18
201	φ16	265 ⌐___5390___	4375 + 640 + 640	2	10	5.655	56.55	89.26
202	φ18	___3400___	3400	2	10	3.4	34	67.92
203	φ18	345 ⌐___2075	1700 + 720	2	10	2.42	24.2	48.34
204	φ12	⊂___1335___⊃	1335 + 12.5 × d	2	10	1.485	14.85	13.18
104	φ6	450 □130	(180 + 500 − 100) × 2 + (2 × 11.9 + 8) × d	30	150	1.35	202.5	44.95
205	φ6	450 □130	(180 + 500 − 100) × 2 + (2 × 11.9 + 8) × d	30	150	1.35	202.5	44.95
构件名称：KL5 (2、3、6、7轴)		构件数量：20			本构件钢筋重：2845.7			
101	φ18	345 ⌐___5470___	4375 + 720 + 720	2	40	5.815	232.6	464.64
102	φ22	505 ⌐___2075	1700 + 880	2	40	2.58	103.2	307.95
103	φ12	⊂___1335___⊃	1335 + 12.5 × d	2	40	1.485	59.4	52.74
104	φ16	450⌐45 320 ⌐280⌐ 320 45⌐450	180 + 1912 + 100	1	20	2.192	43.84	69.19
201	φ20	425 ⌐___5550___	4375 + 800 + 800	2	40	5.975	239	589.41
202	φ20	___3400___	3400	3	60	3.4	204	503.1
203	φ22	505 ⌐___2075	1700 + 880	2	40	2.58	103.2	307.95

筋号	规格	钢筋图形	公式	根数	总根数	单长 (m)	总长度 (m)	总重量 (kg)
204	$\phi12$	1335	$1335 + 12.5 \times d$	2	40	1.485	59.4	52.74
205	$\phi16$	450 320 45 280 45 320 450	$180 + 1912 + 100$	2	40	2.192	87.68	138.39
105	$\phi6$	450 130	$(180 + 500 - 100) \times 2 + (2 \times 11.9 + 8) \times d$	30	600	1.35	810	179.78
206	$\phi6$	450 130	$(180 + 500 - 100) \times 2 + (2 \times 11.9 + 8) \times d$	30	600	1.35	810	179.78
构件名称：KL5（4、8轴）			构件数量：2			本构件钢筋重：291.5		
101	$\phi18$	345 5470	$4375 + 720 + 720$	2	4	5.815	23.26	46.46
102	$\phi22$	505 2075	$1700 + 880$	2	4	2.58	10.32	30.8
103	$\phi12$	1335	$1335 + 12.5 \times d$	2	4	1.485	5.94	5.27
104	$\phi16$	450 320 45 280 45 320 450	$180 + 1912 + 100$	1	2	2.192	4.384	6.92
201	$\phi20$	425 5550	$4375 + 800 + 800$	2	4	5.975	23.9	58.94
202	$\phi20$	3400	3400	3	6	3.4	20.4	50.31
203	$\phi22$	505 2075	$1700 + 880$	2	4	2.58	10.32	30.8
204	$\phi12$	1335	$1335 + 12.5 \times d$	2	4	1.485	5.94	5.27
205	$\phi16$	450 320 45 280 45 320 450	$180 + 1912 + 100$	3	6	2.192	13.152	20.76
105	$\phi6$	450 130	$(180 + 500 - 100) \times 2 + (2 \times 11.9 + 8) \times d$	30	60	1.35	81	17.98
206	$\phi6$	450 130	$(180 + 500 - 100) \times 2 + (2 \times 11.9 + 8) \times d$	30	60	1.35	81	17.98

筋号	规格	钢筋图形	公 式	根数	总根数	单长 （m）	总长度 （m）	总重量 （kg）
构件名称：KL5（5、9轴）			构件数量：10			本构件钢筋重：1388.3		
101	φ18	345 ⌐———5470———	4375 + 720 + 720	2	20	5.815	116.3	232.32
102	φ22	505 ⌐——2075——	1700 + 880	2	20	2.58	51.6	153.98
103	φ12	⊏———1335———	1335 + 12.5 × d	2	20	1.485	29.7	26.37
104	φ16	320 320 450 ⌐45 280 45 ⌐ 450	180 + 1912 + 100	1	10	2.192	21.92	34.6
201	φ20	425 ⌐———5550———	4375 + 800 + 800	2	20	5.975	119.5	294.71
202	φ20	———3400———	3400	3	30	3.4	102	251.55
203	φ22	505 ⌐——2075——	1700 + 880	2	20	2.58	51.6	153.98
204	φ12	⊏———1335———	1335 + 12.5 × d	2	20	1.485	29.7	26.37
205	φ16	320 320 450 ⌐45 280 45 ⌐ 450	180 + 1912 + 100	1	10	2.192	21.92	34.6
105	φ6	450 ▢130	(180 + 500 − 100) × 2 + （2 × 11.9 + 8） × d	30	300	1.35	405	89.89
206	φ6	450 ▢130	(180 + 500 − 100) × 2 + （2 × 11.9 + 8） × d	30	300	1.35	405	89.89

筋号	规格	钢筋图形	公 式	根数	总根数	单长 (m)	总长度 (m)	总重量 (kg)
构件名称：L1			构件数量：20			本构件钢筋重：176.27		
101	$\phi12$	25 ⌐1960⌐ 25	$1650 + 180 + 180 + 12.5 \times d$	2	40	2.16	86.4	76.71
102	$\phi10$	1950	$1650 + 150 + 150 + 12.5 \times d$	2	40	2.075	83.00	51.17
103	$\phi6$	350 · 100	$(150 + 400 - 100) \times 2 + (2 \times 11.9 + 8) \times d$	10	200	1.09	218	48.39
构件名称：L2（2-7轴）			构件数量：15			本构件钢筋重：510.53		
101	$\phi20$	145 ⌐3790⌐ 145	$3480 + 300 + 300 + 12.5 \times d$	2	30	4.33	129.9	320.35
102	$\phi16$	350 ‖ 320 280 320 ‖ 350 （45 45）	$180 + 1629.8 + 100$	1	15	1.909	28.635	45.2
103	$\phi10$	150 3780	$3480 + 150 + 150 + 12.5 \times d$	2	30	3.905	117.15	72.23
104	$\phi6$	350 · 130	$(180 + 400 - 100) \times 2 + (2 \times 11.9 + 8) \times d$	19	285	1.15	327.75	72.75
构件名称：L2（8-9轴）			构件数量：5			本构件钢筋重：165.21		
101	$\phi20$	145 ⌐3670⌐ 145	$3360 + 300 + 300 + 12.5 \times d$	2	10	4.21	42.1	103.83
102	$\phi16$	350 ‖ 320 280 320 ‖ 350 （45 45）	$180 + 1629.8 + 100$	1	5	1.909	9.545	15.07
103	$\phi10$	3660	$3360 + 150 + 150 + 12.5 \times d$	2	10	3.785	37.85	23.34
104	$\phi6$	350 · 130	$(180 + 400 - 100) \times 2 + (2 \times 11.9 + 8) \times d$	18	90	1.15	103.5	22.97
构件名称：L3（2-7轴）			构件数量：15			本构件钢筋重：399.58		
101	$\phi18$	115 ⌐3790⌐ 115	$3480 + 270 + 270 + 12.5 \times d$	2	30	4.245	127.35	254.39
102	$\phi10$	150 3780	$3480 + 150 + 150 + 12.5 \times d$	2	30	3.905	117.50	72.44
103	$\phi6$	350 · 130	$(180 + 400 - 100) \times 2 + (2 \times 11.9 + 8) \times d$	19	285	1.15	327.75	72.75

筋号	规格	钢筋图形	公 式	根数	总根数	单长(m)	总长度(m)	总重量(kg)
构件名称：L3（8-9轴）			构件数量：5			本构件钢筋重：128.71		
101	$\phi18$	115 ⌐‾‾3670‾‾⌐ 115	$3360+270+270+12.5\times d$	2	10	4.125	41.25	82.4
102	$\phi10$	3660	$3360+150+150+12.5\times d$	2	10	3.785	37.85	23.34
103	$\phi6$	350 ▭130	$(180+400-100)\times2+(2\times11.9+8)\times d$	18	90	1.15	103.5	22.97
构件名称：L4			构件数量：20			本构件钢筋重：377.52		
101	$\phi16$	85 ⌐‾‾2840‾‾⌐ 85	$2530+240+240+12.5\times d$	2	40	3.21	128.4	202.66
102	$\phi12$	350 240 250 240 350 45 45	$150+1469.8+100$	1	20	1.719	34.38	30.52
103	$\phi10$	2830	$2530+150+150+12.5\times d$	2	40	2.955	118.2	72.87
104	$\phi6$	350 ▭130	$(180+400-100)\times2+(2\times11.9+8)\times d$	14	280	1.15	322	71.47
构件名称：B（A-B）×（1-2）			构件数量：5			本构件钢筋重：586.9		
101	$\phi8$	3180	$3180+12.5\times d$	33	165	3.28	541.2	213.55
102	$\phi8$	4910	$4910+12.5\times d$	21	105	5.01	526.05	207.57
103	$\phi8$	65 700	$700+2\times65$	50	250	0.8	200	78.92
104	$\phi8$	65 700	$700+2\times65$	32	160	0.8	128	50.51
105	$\phi6$	3150	$3150+12.5\times d$	4	20	3.225	64.5	14.32
106	$\phi6$	4880	$4880+12.5\times d$	4	20	4.955	99.1	22

筋号	规格	钢筋图形	公 式	根数	总根数	单长 (m)	总长度 (m)	总重量 (kg)
构件名称：B（A－1/A）×（2－3）			构件数量：5			本构件钢筋重：250.3		
101	φ6	3660	3660＋12.5×d	10	50	3.735	186.75	41.45
102	φ6	1400	1400＋12.5×d	19	95	1.475	140.125	31.1
103	φ8	65 | 1200 | 65	1200＋2×65	16	80	1.3	104	41.04
104	φ8	65 | 700 | 65	700＋2×65	38	190	0.8	152	59.98
105	φ8	65 | 1200 | 65	1200＋2×65	16	80	1.3	104	41.04
106	φ6	3630	3630＋12.5×d	4	20	3.705	74.1	16.45
107	φ6	1370	1370＋12.5×d	12	60	1.445	86.7	19.24
构件名称：B（1/A－B）×（2－3）			构件数量：5			本构件钢筋重：857.7		
101	φ6	3660	3660＋12.5×d	24	120	3.735	448.2	99.48
102	φ6	3510	3510＋12.5×d	25	125	3.585	448.125	99.46
103	φ8	65 | 1900 | 65	1900＋2×65	70	350	2	700	276.21
104	φ8	65 | 1200 | 65	1200＋2×65	38	190	1.3	247	97.46
105	φ8	65 | 1900 | 65	1900＋2×65	48	240	2	480	189.4
106	φ6	3630	3630＋12.5×d	6	30	3.705	111.15	24.67
107	φ6	3480	3480＋12.5×d	18	90	3.555	319.95	71.01

筋号	规格	钢筋图形	公 式	根数	总根数	单长 (m)	总长度 (m)	总重量 (kg)
构件名称：B（A－B）×（3－4）			构件数量：5			本构件钢筋重：233		
101	φ6	2640	$2640+12.5×d$	33	165	2.715	447.975	99.43
102	φ6	4910	$4910+12.5×d$	14	70	4.985	348.95	77.45
103	φ8	65 700	$700+2×65$	28	140	0.8	112	44.19
104	φ6	2610	$2610+12.5×d$	4	20	2.685	53.7	11.92
构件名称：B（A－1/A）×（4－5）			构件数量：5			本构件钢筋重：250.3		
101	φ6	3660	$3660+12.5×d$	10	50	3.735	186.75	41.45
102	φ6	1400	$1400+12.5×d$	19	95	1.475	140.125	31.1
103	φ8	65 1200	$1200+2×65$	16	80	1.3	104	41.04
104	φ8	65 700	$700+2×65$	38	190	0.8	152	59.98
105	φ8	65 1200	$1200+2×65$	16	80	1.3	104	41.04
106	φ6	3630	$3630+12.5×d$	4	20	3.705	74.1	16.45
107	φ6	1370	$1370+12.5×d$	12	60	1.445	86.7	19.24
构件名称：B（1/A－B）×（4－5）			构件数量：5			本构件钢筋重：770.9		
101	φ6	3660	$3660+12.5×d$	24	120	3.735	448.2	99.48
102	φ6	3510	$3510+12.5×d$	25	125	3.585	448.125	99.46
103	φ8	65 1900	$1900+2×65$	48	240	2	480	189.4
104	φ8	65 1200	$1200+2×65$	38	190	1.3	247	97.46
105	φ8	65 1900	$1900+2×65$	48	240	2	480	189.4
106	φ6	3630	$3630+12.5×d$	6	30	3.705	111.15	24.67
107	φ6	3480	$3480+12.5×d$	18	90	3.555	319.95	71.01

筋号	规格	钢筋图形	公 式	根数	总根数	单长 (m)	总长度 (m)	总重量 (kg)
构件名称：B（A－B）×（5－6）			构件数量：5			本构件钢筋重：541.3		
101	φ6	3240	3240＋12.5×d	66	330	3.315	1093.95	242.81
102	φ6	4910	4910＋12.5×d	31	155	4.985	772.675	171.5
103	φ8	65 700	700＋2×65	62	310	0.8	248	97.86
104	φ6	3210	3210＋12.5×d	8	40	3.285	131.4	29.16
构件名称：B（A－1/A）×（6－7）			构件数量：5			本构件钢筋重：250.3		
101	φ6	3660	3660＋12.5×d	10	50	3.735	186.75	41.45
102	φ6	1400	1400＋12.5×d	19	95	1.475	140.125	31.1
103	φ8	65 1200	1200＋2×65	16	80	1.3	104	41.04
104	φ8	65 700	700＋2×65	38	190	0.8	152	59.98
105	φ8	65 1200	1200＋2×65	16	80	1.3	104	41.04
106	φ6	3630	3630＋12.5×d	4	20	3.705	74.1	16.45
107	φ6	1370	1370＋12.5×d	12	60	1.445	86.7	19.24
构件名称：B（1/A－B）×（6－7）			构件数量：5			本构件钢筋重：770.9		
101	φ6	3660	3660＋12.5×d	24	120	3.735	448.2	99.48
102	φ6	3510	3510＋12.5×d	25	125	3.585	448.125	99.46
103	φ8	65 1900	1900＋2×65	48	240	2	480	189.4
104	φ8	65 1200	1200＋2×65	38	190	1.3	247	97.46
105	φ8	65 1900	1900＋2×65	48	240	2	480	189.4
106	φ6	3630	3630＋12.5×d	6	30	3.705	111.15	24.67
107	φ6	3480	3480＋12.5×d	18	90	3.555	319.95	71.01

筋号	规格	钢筋图形	公 式	根数	总根数	单长(m)	总长度(m)	总重量(kg)
构件名称：B（A-B）×（7-8）			构件数量：5			本构件钢筋重：233		
101	∮6	2640	2640+12.5×d	33	165	2.715	447.975	99.43
102	∮6	4910	4910+12.5×d	14	70	4.985	348.95	77.45
103	∮8	65 700	700+2×65	28	140	0.8	112	44.19
104	∮6	2610	2610+12.5×d	4	20	2.685	53.7	11.92
构件名称：B（A-1/A）×（8-9）			构件数量：5			本构件钢筋重：226.2		
101	∮8	3540	3540+12.5×d	8	40	3.64	145.6	57.45
102	∮6	1400	1400+12.5×d	18	90	1.475	132.75	29.46
103	∮8	65 1200	1200+2×65	16	80	1.3	104	41.04
104	∮8	65 500	500+2×65	36	180	0.6	108	42.62
105	∮8	65 700	700+2×65	16	80	0.8	64	25.25
106	∮6	3510	3510+12.5×d	4	20	3.585	71.7	15.91
107	∮6	1370	1370+12.5×d	9	45	1.445	65.025	14.43
构件名称：B（1/A-B）×（8-9）			构件数量：5			本构件钢筋重：623.8		
101	∮8	3540	3540+12.5×d	18	90	3.64	327.6	129.27
102	∮8	3510	3510+12.5×d	18	90	3.61	324.9	128.2
103	∮8	65 1900	1900+2×65	36	180	2	360	142.05
104	∮8	65 1200	1200+2×65	36	180	1.3	234	92.33
105	∮8	65 700	700+2×65	36	180	0.8	144	56.82
106	∮6	3510	3510+12.5×d	6	30	3.585	107.55	23.87
107	∮6	3480	3480+12.5×d	13	65	3.555	231.075	51.29

筋号	规格	钢筋图形	公　式	根数	总根数	单长 (m)	总长度 (m)	总重量 (kg)
构件名称：B（B-C）×（1-2）			构件数量：5			本构件钢筋重：863.7		
101	$\phi 8$	3180	$3180 + 12.5 \times d$	33	165	3.28	541.2	213.55
102	$\phi 8$	4910	$4910 + 12.5 \times d$	21	105	5.01	526.05	207.57
103	$\phi 8$	65　700	$700 + 2 \times 65$	50	250	0.8	200	78.92
104	$\phi 8$	65　1900	$1900 + 2 \times 65$	62	310	2	620	244.64
105	$\phi 8$	65　700	$700 + 2 \times 65$	32	160	0.8	128	50.51
106	$\phi 6$	3150	$3150 + 12.5 \times d$	13	65	3.225	209.625	46.53
107	$\phi 6$	4880	$4880 + 12.5 \times d$	4	20	4.955	99.1	22
构件名称：B（B-2/B）×（2-3）			构件数量：5			本构件钢筋重：520.7		
101	$\phi 6$	3660	$3660 + 12.5 \times d$	12	60	3.735	224.1	49.74
102	$\phi 6$	2200	$2200 + 12.5 \times d$	19	95	2.275	216.125	47.97
103	$\phi 8$	65　1900	$1900 + 2 \times 65$	30	150	2	300	118.38
104	$\phi 8$	65　700	$700 + 2 \times 65$	24	120	0.8	96	37.88
105	$\phi 8$	65　1900	$1900 + 2 \times 65$	50	250	2	500	197.29
106	$\phi 6$	3630	$3630 + 12.5 \times d$	9	45	3.705	166.725	37.01
107	$\phi 6$	2170	$2170 + 12.5 \times d$	13	65	2.245	145.925	32.39

筋号	规格	钢筋图形	公　式	根数	总根数	单长 (m)	总长度 (m)	总重量 (kg)
构件名称：B（2/B－3/B）×（2－1/2）			构件数量：5			本构件钢筋重：154.4		
101	$\phi 8$	820	$820 + 12.5 \times d$	10	50	0.92	46	18.15
102	$\phi 8$	65　1800	$1800 + 2 \times 65$	20	100	1.9	190	74.97
103	$\phi 6$	1800	$1800 + 12.5 \times d$	4	20	1.875	37.5	8.32
104	$\phi 6$	1800	$1800 + 12.5 \times d$	8	40	1.875	75	16.65
105	$\phi 8$	65　1400	$1400 + 2 \times 65$	10	50	1.5	75	29.59
106	$\phi 6$	790	$790 + 12.5 \times d$	7	35	0.865	30.275	6.72
构件名称：B（3/B－C）×（2－1/2）			构件数量：5			本构件钢筋重：147.1		
101	$\phi 6$	1830	$1830 + 12.5 \times d$	10	50	1.905	95.25	21.14
102	$\phi 6$	1890	$1890 + 12.5 \times d$	10	50	1.965	98.25	21.81
103	$\phi 8$	65　1400	$1400 + 2 \times 65$	20	100	1.5	150	59.19
104	$\phi 8$	65　500	$500 + 2 \times 65$	20	100	0.6	60	23.68
105	$\phi 6$	1800	$1800 + 12.5 \times d$	3	15	1.875	28.125	6.24
106	$\phi 6$	1860	$1860 + 12.5 \times d$	7	35	1.935	67.725	15.03
构件名称：B（2/B－C）×（1/2－3）			构件数量：5			本构件钢筋重：282.6		
101	$\phi 6$	1830	$1830 + 12.5 \times d$	14	70	1.905	133.35	29.6
102	$\phi 6$	2710	$2710 + 12.5 \times d$	10	50	2.785	139.25	30.91
103	$\phi 8$	65　1000	$1000 + 2 \times 65$	28	140	1.1	154	60.77
104	$\phi 8$	65　500	$500 + 2 \times 65$	28	140	0.6	84	33.15
105	$\phi 8$	65　1400	$1400 + 2 \times 65$	20	100	1.5	150	59.19
106	$\phi 8$	65　500	$500 + 2 \times 65$	20	100	0.6	60	23.68
107	$\phi 6$	1800	$1800 + 12.5 \times d$	10	50	1.875	93.75	20.81
108	$\phi 6$	2680	$2680 + 12.5 \times d$	8	40	2.755	110.2	24.46

271

筋号	规格	钢筋图形	公　式	根数	总根数	单长 （m）	总长度 （m）	总重量 （kg）
构件名称：B（B-1/B）×（3-4）			构件数量：5			本构件钢筋重：213.3		
101	φ6	1310	$1310+12.5×d$	14	70	1.385	96.95	21.52
102	φ8	65　500	$500+2×65$	14	70	0.6	42	16.57
103	φ8	65　500	$500+2×65$	14	70	0.6	42	16.57
104	φ8	65　1200	$1200+2×65$	28	140	1.3	182	71.81
105	φ8	65　500	$500+2×65$	28	140	.6	84	33.15
106	φ6	2610	$2610+12.5×d$	6	30	2.685	80.55	17.88
107	φ6	2610	$2610+12.5×d$	9	45	2.685	120.825	26.82
108	φ6	1280	$1280+12.5×d$	6	30	1.355	40.65	9.02
构件名称：B（B-2/B）×（4-5）			构件数量：5			本构件钢筋重：520.7		
101	φ6	3660	$3660+12.5×d$	12	60	3.735	224.1	49.74
102	φ6	2200	$2200+12.5×d$	19	95	2.275	216.125	47.97
103	φ8	65　700	$700+2×65$	24	120	0.8	96	37.88
104	φ8	65　1900	$1900+2×65$	30	150	2	300	118.38
105	φ8	65　1900	$1900+2×65$	50	250	2	500	197.29
106	φ6	3630	$3630+12.5×d$	9	45	3.705	166.725	37.01
107	φ6	2170	$2170+12.5×d$	13	65	2.245	145.925	32.39

筋号	规格	钢筋图形	公　式	根数	总根数	单长 （m）	总长度 （m）	总重量 （kg）
构件名称：B（2/B-3/B）×（4-1/4）			构件数量：5			本构件钢筋重：132.8		
101	φ8	820	820+12.5×d	10	50	0.92	46	18.15
102	φ8	65 1800	1800+2×65	20	100	1.9	190	74.97
103	φ6	1800	1800+12.5×d	4	20	1.875	37.5	8.32
104	φ6	1800	1800+12.5×d	8	40	1.875	75	16.65
105	φ8	65 500	500+2×65	10	50	0.6	30	11.84
106	φ6	790	790+12.5×d	3	15	0.865	12.975	2.88
构件名称：B（3/B-C）×（4-1/4）			构件数量：5			本构件钢筋重：103		
101	φ6	1830	1830+12.5×d	10	50	1.905	95.25	21.14
102	φ6	1890	1890+12.5×d	10	50	1.965	98.25	21.81
103	φ8	65 500	500+2×65	20	100	0.6	60	23.68
104	φ8	65 500	500+2×65	20	100	0.6	60	23.68
105	φ6	1800	1800+12.5×d	3	15	1.875	28.125	6.24
106	φ6	1860	1860+12.5×d	3	15	1.935	29.025	6.44
构件名称：B（2/B-C）×（1/4-5）			构件数量：5			本构件钢筋重：330.4		
101	φ6	1830	1830+12.5×d	14	70	1.905	133.35	29.6
102	φ6	2710	2710+12.5×d	10	50	2.785	139.25	30.91
103	φ8	65 1000	1000+2×65	28	140	1.1	154	60.77

筋号	规格	钢筋图形	公 式	根数	总根数	单长 (m)	总长度 (m)	总重量 (kg)
104	$\phi 8$	65 ⌐___1200___⌐	$1200 + 2 \times 65$	28	140	1.3	182	71.81
105	$\phi 8$	65 ⌐___1400___⌐	$1400 + 2 \times 65$	20	100	1.5	150	59.19
106	$\phi 8$	65 ⌐___500___⌐	$500 + 2 \times 65$	20	100	0.6	60	23.68
107	$\phi 6$	⊏___1800___⊐	$1800 + 12.5 \times d$	10	50	1.875	93.75	20.81
108	$\phi 6$	⊏___2680___⊐	$2680 + 12.5 \times d$	11	55	2.755	151.525	33.63

构件名称：B（B-C）×（5-6）　　　　构件数量：5　　　　本构件钢筋重：739.1

筋号	规格	钢筋图形	公 式	根数	总根数	单长 (m)	总长度 (m)	总重量 (kg)
101	$\phi 8$	⊏___3240___⊐	$3240 + 12.5 \times d$	33	165	3.34	551.1	217.46
102	$\phi 8$	⊏___4910___⊐	$4910 + 12.5 \times d$	17	85	5.01	425.85	168.03
103	$\phi 8$	65 ⌐___1900___⌐	$1900 + 2 \times 65$	64	320	2	640	252.53
104	$\phi 8$	65 ⌐___700___⌐	$700 + 2 \times 65$	34	170	0.8	136	53.66
105	$\phi 6$	⊏___3210___⊐	$3210 + 12.5 \times d$	13	65	3.285	213.525	47.39

构件名称：B（B-2/B）×（6-7）　　　　构件数量：5　　　　本构件钢筋重：520.7

筋号	规格	钢筋图形	公 式	根数	总根数	单长 (m)	总长度 (m)	总重量 (kg)
101	$\phi 6$	⊏___3660___⊐	$3660 + 12.5 \times d$	12	60	3.735	224.1	49.74
102	$\phi 6$	⊏___2200___⊐	$2200 + 12.5 \times d$	19	95	2.275	216.125	47.97
103	$\phi 8$	65 ⌐___1900___⌐	$1900 + 2 \times 65$	30	150	2	300	118.38
104	$\phi 8$	65 ⌐___700___⌐	$700 + 2 \times 65$	24	120	0.8	96	37.88
105	$\phi 8$	65 ⌐___1900___⌐	$1900 + 2 \times 65$	50	250	2	500	197.29
106	$\phi 6$	⊏___3630___⊐	$3630 + 12.5 \times d$	9	45	3.705	166.725	37.01
107	$\phi 6$	⊏___2170___⊐	$2170 + 12.5 \times d$	13	65	2.245	145.925	32.39

筋号	规格	钢筋图形	公　式	根数	总根数	单长 (m)	总长度 (m)	总重量 (kg)
构件名称：B（2/B-3/B）×（6-1/6）			构件数量：5			本构件钢筋重：154.4		
101	φ8	820	$820 + 12.5 \times d$	10	50	0.92	46	18.15
102	φ8	65 ⌐1800	$1800 + 2 \times 65$	20	100	1.9	190	74.97
103	φ6	1800	$1800 + 12.5 \times d$	4	20	1.875	37.5	8.32
104	φ6	1800	$1800 + 12.5 \times d$	8	40	1.875	75	16.65
105	φ8	65 ⌐1400	$1400 + 2 \times 65$	10	50	1.5	75	29.59
106	φ6	790	$790 + 12.5 \times d$	7	35	0.865	30.275	6.72
构件名称：B（3/B-C）×（6-1/6）			构件数量：5			本构件钢筋重：147.1		
101	φ6	1830	$1830 + 12.5 \times d$	10	50	1.905	95.25	21.14
102	φ6	1890	$1890 + 12.5 \times d$	10	50	1.965	98.25	21.81
103	φ8	65 ⌐1400	$1400 + 2 \times 65$	20	100	1.5	150	59.19
104	φ8	65 ⌐500	$500 + 2 \times 65$	20	100	0.6	60	23.68
105	φ6	1800	$1800 + 12.5 \times d$	3	15	1.875	28.125	6.24
106	φ6	1860	$1860 + 12.5 \times d$	7	35	1.935	67.725	15.03
构件名称：B（2/B-C）×（1/6-7）			构件数量：5			本构件钢筋重：282.6		
101	φ6	1830	$1830 + 12.5 \times d$	14	70	1.905	133.35	29.6
102	φ6	2710	$2710 + 12.5 \times d$	10	50	2.785	139.25	30.91
103	φ8	65 ⌐1000	$1000 + 2 \times 65$	28	140	1.1	154	60.77

筋号	规格	钢筋图形	公 式	根数	总根数	单长 （m）	总长度 （m）	总重量 （kg）
104	φ8	65 ⌐ 500 ⌐	$500 + 2 \times 65$	28	140	0.6	84	33.15
105	φ8	65 ⌐ 1400 ⌐	$1400 + 2 \times 65$	20	100	1.5	150	59.19
106	φ8	65 ⌐ 500 ⌐	$500 + 2 \times 65$	20	100	0.6	60	23.68
107	φ6	⌐ 1800 ⌐	$1800 + 12.5 \times d$	10	50	1.875	93.75	20.81
108	φ6	⌐ 2680 ⌐	$2680 + 12.5 \times d$	8	40	2.755	110.2	24.46

构件名称：B（B-1/B）×（7-8）　　　　构件数量：5　　　　本构件钢筋重：213.3

筋号	规格	钢筋图形	公 式	根数	总根数	单长 （m）	总长度 （m）	总重量 （kg）
101	φ6	⌐ 1310 ⌐	$1310 + 12.5 \times d$	14	70	1.385	96.95	21.52
102	φ8	65 ⌐ 500 ⌐	$500 + 2 \times 65$	14	70	0.6	42	16.57
103	φ8	65 ⌐ 500 ⌐	$500 + 2 \times 65$	14	70	0.6	42	16.57
104	φ8	65 ⌐ 1200 ⌐	$1200 + 2 \times 65$	28	140	1.3	182	71.81
105	φ8	65 ⌐ 500 ⌐	$500 + 2 \times 65$	28	140	0.6	84	33.15
106	φ6	⌐ 2610 ⌐	$2610 + 12.5 \times d$	6	30	2.685	80.55	17.88
107	φ6	⌐ 2610 ⌐	$2610 + 12.5 \times d$	9	45	2.685	120.825	26.82
108	φ6	⌐ 1280 ⌐	$1280 + 12.5 \times d$	6	30	1.355	40.65	9.02

构件名称：B（B-2/B）×（8-9）　　　　构件数量：5　　　　本构件钢筋重：414.5

筋号	规格	钢筋图形	公 式	根数	总根数	单长 （m）	总长度 （m）	总重量 （kg）
101	φ6	⌐ 3540 ⌐	$3540 + 12.5 \times d$	12	60	3.615	216.9	48.14
102	φ6	⌐ 2200 ⌐	$2200 + 12.5 \times d$	18	90	2.275	204.75	45.45

筋号	规格	钢筋图形	公 式	根数	总根数	单长 (m)	总长度 (m)	总重量 (kg)
103	$\phi 8$	65 ⌷ 700	$700 + 2 \times 65$	24	120	0.8	96	37.88
104	$\phi 8$	65 ⌷ 700	$700 + 2 \times 65$	24	120	0.8	96	37.88
105	$\phi 8$	65 ⌷ 1900	$1900 + 2 \times 65$	48	240	2	480	189.4
106	$\phi 6$	3510	$3510 + 12.5 \times d$	9	45	3.585	161.325	35.81
107	$\phi 6$	2170	$2170 + 12.5 \times d$	8	40	2.245	89.8	19.93
构件名称：B (2/B-3/B) × (8-1/8)			构件数量：5			本构件钢筋重：132.8		
101	$\phi 8$	820	$820 + 12.5 \times d$	10	50	0.92	46	18.15
102	$\phi 8$	65 ⌷ 1800	$1800 + 2 \times 65$	20	100	1.9	190	74.97
103	$\phi 6$	1800	$1800 + 12.5 \times d$	4	20	1.875	37.5	8.32
104	$\phi 6$	1800	$1800 + 12.5 \times d$	8	40	1.875	75	16.65
105	$\phi 8$	65 ⌷ 500	$500 + 2 \times 65$	10	50	0.6	30	11.84
106	$\phi 6$	790	$790 + 12.5 \times d$	3	15	0.865	12.975	2.88
构件名称：B (3/B-C) × (8-1/8)			构件数量：5			本构件钢筋重：103		
101	$\phi 6$	1830	$1830 + 12.5 \times d$	10	50	1.905	95.25	21.14
102	$\phi 6$	1890	$1890 + 12.5 \times d$	10	50	1.965	98.25	21.81
103	$\phi 8$	65 ⌷ 500	$500 + 2 \times 65$	20	100	0.6	60	23.68
104	$\phi 8$	65 ⌷ 500	$500 + 2 \times 65$	20	100	0.6	60	23.68
105	$\phi 6$	1800	$1800 + 12.5 \times d$	3	15	1.875	28.125	6.24
106	$\phi 6$	1860	$1860 + 12.5 \times d$	3	15	1.935	29.025	6.44

筋号	规格	钢筋图形	公 式	根数	总根数	单长 (m)	总长度 (m)	总重量 (kg)
构件名称：B (2/B-C) × (1/8-9)			构件数量：5			本构件钢筋重：282.6		
101	φ6	1830	$1830 + 12.5 \times d$	14	70	1.905	133.35	29.6
102	φ6	2710	$2710 + 12.5 \times d$	10	50	2.785	139.25	30.91
103	φ8	65 1000	$1000 + 2 \times 65$	28	140	1.1	154	60.77
104	φ8	65 500	$500 + 2 \times 65$	28	140	0.6	84	33.15
105	φ8	65 1400	$1400 + 2 \times 65$	20	100	1.5	150	59.19
106	φ8	65 500	$500 + 2 \times 65$	20	100	0.6	60	23.68
107	φ6	1800	$1800 + 12.5 \times d$	10	50	1.875	93.75	20.81
108	φ6	2680	$2680 + 12.5 \times d$	8	40	2.755	110.2	24.46
构件名称：WKL1			构件数量：3			本构件钢筋重：509.9		
101	φ14	300 3670	$2850 + 560 + 560$	2	6	3.97	23.82	28.78
102	φ14	300 1260	$1000 + 560$	2	6	1.56	9.36	11.31
103	φ12	1210	$1210 + 12.5 \times d$	2	6	1.36	8.16	7.24
201	φ14	4420	$3300 + 560 + 560$	2	6	4.42	26.52	32.05
202	φ14	2200	2200	2	6	2.2	13.2	15.95
203	φ12	1260	1260	1	3	1.26	3.78	3.36
301	φ14	3520	$2400 + 560 + 560$	2	6	3.52	21.12	25.52
302	φ14	2200	2200	2	6	2.2	13.2	15.95

筋号	规格	钢筋图形	公　式	根数	总根数	单长 (m)	总长度 (m)	总重量 (kg)
303	$\phi12$	760	$760+12.5\times d$	2	6	0.91	5.46	4.85
401	$\phi14$	4420	$3300+560+560$	2	6	4.42	26.52	32.05
402	$\phi14$	2200	2200	2	6	2.2	13.2	15.95
403	$\phi12$	1260	1260	1	3	1.26	3.78	3.36
501	$\phi14$	4120	$3000+560+560$	2	6	4.12	24.72	29.87
502	$\phi14$	2200	2200	2	6	2.2	13.2	15.95
503	$\phi12$	1360	1360	1	3	1.36	4.08	3.62
601	$\phi14$	2420	$1300+560+560$	2	6	2.42	14.52	17.55
602	$\phi14$	2200	2200	2	6	2.2	13.2	15.95
603	$\phi12$	1260	1260	1	3	1.26	3.78	3.36
701	$\phi14$	3520	$2400+560+560$	2	6	3.52	21.12	25.52
702	$\phi14$	2200	2200	2	6	2.2	13.2	15.95
703	$\phi12$	760	$760+12.5\times d$	2	6	0.91	5.46	4.85
801	$\phi14$	300　3970	$3150+560+560$	2	6	4.27	25.62	30.96
802	$\phi14$	2200	2200	2	6	2.2	13.2	15.95
803	$\phi14$	300　1460	$1200+560$	2	6	1.76	10.56	12.76
805	$\phi12$	1110	$1110+12.5\times d$	2	6	1.26	7.56	6.71

筋号	规格	钢筋图形	公 式	根数	总根数	单长 (m)	总长度 (m)	总重量 (kg)
104	$\phi 6$	320 |100|	$(180+400-160)$ $\times 2+(2\times 11.9+$ $8)\times d$	22	66	1.03	67.98	15.09
204	$\phi 6$	320 |100|	$(180+400-160)$ $\times 2+(2\times 11.9+$ $8)\times d$	24	72	1.03	74.16	16.46
304	$\phi 6$	320 |100|	$(180+400-160)$ $\times 2+(2\times 11.9+$ $8)\times d$	19	57	1.03	58.71	13.03
404	$\phi 6$	320 |100|	$(180+400-160)$ $\times 2+(2\times 11.9+$ $8)\times d$	24	72	1.03	74.16	16.46
504	$\phi 6$	320 |100|	$(180+400-160)$ $\times 2+(2\times 11.9+$ $8)\times d$	22	66	1.03	67.98	15.09
604	$\phi 6$	320 |100|	$(180+400-160)$ $\times 2+(2\times 11.9+$ $8)\times d$	14	42	1.03	43.26	9.6
704	$\phi 6$	320 |100|	$(180+400-160)$ $\times 2+(2\times 11.9+$ $8)\times d$	19	57	1.03	58.71	13.03
804	$\phi 6$	320 |100|	$(180+400-160)$ $\times 2+(2\times 11.9+$ $8)\times d$	23	69	1.03	71.07	15.77

构件名称：WKL2　　　　构件数量：9　　　　本构件钢筋重：622.8

筋号	规格	钢筋图形	公 式	根数	总根数	单长 (m)	总长度 (m)	总重量 (kg)
101	$\phi 14$	210 | 5310	$4375+585+560$	2	18	5.52	99.36	120.07
102	$\phi 14$	210 | 2075	$1700+585$	2	18	2.285	41.13	49.7
103	$\phi 12$	1335	$1335+12.5\times d$	2	18	1.485	26.73	23.73
201	$\phi 14$	210 | 5310	$4375+585+560$	2	18	5.52	99.36	120.07
202	$\phi 14$	3400	3400	2	18	3.4	61.2	73.96

筋号	规格	钢筋图形	公 式	根数	总根数	单长 (m)	总长度 (m)	总重量 (kg)
203	$\phi 14$	210 ⌐ 2075	$1700 + 585$	2	18	2.285	41.13	49.7
204	$\phi 12$	1335	$1335 + 12.5 \times d$	2	18	1.485	26.73	23.73
104	$\phi 6$	450 130	$(180 + 500 - 100) \times 2 + (2 \times 11.9 + 8) \times d$	30	270	1.35	364.5	80.9
205	$\phi 6$	450 130	$(180 + 500 - 100) \times 2 + (2 \times 11.9 + 8) \times d$	30	270	1.35	364.5	80.9
构件名称：WB（A－B）×（1－2）			构件数量：1			本构件钢筋重：83.2		
101	$\phi 8$	3180	$3180 + 12.5 \times d$	25	25	3.28	82	32.36
102	$\phi 6$	4910	$4910 + 12.5 \times d$	16	16	4.985	79.76	17.7
103	$\phi 8$	65 700	$700 + 2 \times 65$	50	50	0.8	40	15.78
104	$\phi 8$	65 700	$700 + 2 \times 65$	32	32	0.8	25.6	10.1
105	$\phi 6$	3150	$3150 + 12.5 \times d$	4	4	3.225	12.9	2.86
106	$\phi 6$	4880	$4880 + 12.5 \times d$	4	4	4.955	19.82	4.4
构件名称：WB（A－B）×（2－3）			构件数量：1			本构件钢筋重：160.6		
101	$\phi 8$	3660	$3660 + 12.5 \times d$	25	25	3.76	94	37.09
102	$\phi 6$	4910	$4910 + 12.5 \times d$	19	19	4.985	94.715	21.02
103	$\phi 8$	65 1900	$1900 + 2 \times 65$	98	98	2	196	77.34
104	$\phi 8$	65 700	$700 + 2 \times 65$	38	38	0.8	30.4	12
105	$\phi 6$	3630	$3630 + 12.5 \times d$	4	4	3.705	14.82	3.29
106	$\phi 6$	4880	$4880 + 12.5 \times d$	9	9	4.955	44.595	9.9

筋号	规格	钢筋图形	公　式	根数	总根数	单长 (m)	总长度 (m)	总重量 (kg)
构件名称：WB（A－B）×（3－4）			构件数量：1			本构件钢筋重：108.6		
101	φ6	2640	2640＋12.5×d	33	33	2.715	89.59499	19.89
102	φ6	4910	4910＋12.5×d	14	14	4.985	69.79	15.49
103	φ8	65　1900	1900＋2×65	66	66	2	132	52.09
104	φ8	65　700	700＋2×65	28	28	0.8	22.4	8.84
105	φ6	2610	2610＋12.5×d	4	4	2.685	10.74	2.38
106	φ6	4880	4880＋12.5×d	9	9	4.955	44.595	9.9
构件名称：WB（A－B）×（4－5）			构件数量：1			本构件钢筋重：135.4		
101	φ8	3660	3660＋12.5×d	25	25	3.76	94	37.09
102	φ6	4910	4910＋12.5×d	19	19	4.985	94.715	21.02
103	φ8	65　1900	1900＋2×65	66	66	2	132	52.09
104	φ8	65　700	700＋2×65	38	38	0.8	30.4	12
105	φ6	3630	3630＋12.5×d	4	4	3.705	14.82	3.29
106	φ6	4880	4880＋12.5×d	9	9	4.955	44.595	9.9
构件名称：WB（A－B）×（5－6）			构件数量：1			本构件钢筋重：118.7		
101	φ6	3240	3240＋12.5×d	33	33	3.315	109.395	24.28
102	φ6	4910	4910＋12.5×d	17	17	4.985	84.745	18.81
103	φ8	65　1900	1900＋2×65	66	66	2	132	52.09
104	φ8	65　700	700＋2×65	34	34	0.8	27.2	10.73

筋号	规格	钢筋图形	公　式	根数	总根数	单长 (m)	总长度 (m)	总重量 (kg)
105	φ6	3210	$3210 + 12.5 \times d$	4	4	3.285	13.14	2.92
106	φ6	4880	$4880 + 12.5 \times d$	9	9	4.955	44.595	9.9
构件名称：WB（A－B）×（6－7）			构件数量：1			本构件钢筋重：135.4		
101	φ8	3660	$3660 + 12.5 \times d$	25	25	3.76	94	37.09
102	φ6	4910	$4910 + 12.5 \times d$	19	19	4.985	94.715	21.02
103	φ8	65　1900	$1900 + 2 \times 65$	66	66	2	132	52.09
104	φ8	65　700	$700 + 2 \times 65$	38	38	0.8	30.4	12
105	φ6	3630	$3630 + 12.5 \times d$	4	4	3.705	14.82	3.29
106	φ6	4880	$4880 + 12.5 \times d$	9	9	4.955	44.595	9.9
构件名称：WB（A－B）×（7－8）			构件数量：1			本构件钢筋重：108.6		
101	φ6	2640	$2640 + 12.5 \times d$	33	33	2.715	89.59499	19.89
102	φ6	4910	$4910 + 12.5 \times d$	14	14	4.985	69.79	15.49
103	φ8	65　1900	$1900 + 2 \times 65$	66	66	2	132	52.09
104	φ8	65　700	$700 + 2 \times 65$	28	28	0.8	22.4	8.84
105	φ6	2610	$2610 + 12.5 \times d$	4	4	2.685	10.74	2.38
106	φ6	4880	$4880 + 12.5 \times d$	9	9	4.955	44.595	9.9
构件名称：WB（A－B）×（8－9）			构件数量：1			本构件钢筋重：152.5		
101	φ8	3540	$3540 + 12.5 \times d$	25	25	3.64	91	35.91
102	φ6	4910	$4910 + 12.5 \times d$	18	18	4.985	89.73	19.92

筋号	规格	钢筋图形	公 式	根数	总根数	单长 （m）	总长度 （m）	总重量 （kg）
103	φ8	65 �劻 1900 ⌐	$1900 + 2 \times 65$	66	66	2	132	52.09
104	φ8	65 ⌐ 700 ⌐	$700 + 2 \times 65$	50	50	0.8	40	15.78
105	φ8	65 ⌐ 700 ⌐	$700 + 2 \times 65$	36	36	0.8	28.8	11.36
106	φ6	3510	$3510 + 12.5 \times d$	4	4	3.585	14.34	3.18
107	φ6	4880	$4880 + 12.5 \times d$	13	13	4.955	64.415	14.3
构件名称：WB（B-C）×（1-2）			构件数量：1			本构件钢筋重：233.8		
101	φ8	3180	$3180 + 12.5 \times d$	50	50	3.28	164	64.71
102	φ6	4910	$4910 + 12.5 \times d$	32	32	4.985	159.52	35.41
103	φ8	65 ⌐ 700 ⌐	$700 + 2 \times 65$	100	100	0.8	80	31.57
104	φ8	65 ⌐ 1900 ⌐	$1900 + 2 \times 65$	94	94	2	188	74.18
105	φ8	65 ⌐ 700 ⌐	$700 + 2 \times 65$	36	36	0.8	28.8	11.36
106	φ6	3150	$3150 + 12.5 \times d$	17	17	3.225	54.825	12.17
107	φ6	4880	$4880 + 12.5 \times d$	4	4	4.955	19.82	4.4
构件名称：WB（B-C）×（2-3）			构件数量：1			本构件钢筋重：207.5		
101	φ8	3660	$3660 + 12.5 \times d$	25	25	3.76	94	37.09
102	φ6	4910	$4910 + 12.5 \times d$	19	19	4.985	94.715	21.02
103	φ8	65 ⌐ 1900 ⌐	$1900 + 2 \times 65$	98	98	2	196	77.34
104	φ8	65 ⌐ 1900 ⌐	$1900 + 2 \times 65$	50	50	2	100	39.46

筋号	规格	钢筋图形	公 式	根数	总根数	单长（m）	总长度（m）	总重量（kg）
105	$\phi8$	65 ⌐ 700 ⌐	$700+2\times65$	38	38	0.8	30.4	12
106	$\phi6$	3630	$3630+12.5\times d$	13	13	3.705	48.165	10.69
107	$\phi6$	4880	$4880+12.5\times d$	9	9	4.955	44.595	9.9
构件名称：WB（B－C）×（3－4）			构件数量：1			本构件钢筋重：143.1		
101	$\phi6$	2640	$2640+12.5\times d$	33	33	2.715	89.59499	19.89
102	$\phi6$	4910	$4910+12.5\times d$	14	14	4.985	69.79	15.49
103	$\phi8$	65 ⌐ 1900 ⌐	$1900+2\times65$	66	66	2	132	52.09
104	$\phi8$	65 ⌐ 1900 ⌐	$1900+2\times65$	28	28	2	56	22.1
105	$\phi8$	65 ⌐ 700 ⌐	$700+2\times65$	28	28	0.8	22.4	8.84
106	$\phi6$	2610	$2610+12.5\times d$	13	13	2.685	34.905	7.75
107	$\phi6$	4880	$4880+12.5\times d$	9	9	4.955	44.595	9.9
108	$\phi12$	2640	$2640+2\times6.25\times d$	2	2	2.79	5.58	4.95
109	$\phi12$	1050	$1050+2\times6.25\times d$	2	2	1.2	2.4	2.13
构件名称：WB（B－C）×（4－5）			构件数量：1			本构件钢筋重：182.2		
101	$\phi8$	3660	$3660+12.5\times d$	25	25	3.76	94	37.09
102	$\phi6$	4910	$4910+12.5\times d$	19	19	4.985	94.715	21.02
103	$\phi8$	65 ⌐ 1900 ⌐	$1900+2\times65$	66	66	2	132	52.09
104	$\phi8$	65 ⌐ 1900 ⌐	$1900+2\times65$	50	50	2	100	39.46

筋号	规格	钢筋图形	公 式	根数	总根数	单长（m）	总长度（m）	总重量（kg）
105	φ8	65 ⌐700⌐	700＋2×65	38	38	0.8	30.4	12
106	φ6	3630	3630＋12.5×d	13	13	3.705	48.165	10.69
107	φ6	4880	4880＋12.5×d	9	9	4.955	44.595	9.9

构件名称：WB（B－C）×（5－6）　　　构件数量：1　　　本构件钢筋重：152.1

筋号	规格	钢筋图形	公 式	根数	总根数	单长（m）	总长度（m）	总重量（kg）
101	φ6	3240	3240＋12.5×d	33	33	3.315	109.395	24.28
102	φ6	4910	4910＋12.5×d	17	17	4.985	84.745	18.81
103	φ8	65 ⌐1900⌐	1900＋2×65	66	66	2	132	52.09
104	φ8	65 ⌐1900⌐	1900＋2×65	34	34	2	68	26.83
105	φ8	65 ⌐700⌐	700＋2×65	34	34	0.8	27.2	10.73
106	φ6	3210	3210＋12.5×d	13	13	3.285	42.705	9.48
107	φ6	4880	4880＋12.5×d	9	9	4.955	44.595	9.9

构件名称：WB（B－C）×（6－7）　　　构件数量：1　　　本构件钢筋重：182.2

筋号	规格	钢筋图形	公 式	根数	总根数	单长（m）	总长度（m）	总重量（kg）
101	φ8	3660	3660＋12.5×d	25	25	3.76	94	37.09
102	φ6	4910	4910＋12.5×d	19	19	4.985	94.715	21.02
103	φ8	65 ⌐1900⌐	1900＋2×65	66	66	2	132	52.09
104	φ8	65 ⌐1900⌐	1900＋2×65	50	50	2	100	39.46
105	φ8	65 ⌐700⌐	700＋2×65	38	38	0.8	30.4	12
106	φ6	3630	3630＋12.5×d	13	13	3.705	48.165	10.69
107	φ6	4880	4880＋12.5×d	9	9	4.955	44.595	9.9

筋号	规格	钢筋图形	公　式	根数	总根数	单长 (m)	总长度 (m)	总重量 (kg)
构件名称：WB（B-C）×（7-8）			构件数量：1			本构件钢筋重：143.1		
101	φ6	2640	2640 + 12.5 × d	33	33	2.715	89.59499	19.89
102	φ6	4910	4910 + 12.5 × d	14	14	4.985	69.79	15.49
103	φ8	65　1900	1900 + 2 × 65	66	66	2	132	52.09
104	φ8	65　1900	1900 + 2 × 65	28	28	2	56	22.1
105	φ8	65　700	700 + 2 × 65	28	28	0.8	22.4	8.84
106	φ6	2610	2610 + 12.5 × d	13	13	2.685	34.905	7.75
107	φ6	4880	4880 + 12.5 × d	9	9	4.955	44.595	9.9
108	φ12	2640	2640 + 2 × 6.25 × d	2	2	2.79	5.58	4.95
109	φ12	1050	1050 + 2 × 6.25 × d	2	2	1.2	2.4	2.13
构件名称：WB（B-C）×（8-9）			构件数量：1			本构件钢筋重：197.6		
101	φ8	3540	3540 + 12.5 × d	25	25	3.64	91	35.91
102	φ6	4910	4910 + 12.5 × d	18	18	4.985	89.73	19.92
103	φ8	65　1900	1900 + 2 × 65	66	66	2	132	52.09
104	φ8	65　700	700 + 2 × 65	50	50	0.8	40	15.78
105	φ8	65　700	700 + 2 × 65	36	36	0.8	28.8	11.36
106	φ8	65　1900	1900 + 2 × 65	48	48	2	96	37.88
107	φ6	3510	3510 + 12.5 × d	13	13	3.585	46.605	10.34

筋号	规格	钢筋图形	公 式	根数	总根数	单长(m)	总长度(m)	总重量(kg)
108	φ6	4880	$4880 + 12.5 \times d$	13	13	4.955	64.415	14.3

构件名称：WB (A/C) × (1-9)　　　　构件数量：2　　　　本构件钢筋重：148.9

筋号	规格	钢筋图形	公 式	根数	总根数	单长(m)	总长度(m)	总重量(kg)
101	φ6	370 30 650 30 90	$650 + 30 + 30 + 370 + 90 + 2 \times 6.25 \times d$	137	274	1.245	341.13	75.72
102	φ6	27400	$27400 + 2 \times 6.25 \times d$	6	12	27.475	329.7	73.18

构件名称：WB (1/9) × (A-C)　　　　构件数量：2　　　　本构件钢筋重：48.9

筋号	规格	钢筋图形	公 式	根数	总根数	单长(m)	总长度(m)	总重量(kg)
101	φ6	370 30 650 30 90	$650 + 30 + 30 + 370 + 90 + 2 \times 6.25 \times d$	40	80	1.245	99.6	22.11
102	φ6	10000	$10000 + 2 \times 6.25 \times d$	6	12	10.075	120.9	26.83

三、钢 筋 统 计 表（kg）

	圆钢10内	圆钢25内	螺纹钢25内		圆钢10内	圆钢25内	螺纹钢25内
JL1	139.2		1650.5	砌体加筋	100		
JL2	216.88		1932.22	钢筋砖过梁	20.4		
桩承台			3269.3	KL1(1)	29.35	19.33	168.72
挖孔桩	4294	368.83	4993.97	KL1(2)	54.8	33.02	276.58
Z1	433.75		957.16	KL1(3)	89.34	55.31	421.55
Z2	1502.02		5025.08	KL2	225.9	90.92	1243.78
Z3	229.31		479.39	KL3	205.76	181.66	893.68
Z4	815.54		3671.56	KL4	89.9	26.36	343.14
TZ	2.52		18.61	KL5(2、3、6、7)	359.56	105.48	2380.66
TL1	7.77	10.55	37.24	KL5(4、8)	35.96	10.54	245
TL2	35.73	52.74	150.93	KL5(5、9)	179.78	52.74	1155.78
TL3	35.73	52.69	186.2	L1	99.56	76.71	
TPL1	15.31	21.49	315.59	L2(2-7)	144.98	365.55	
TPL2	5.72	4.3	89.41	L2(8-9)	46.31	118.9	
拱梁	5.06	69.44		L3(2-7)	145.19	254.39	
TB1	11.88	197.42		L3(8-9)	46.31	82.4	
TB2	13.58	176.72		L4	144.34	233.18	
TB3	58.86	809.34		B	11856.4		
TB4	52.07	711.53		WKL1	130.99	23.65	355.29
阳台栏板	457.7			WKL2	161.8	47.46	413.54
楼梯栏板	130.6			WB	2642.2		
楼梯栏板压顶	57.1			合计	25338.7	4257.22	30674.88

四、材料分析表

序号	定额编号	项目名称	单位	工程量	松杂木方板材 (m³)	胶合板(防水δ18) (m²)	32.5R水泥 (t)	中砂 (m³)	碎石20mm (m³)	碎石10mm (m³)	柴油 (kg)
		一、土石方工程									
1	1-100换	人工装车汽车运土方运距10km	100m³	3.3616							884.04
											262.98
2	1-102换	人工装车汽车运石方运距10km	100m³	0.713							277.84
											389.67
		小计									1161.9
		三、混凝土及钢筋混凝土工程									
1	3-7	基础垫层模板	100m²	0.2052	0.1348						0.7512
					0.657						3.6608
2	3-8	桩承台模板	100m²	1.5606	0.2263	12.376					11.930
					0.145	7.93					7.6444
3	3-14	矩形柱模板	100m²	7.1445	1.9719	55.156					66.497
					0.276	7.72					9.3074
4	3-19	基础梁模板	100m²	0.783	0.2435	6.1152					6.7677
					0.311	7.81					8.6433
5	3-20	连续梁模板 梁宽25cm以内	100m²	20.381	9.1818	159.18					257.44
					0.451	7.81					12.631
6	3-22	拱形梁模板	100m²	0.0713	0.1322						0.9706
					1.854						13.613
7	3-34	有梁板模板	100m²	12.744	5.913	106.15					156.73
					0.464	8.33					12.298
8	3-42	楼梯模板 直形	100m²	1.0145	0.207						16.863
					0.204						16.623
9	3-46	台阶模板	100m²	0.0128	0.0068						0.0432
					0.534						3.375

序号	定额编号	项 目 名 称	单位	工程量	松杂木方板材 (m³)	胶合板 (防水 δ18) (m²)	32.5R 水泥 (t)	中砂 (m³)	碎石 20mm (m³)	碎石 10mm (m³)	柴油 (kg)	碎石 40mm (m³)
11	3-47	栏板、反檐模板	100m²	0.5667	1.0229						3.7661	
					1.805						6.6457	
12	3-48	挑檐、天沟模板	100m²	0.5963	0.4818						3.9655	
					0.808						6.6502	
13	3-98	现场搅拌混凝土 搅拌机 C20（C20 混凝土 20 石）	10m³	29.582			100.88	174.54	257.37			
							3.41	5.90	8.70			
14	3-98 换	现场搅拌混凝土 搅拌机 C20（C20 混凝土 40 石）	10m³	38.651			124.07	228.04				340.13
							3.21	5.90				8.80
15	3-98 换	混凝土制作 现场搅拌混凝土 搅拌机 C20（C20 混凝土 10 石）	10m³	12.965			47.450	81.677		106.31		
							3.6599	6.2999		8.1998		
15	3-100	现浇混凝土浇捣 人工挖孔桩桩心	10m³	29.079							136.77	
											4.7034	
16	3-102	现浇混凝土浇捣 其他基础	10m³	6.6326							31.196	
											4.7034	
		小计			19.529	338.98	272.40	484.26	257.37	106.31	693.68	340.13

序号	定额编号	项目名称	单位	工程量	松杂木方板材 (m³)	烧结粉煤灰砖 (千块)	32.5R水泥 (t)	中砂 (m³)	石灰 (t)	碎石 10mm (m³)
		四、砌筑工程								
1	4-1换	砖基础 M5水泥砂浆 烧结煤灰砖	10m³	1.4427		7.554	0.7048	4.079		
						5.236	0.4885	2.827		
2	4-58换	M5水泥石灰砂浆 烧结粉煤灰砖 外墙 墙体厚度3/4砖	100m²	6.2632	0.1942	61.874	5.5703	29.338	1.8612	
					0.031	9.879	0.889	4.6842	0.2972	
3	4-59换	M5水泥石灰砂浆 内墙 墙体厚度1/2砖	100m²	10.588	0.1376	68.569	5.1424	28.413	1.8025	
					0.013	6.476	0.4857	2.6835	0.1702	
4	4-60换	M5水泥石灰砂浆 内墙 墙体厚度3/4砖	100m²	2.1714	0.0673	21.395	1.8053	10.171	0.6453	
					0.031	9.853	0.8314	4.6842	0.2972	
5	4-91换	水厕（蹲位）	10个	2.4		1.1352	1.5517	1.7888	0.7044	1.104
						0.473	0.6465	0.7453	0.2935	0.46
6	4-103换	砖混凝土混合栏板 通花面积 高135cm 50%以内（水泥石灰砂浆M5）	100m	0.1626	0.0693	0.0861	0.0659	0.374	0.023	
					0.426	5.2952	0.4053	2.3001	0.1415	
7	4-103换	砖混凝土混合栏板 通花面积 50%以内（水泥石灰砂浆M5）	100m	0.813	0.2309	2.8699	0.2196	1.2466	0.0766	
					0.284	3.53	0.2701	1.5333	0.0942	
8	4-103换	砖混凝土混合栏板 通花面积 高61cm 50%以内（水泥石灰砂浆M5）	100m	0.306	0.0608	0.7561	0.0579	0.3285	0.0202	
					0.1988	2.471	0.1892	1.0735	0.0660	
9	4-103换	砖混凝土混合栏板 通花面积 50%以内（水泥石灰砂浆M10）	100m	0.6359	0.1806	2.2447	0.2719	0.975	0.0118	
					0.284	3.53	0.4276	1.5333	0.0186	
		小计			0.9407	170.26	15.390	76.724	5.148	1.104

序号	定额编号	项目名称	单位	工程量	松杂木方板材 (m³)	胶合板 (2440×1200) (m²)	杉木门窗套料 (m³)	石灰 (t)	平板玻璃5厚 (m²)	玻璃胶(进口)(支)
		五、门窗及木结构工程								
1	5-17	杉木无纱胶合板门制作 无亮单扇	100m²	1.7589	0.1706 0.097	449.80 259.73	6.3356 3.602			
2	5-51	无纱镶板门、胶合板门安装 无亮单扇	100m²	1.7589	0.8091 0.46			0.2985 0.1697		
3	5-103	铝合金平开门安装	100m²	0.5491					54.91 100	32.661 59.48
4	5-104	铝合金平开窗安装	100m²	0.2285					22.85 100	16.221 70.99
5	5-105	铝合金推拉窗、推拉门安装	100m²	2.1533					215.33 100	108.10 50.2
6	230110	铝合金46系列全玻璃单扇平开门带上亮(无横框)	m²	54.905						
7	230123	铝合金90系列三扇推拉窗 无上亮	m²	215.33						
8	230109	铝合金46系列全玻璃单扇平开窗无上亮(有横框)	m²	22.846						
		小计			0.9797	449.80	6.3356	0.2985	293.09	157

序号	定额编号	项目名称	单位	工程量	32.5R 水泥 (t)	中砂 (m²)	石灰 (t)	32.5R 白水泥 (t)	防滑砖 (m²)	磁质耐磨砖 (m²)	膨胀珍珠岩砌块 (千块)
		六、屋面及防水防腐保温工程									
1	6-336	天面隔热砌块 膨胀珍珠岩 300×300×65 M5 水泥石灰砂浆	100m²	2.6472	0.5814	2.2172	0.1026				2.806
					0.2196	0.8376	0.0388				1.06
		小计			0.5814	2.2172	0.1026				2.806
		七、湿装饰工程									
1	8-1	找平层 楼地面 1:2.5 水泥砂浆 20 厚 混凝土或硬基层上	100m²	15.713	13.702	38.025					
					0.872	2.420					
2	8-6 换	楼地面工程 找平层 1:2.5 水泥砂浆 踢脚线 10 厚	100m²	1.1045	0.4266	0.8938					
					0.3862	0.8092					
3	8-9	楼地面工程 整体面层 1:2.5 水泥砂浆 楼地面 20 厚	100m²	0.8241	0.9151	1.9244					
					1.1104	2.3352					
4	8-11	楼地面工程 整体面层 1:2.5 水泥砂浆 楼梯 20 厚	100m²	1.0145	1.5391	3.2368					
					1.5171	3.1905					
5	8-12	楼地面工程 整体面层 1:2.5 水泥砂浆 台阶 20 厚	100m²	0.0128	0.021	0.0443					
					1.6406	3.4609					
6	8-14 换	楼地面工程 整体面层 1:2.5 水泥砂浆 踢脚线 12 + 8mm	100m²	0.2594	0.2442	0.6058					
					0.9414	2.3354					
7	8-51 换	楼地面工程 铺贴防滑砖 每块周长 1200mm 内 1:1 水泥砂浆	100m²	1.7054	1.5601	1.3918		0.0171	173.95		
					0.9148	0.8161		0.010	102		
8	8-52 换	楼地面工程 铺贴耐磨砖 每块周长 1200mm 外 1:1 水泥砂浆	100m²	11.360	10.033	9.271		0.1136		1181.5	
					0.8932	0.8162		0.010		104	
9	8-59 换	楼地面工程 铺贴耐磨砖踢脚线 1:2 水泥砂浆	100m²	1.1045	0.852	1.5612		0.0144		112.66	
					0.7714	1.4135		0.0130		102	
		小计							173.95	1294.2	

序号	定额编号	项目名称	单位	工程量	32.5R水泥 (t)	中砂 (m³)	石灰 (t)	32.5R白水泥 (t)	彩釉砖 (m²)	白瓷片 (m²)
10	8-83	墙面1:2:8水泥石灰砂浆底15+5mm水泥石灰砂浆面	100m²	26.028	9.7812	71.717	7.8023			
					0.3758	2.7554	0.2998			
11	8-91换	墙柱面工程 零星装饰1:2.5水泥砂浆底1:2.5水泥砂浆面	100m²	0.9977	1.1484	2.8487				
					1.1510	2.8553				
12	8-94	栏板1:2:8水泥石灰砂浆底1:1:6水泥石灰砂浆面	100m²	2.0222	0.7416	5.4267	0.5892			
					0.3667	2.6836	0.2914			
13	8-102	墙柱面工程 抹灰底层 墙面1:1:6水泥石灰砂浆15mm	100m²	22.195	8.7819	44.405	3.7436			
					0.3957	2.0007	0.1687			
14	8-104	墙柱面工程 抹灰底层 零星装饰1:1:6水泥石灰砂浆15mm	100m²	0.3072	0.1345	0.6808	0.0574			
					0.4378	2.2161	0.1868			
15	8-169	墙柱面工程 镶贴块料面层 瓷片 墙面墙裙 水泥膏粘贴	100m²	9.3583	9.541			0.1404		968.58
					1.0195			0.015		103.5
16	8-181换	镶贴彩釉面砖 墙面墙裙 水泥膏粘贴	100m²	12.837	13.087			2.1812	1123.5	
					1.0195			0.1699	87.52	
17	8-183换	镶贴彩釉面砖 零星装饰 水泥膏粘贴	100m²	0.3072	0.3538			0.0521	30.219	
					1.1517			0.1696	98.37	
18	8-199换	混凝土顶棚1:2:8水泥石灰砂浆底1:1:6水泥石灰砂浆面	100m²	16.759	5.5831	32.927	3.5146			
					0.3331	1.9647	0.2097			
		小计			78.446	214.96	15.707	2.5188	1153.7	968.58

八、油漆工程

序号	定额编号	项目名称	单位	工程量	调和漆(综合)(kg)	酒精(kg)	松节油(kg)	乳胶漆
1	9-224	木材面油漆 底油一遍调和漆两遍 单层木门	100m²	1.7589	82.616	0.7563	19.594	
					46.97	0.43	11.14	
2	9-240	木材面油漆 漆片 单层 叻架 木门	100m²	1.7589		67.384		
						38.31		
3	9-302	抹灰面油漆 乳胶漆 两遍 墙柱面	100m²	28.05				780.07
								27.81
	9-304	抹灰面油漆 乳胶漆 两遍 顶棚面	100m²	16.759				466.07
								27.81
		小计			82.616	68.140	19.594	1246.1

五、材料汇总表

松杂木方板材 (m³)	胶合板 2400×1200×4 (m²)	胶合板 (防水 δ18)(m²)	32.5R 水泥 (t)	32.5R 白水泥 (t)	膨胀珍珠岩砌块 300×300×65 (千块)	石灰 (t)	中砂 (m³)	碎石 10 (m³)	碎石 20 (m³)	碎石 40 (m³)
21.456	449.804	338.975	366.817	2.519	2.806	21.254	778.162	107.414	257.366	340.127
杉木门窗套料 (m³)	调和漆 (kg)	彩釉砖 240×60 (m²)	乳胶漆 (kg)	磁质耐磨砖 400×400×9.5 (m²)	松节油 (kg)	玻璃胶 (支)	酒精 (kg)	柴油 (kg)		
6.336	82.616	1153.687	1246.14		19.594	157	68.140	1855.58		
平板玻璃 5 厚 (m²)	防滑砖 200×200 (m²)	白瓷片 200×300 (m²)	白瓷片 (m²)	铝合金推拉窗 (无上亮)(m²)	铝合金全玻平开门 (带上亮)(m²)	铝合金全玻平开门 (无上亮)(m²)	铝合金推拉门 (无上亮)(m²)			
173.952	54.905	968.584	1294.141	215.330	293.090	22.846				

建筑工程定额计价预算书
（　　　　　　）

工业区宿舍楼　　　　　工程

招标单位（单位盖章）＿＿＿＿＿＿＿

设　计　单　位：＿＿＿＿＿＿

投标单位（单位盖章）＿＿＿＿＿＿＿

投　标　时　间：＿＿＿＿＿＿＿

编制人及资格证号：＿＿＿＿＿＿＿＿＿（　　）

投标单位法定代表人：＿＿＿＿＿＿＿

七、工 程 总 说 明

1．本工程由××设计院设计，采用框架结构，楼高 6 层，建筑面积约 1548m²。

2．根据地质资料，挖土方按干土，一、二类土计算。未考虑排水等费用。土石方外运暂定为 10km。

3．基础为人工挖孔桩，平均桩长 10m。入岩深度 1.2m，按机械施工法计算入岩增加费用。

4．钢筋用量已按图纸进行计算，钢筋损耗及图纸中无表示的接头在定额中已综合考虑，故未有另行计算。

5．卫生间按沉式厕台计算，大便器材料费用未计算。

6．所有排水管道均未计算。

7．装饰材料按综合颜色、普通材料计算其材料费用，若实际中按设计要求使用特殊颜色、高级材料时，再调整价差。

9．本预算根据 2001 年《广东省建筑工程计价办法》，套用 2001 年《广东省建筑工程综合定额》，人工、材料单价已按广州地区 2001 年第四季度《建筑工程指导价格》进行调整。采用一类城市管理费，有关费用按四类工程计取。

八、工程总价表（预算）

工程名称：工业区宿舍楼　　　　　　　　　　　　　　　　　　第 1 页　共 2 页

行　号	序　号	名　　称	计 算 办 法	金额（元）	备　注
1	1.	实体项目费	[2]+[6]	889962.22	
2	1.1	直接费	[3~5]	848606.63	
3	1.1.1	人工费	人工费合计	172198.29	
4	1.1.2	材料费	材料费合计	624709.78	
5	1.1.3	机械费	机械费合计	51698.56	
6	1.2	管理费	管理费合计	41355.59	
7	2.	价差	[8~9]+[12]	6961.69	
8	2.1	人工价差	人工表价差合计		
9	2.2	材料价差	材料表价差合计	6405.02	
10	2.2.1	主要材料价差	主要材料表价差合计	6527.11	
11	2.2.2	其他材料价差	[9]-[10]	-122.09	
12	2.3	机械价差	机械表价差合计	556.67	
13	3.	利润	([3]+[8])×25.00%	43049.57	
14	4.	措施项目费	[15~16]	86056.00	
15	4.1	技术措施项目费	技术措施费	37642.06	

行　号	序　号	名　　称	计 算 办 法	金额(元)	备　注
16	4.2	其他措施项目费	其他措施费	48413.94	
17	5.	行政事业性收费	[18～25]	46581.74	
18	5.1	社会保险金	([1]+[7]+[13]+[14])×2.50%	25650.74	
19	5.2	住房公积金	([1]+[7]+[13]+[14])×1.28%	13133.18	
20	5.3	定额编制管理费	([1]+[7]+[13]+[14])×0.08%	820.82	
21	5.4	劳动定额测定费	([1]+[7]+[13]+[14])×0.03%	307.81	
22	5.5	建筑企业管理费	([1]+[7]+[13]+[14])×0.40%	4104.12	
23	5.6	工程排污费	([1]+[7]+[13]+[14])×0.25%	2565.07	
24	5.7	施工噪声排污费	([1]+[7]+[13]+[14])×0%		
25	5.8	防洪工程维护费	([1]+[7]+[13]+[14])×0%		
26	6.	不含税工程造价	[1]+[7]+[13]+[14]+[17]	1072611.22	
27	7.	税金	26×3.42%	36683.30	
28	8.	含税工程造价	[26～27]	1109294.52	
		含税工程造价:壹佰壹拾万玖仟贰佰玖拾肆元伍角贰分		小写:1109294.52	

法定代表人：　　　　　　　　　　编制单位(盖章)：　　　　　　　　　编制日期：

工程名称：工业区宿舍楼

序　号	名　　　称	金　　额　（元）	备　注
1	土石方工程	20560.89	
2	桩基础工程	69618.37	
3	混凝土及钢筋混凝土工程	423774.17	
4	砌筑工程	61811.51	
5	门窗及木结构工程	82529.07	
6	屋面及防水防腐保温工程	5975.71	
7	湿装饰工程	200585.96	
8	干装饰工程	25106.54	
	分部工程合计	889962.22	

编制人：　　　　　　　　　　　　　　证号：　　　　　　　　　　　　　　编制日期：

十、分项工程费汇总表（预算）

工程名称：工业区宿舍楼

序号	定额编码	名称及说明	单位	数量	基价（元）	合价（元）	备注
		土石方工程					
1	1-5	人工挖沟槽、基坑、一、二类土深度在 2m 内	100m³	2.25	727.65	1636.19	
2	1-15	回填土 人工夯实	100m³	1.77	546.1	965.83	
3	1-19	平整场地	100m²	4.26	65.01	276.69	
4	1-24 D200	人力车运土方 运距 200m	100m³	4.07	502.77	2045.36	
5	1-24 D150	人力车运土方 运距 150m	100m³	3.71	448.28	1662.76	
6	1-69 D200	人力车运石方 运距 200m	100m³	0.13	765.29	99.49	
7	1-69 D150	人力车运石方 运距 150m	100m³	0.58	659	384.19	
8	1-100 D10	人工装汽车运土方 运距 10km	100m³	3.36	3060.79	10289.15	
9	1-102 D10	人工装汽车运石方 运距 10km	100m³	0.71	4489.8	3201.23	
		人工费：8099.24；材料费：0；机械费：9863.85；管理费：2597.8；分部小计：20560.89					
		桩基础工程					
1	2-40	人工挖孔桩 桩外径 150cm 以内孔深 15m 以内	10m³	42.92	1194.51	51270.88	
2	2-59	人工挖孔桩增加费 入岩 机械施工	10m³	5.83	2873.36	16751.98	
3	2-128	凿人工挖孔桩护壁	m³	13.00	122.75	1595.51	
		人工费：32905.25；材料费：5203.45；机械费：22510.14；管理费：8999.53；分部小计：69618.37					
		混凝土及钢筋混凝土工程					
1	3-7	现浇建筑物模板制安 基础垫层模板	100m²	0.21	1193.61	244.94	
2	3-8	现浇建筑物模板制安 桩承台模板	100m²	1.56	1528.03	2384.65	
3	3-14	现浇建筑物模板制安 矩形柱模板（周长 m）1.8 内	100m²	7.15	1478.85	10565.64	
4	3-19	现浇建筑物模板制安 基础梁模板	100m²	0.78	1627.04	1273.97	
5	3-20	现浇建筑物模板制安 单梁、连续梁模板（梁宽 cm）25 以内	100m²	20.38	1921.45	39161.07	
6	3-22	现浇建筑物模板制安 拱形梁模板	100m²	0.07	3494.93	249.19	
7	3-34	现浇建筑物模板制安 有梁板模板	100m²	12.74	1843.15	23488.18	
8	3-42	现浇建筑物模板制安 楼梯模板直形	100m²	1.02	3176.22	3222.28	
9	3-46	现浇建筑物模板制安 台阶模板	100m²	0.01	1224.48	15.66	
10	3-47	现浇建筑物模板制安 栏板、反檐模板	100m²	0.57	2836.22	1607.29	
11	3-48	现浇建筑物模板制安 挑檐、天沟模板	100m²	0.60	2299.48	1371.18	
12	3-98 C20-20	混凝土制作 现场搅拌混凝土 搅拌机 C20（C20 混凝土 20 石）	10m³	29.58	1927.4	57016.93	

序号	定额编码	名称及说明	单位	数量	基价（元）	合价（元）	备注
13	3-98 换	混凝土制作　现场搅拌混凝土　搅拌机 C20（C20混凝土10石）	10m³	12.97	1877.6	24342.33	
14	3-98 换	混凝土制作　现场搅拌混凝土　搅拌机 C20（C20混凝土40石）	10m³	38.65	1840.6	71140.66	
15	3-100	现浇混凝土浇捣　人工挖孔桩桩心	10m³	29.08	228.48	6644.00	
16	3-102	现浇混凝土浇捣　其他基础	10m³	6.63	245.38	1627.51	
17	3-105	现浇混凝土浇捣　矩形、多边形、异形、圆形柱	10m³	6.19	299.76	1856.54	
18	3-108	现浇混凝土浇捣　基础梁	10m³	0.76	212.58	161.67	
19	3-109	现浇混凝土浇捣　单梁、连续梁、异形梁	10m³	7.15	255.19	1825.39	
20	3-110	现浇混凝土浇捣　圈、过、拱、弧形梁	10m³	0.05	409.19	20.59	
21	3-112	现浇混凝土浇捣　平板、有梁板、无梁板	10m³	11.92	234.65	2797.56	
22	3-114	现浇混凝土浇捣　直形楼梯	10m³	1.98	357.22	706.15	
23	3-121	现浇混凝土浇捣　栏板　板边反檐	10m³	0.16	497.01	77.64	
24	3-123	现浇混凝土浇捣　天沟挑檐	10m³	0.48	430.97	205.57	
25	3-124	现浇混凝土浇捣　地沟、明沟、电缆沟、散水坡	10m³	0.05	228.11	10.29	
26	3-125	现浇混凝土浇捣　台阶	10m³	0.03	298.21	8.59	
27	3-155	现浇混凝土浇捣　基础垫层	10m³	0.98	253.53	247.12	
28	3-174 D10	现浇混凝土浇捣　地坪　厚度10cm	100m²	2.49	594.98	1479.59	
29	3-262	现浇构件钢筋制安　现浇构件圆钢制安 φ10内	t	25.36	2738.63	69442.89	
30	3-263	现浇构件钢筋制安　现浇构件圆钢制安 φ25内	t	4.27	2907.05	12418.34	
31	3-266	现浇构件钢筋制安　现浇构件螺纹钢制安 φ25内	t	30.60	2880.76	88160.76	
		人工费：47132.14；材料费：344313.69；机械费：16630.09；管理费：15698.25；分部小计：423774.17					
		砌筑工程					
1	4-1	砖基础 M5 水泥砂浆　烧结粉煤灰砖	10m³	1.44	1666.12	2403.71	
2	4-58	M5 水泥石灰砂浆　烧结粉煤灰砖外墙 墙体厚度3/4砖	100m²	6.26	3465.82	21707.13	
3	4-59	M5 水泥石灰砂浆　烧结粉煤灰砖内墙 墙体厚度1/2砖	100m²	10.59	2175.44	23033.78	
4	4-60	M5 水泥石灰砂浆　烧结粉煤灰砖内墙 墙体厚度3/4砖	100m²	2.17	3394.81	7371.49	
5	4-91	砖砌零星构件　水厕（蹲位）	10个	2.40	1091.42	2619.41	
6	4-103 换	砖砌零星构件　砖混凝土混合栏板通花面积50%以内　高135cm（水泥石灰砂浆 M5）	100m	0.16	3565.15	579.69	
7	4-103	砖砌零星构件　砖混凝土混合栏板通花面积50%以内（水泥石灰砂浆 M5）	100m	0.81	2423.99	1970.70	

序号	定额编码	名称及说明	单位	数量	基价（元）	合价（元）	备注
8	4-103 换	砖砌零星构件 砖混凝土混合栏板通花面积50%以内 高61cm（水泥石灰砂浆 M5）	100m	0.31	1739.3	532.22	
9	4-103 换	砖砌零星构件 砖混凝土混合栏板通花面积50%以内（水泥石灰砂浆 M10）	100m	0.65	2458.16	1593.38	
		人工费：12725.77；材料费：46811.67；机械费：414.54；管理费：1859.53；分部小计：61811.51					
		门窗及木结构工程					
1	5-17	杉木无纱胶合板门制作 无亮 单扇	100m²	1.76	11738.54	20646.92	
2	5-51	无纱镶板门、胶合板门安装 无亮 单扇	100m²	1.76	1733.69	3049.39	
3	5-103	铝合金平开门安装	100m²	0.55	5309.27	2915.32	
4	5-104	铝合金平开窗安装	100m²	0.23	6496.22	1484.38	
5	5-105	铝合金推拉窗、推拉门安装	100m²	2.15	4043.76	8707.43	
6	230110	铝合金46系列全玻单扇平开门带上亮（无横框）	m²	54.91	181.9	9987.22	
7	230123	铝合金90系列三扇推拉窗 无上亮	m²	215.33	144.77	31173.32	
8	230109	铝合金46系列全玻单扇平开窗无上亮（有横框）	m²	22.85	199.82	4565.09	
		人工费：3837.5；材料费：77197.81；机械费：853.04；管理费：640.72；分部小计：82529.07					
		屋面及防水防腐保温工程					
1	6-336	块料隔热层 天面隔热砌块 膨胀珍珠岩 300×300×65 M5水泥石灰砂浆	100m²	2.65	2257.37	5975.71	
		人工费：774.04；材料费：5084.32；机械费：11.25；管理费：106.1；分部小计：5975.71					
		湿装饰工程					
1	8-1	楼地面工程 找平层楼地面水泥砂浆 混凝土或硬基层上20厚 水泥砂浆1:2.5	100m²	15.71	509.81	8010.64	
2	8-6 换	楼地面工程、找平层 水泥砂浆踢脚线10厚（水泥砂浆1:2.5）	100m²	1.11	566.33	625.51	
3	8-9	楼地面工程 整体面层 水泥砂浆 楼地面20厚（水泥砂浆1:2.5）	100m²	0.82	632.67	521.37	
4	8-11	楼地面工程 整体面层 水泥砂浆 楼梯20厚（水泥砂浆1:2.5）	100m²	1.02	1416.87	1437.41	
5	8-12	楼地面工程 整体面层 水泥砂浆 台阶20厚（水泥砂浆1:2.5）	100m²	0.01	1216.06	15.56	
6	8-14 换	楼地面工程 整体面层 水泥砂浆 踢脚线12+8mm（水泥砂浆1:2.5）	100m²	0.26	1084.97	281.43	
7	8-51 换	楼地面工程 铺贴块料面层 陶瓷块料（防滑砖）楼地面（每块周长 mm）1200以内 水泥砂浆（水泥砂浆1:1）	100m²	1.71	3420.41	5833.17	

序号	定额编码	名称及说明	单位	数量	基价（元）	合价（元）	备注
8	8-52换	楼地面工程　铺贴块料面层　陶瓷块料（耐磨砖）楼地面（每块周长 mm）1200 以外　水泥砂浆（水泥砂浆1:1）	100m²	11.36	4090.38	46468.35	
9	8-59	楼地面工程　铺贴块料面层　陶瓷块料（耐磨砖）踢脚线　水泥砂浆（1:2）	100m²	1.11	4799.54	5301.09	
10	8-83	墙柱面工程　墙面1:2:8水泥石灰砂浆底 1:1:6水泥石灰砂浆面15+5mm	100m²	26.03	627.46	16331.40	
11	8-91	墙柱面工程　零星装饰1:2.5水泥砂浆底 1:2.5水泥砂浆面15+5mm	100m²	1.00	1907.96	1903.57	
12	8-94	墙柱面工程　栏板1:2:8水泥石灰砂浆底 1:1:6水泥石灰砂浆面15+10mm	100m²	2.02	636.23	1286.59	
13	8-102	墙柱面工程　抹灰底层　墙面1:1:6水泥石灰砂浆15mm	100m²	22.20	495	10986.53	
14	8-104	墙柱面工程　抹灰底层　零星装饰1:1:6水泥石灰砂浆15mm	100m²	0.31	1320.74	405.73	
15	8-169	墙柱面工程　镶贴块料面层　瓷片　墙面墙裙　水泥膏粘贴	100m²	9.36	5066.34	47412.33	
16	8-181	墙柱面工程　镶贴块料面层　彩釉面砖疏缝　墙面墙裙　水泥膏粘贴　白水泥膏勾缝	100m²	12.84	3412.17	43801.01	
17	8-183	墙柱面工程　镶贴块料面层　彩釉面砖疏缝　零星装饰　水泥膏粘贴　白水泥膏勾缝	100m²	0.31	3929.98	1207.30	
18	8-199	顶棚抹灰工程　混凝土顶棚1:2:8水泥石灰砂浆底1:1:6水泥石灰砂浆面10+5mm	100m²	16.76	522.52	8756.97	
		人工费：54855.59；材料费：134602.38；机械费：1415.65；管理费：9712.34；分部小计：200585.96					
		干装饰工程					
1	9-224	木材面油漆　底油一遍调和漆两遍　单层木门	100m²	1.76	882.82	1552.79	
2	9-240	木材面油漆　漆片、呐架　单层木门	100m²	1.76	4300.83	7564.73	
3	9-302	抹灰面油漆　乳胶漆　墙柱面两遍	100m²	28.05	348.9	9786.64	
4	9-304	抹灰面油漆　乳胶漆　顶棚面两遍	100m²	16.76	370.09	6202.38	
		人工费：11868.76；材料费：11496.46；机械费：0；管理费：1741.32；分部小计：25106.54					
		人工费合计：172198.29；材料费合计：624709.78；机械费合计：51698.56；管理费合计：41355.59；合计：889962.22					

编制人：　　　　　　　　　　　证号：　　　　　　　　　　　编制日期：

十一、技术措施项目费汇总表（预算）

工程名称：工业区宿舍楼

序　号	名称及说明	单　位	合　价（元）	备　注
1	脚手架使用费		22706.61	
2	垂直运输使用费		14935.45	
3				
4	合计		37642.06	

编制人：　　　　　　　　　　　　证号：　　　　　　　　　　　　编制日期：

304

十二、分项工程费汇总表（技术措施项目）

工程名称：工业区宿舍楼

序号	定额编码	名称及说明	单位	数量	单价（元） 基价	单价（元） 利润	合价（元）	备注
		脚手架使用费						
1	10-24	综合脚手架（竹木）高度（1m 以内）20.5	100m²	14.10	1131.19	66.60	16883.80	
2	10-37	里脚手架（钢管）民用建筑　基本层 3.6m	100m²	15.48	250.79	30.45	4352.38	
3	10-62	靠脚手架安全挡板（竹木）高度（1m 以内）21.5	100m²	1.85	767.34	28.35	1470.43	
		小计					22706.61	
		垂直运输使用费						
1	11-10	建筑物 20m 以内的垂直运输　现浇框架结构	100m²	15.48	965.09		14935.45	
		小计					14935.45	
		技术措施项目合计					37642.06	

编制人：　　　　　　　　　　证号：　　　　　　　　　　编制日期：

十三、其他措施项目费汇总表（预算）

工程名称：工业区宿舍楼 第 1 页 共 1 页

序　号	名　称　及　说　明	单　位	合价（元）	备　注
1	临时设施费	宗	16019.32	
2	文明施工费	宗	4449.81	
3	工程保险费	宗	355.98	
4	工程保修费	宗	889.96	
5	赶工措施费	宗		
6	总包服务费	宗		
7	预算包干费	宗	26698.87	
8	其他费用	宗		
9	其他措施费合计	元	48413.94	

编制人： 证号： 编制日期：

十四、人工材料机械价差表（预算）

工程名称：工业区宿舍楼

序号	材料编码	材料名称及规格	产地厂家	单位	数量	定额价（元）	编制价（元）	价差（元）	合价（元）	备注
1	010001	圆钢φ10以内		t	25.864	2352.250	2264.400	-87.850	-2272.140	
2	010002	圆钢φ12～25		t	4.464	2493.570	2499.000	5.430	24.240	
3	010005	螺纹钢φ12～25		t	31.980	2505.260	2473.500	-31.760	-1015.700	
4	030012	松杂木方板材（周转材、综合）		m³	21.456	1095.230	1106.090	10.860	233.010	
5	030018	杉木门窗套料		m³	6.336	1591.040	1585.760	-5.280	-33.450	
6	030026	胶合板2440×1220×4		m²	449.804	14.830	16.010	1.180	530.770	
7	030033	胶合板（防水δ18）		m²	338.975	51.430	47.230	-4.200	-1423.700	
8	040002	32.5（R）水泥		t	366.764	279.950	288.450	8.500	3117.490	
9	040009	32.5（R）水泥		t	2.519	535.980	546.010	10.030	25.260	
10	050030	膨胀珍珠岩砌块300×300×65		千块	2.806	1706.960	1523.700	-183.260	-514.230	
11	050068	石灰		t	21.254	131.010	133.700	2.690	57.170	
12	050086	中砂		m³	778.162	26.360	27.860	1.500	1167.240	
13	050089	碎石10		m³	107.414	56.450	59.880	3.430	368.430	
14	050090	碎石20		m³	257.366	68.190	67.240	-0.950	-244.500	
15	050091	碎石40		m³	340.127	63.920	61.990	-1.930	-656.440	
16	060002	防滑砖200×200		m²	173.952	23.890	32.140	8.250	1435.090	
17	060005	彩釉砖240×60		m²	1153.687	20.570	26.620	6.050	6979.810	
18	060015	磁质耐磨砖400×400×9.5		m²	1294.141	30.520	31.170	0.650	841.190	
19	060030	白瓷片200×300		m²	968.584	35.280	40.330	5.050	4891.350	
20	060053	平板玻璃5厚		m²	293.090	16.630	22.950	6.320	1852.330	
21	100008	调和漆（综合）		kg	82.616	7.740	8.430	0.690	57.010	
22	100021	乳胶漆8205		kg	1246.141	3.960	4.470	0.510	635.530	
23	100052	松节油（优质松节水）		kg	19.594	6.120	7.050	0.930	18.220	
24	130009	玻璃胶（进口）		支	157	8.850	10.630	1.780	279.420	
25	130056	酒精		kg	68.140	5.900	6.620	0.720	49.060	
26	230109	铝合金46系列全玻单扇平开门无上亮（有横框）		m²	22.846	199.820	156.110	-43.710	-998.600	
27	230110	铝合金46系列全玻单扇平开门带上亮（无横框）		m²	54.905	181.900	134.880	-47.020	-2581.630	
28	230123	铝合金90系列三扇推拉窗　无上亮		m²	215.330	144.770	112.950	-31.820	-6851.800	
29	CY	柴油		kg	1855.58	2.580	2.880	0.300	556.670	
30										
31		价差合计：6527.11									

编制人：　　　　　　　　　　证号：　　　　　　　　　　编制日期：

参 考 文 献

1　于忠诚编著．建筑工程定额与预算．北京：中国建筑工业出版社，1995
2　徐大图主编．工程造价的确定与控制．北京：中国计划出版社，1997
3　袁卫国主编．建筑工程定额与预算．北京：中国地质大学出版社，1999
4　建筑工程预算．北京：高等教育出版社，1994
5　建筑安装工程劳动定额．合肥：安徽科学技术出版社，1995
6　全国建筑安装工程统一劳动定额．北京：中国建筑工业出版社，1985
7　河南省建筑和装饰工程综合基价．北京：中国计划出版社，2002
8　四川省建筑工程计价定额．成都：四川科学技术出版社，2000
9　河南省建筑安装工程费用定额．北京：中国计划出版社，1997